"十二五"江苏省高等院校重点教材(编号 2013－1－086)

机械制造技术

主　编　许大华　孙金海
副主编　程　琴　任海东　徐昆鹏
主　审　李荣兵

U0341956

国防工业出版社
·北京·

内 容 简 介

本书为校企合作教材,是根据高职高专教育机械制造类专业人才培养目标的要求,与长期工作在企业生产一线的工程技术人员合作编写的。

本教材以项目引领,适应"教、学、做"合一的教学模式。包括九个项目:简单阶梯轴的机械加工工艺规程的编制、复杂阶梯轴的加工工艺规程的编制、蜗杆轴的加工工艺规程的编制、套的加工工艺规程的编制、齿轮零件的加工工艺规程的编制、箱体零件的加工工艺规程的编制、减速机的装配工艺规程的编制、机械加工质量技术分析和现代制造技术的运用。本书突出工作过程在教材中的主线地位,所选项目均具有可操作性。

本教材可作为高等职业院校、高等专科学校、成人高校、民办高校机械制造类专业的教学用书,也可作为社会相关从业人员和技术人员的参考书及培训用书。

图书在版编目(CIP)数据

机械制造技术/许大华,孙金海主编.—北京:国防
工业出版社,2015.2
"十二五"江苏省高等院校重点教材
ISBN 978-7-118-09828-0

Ⅰ.①机… Ⅱ.①许… ②孙… Ⅲ.①机械制造工
艺—高等学校—教材 Ⅳ.①TH16

中国版本图书馆 CIP 数据核字(2014)第 305315 号

※

*国防工业出版社*出版发行
(北京市海淀区紫竹院南路 23 号 邮政编码 100048)
北京奥鑫印刷厂印刷
新华书店经售
*
开本 787×1092 1/16 印张 13¾ 字数 339 千字
2015 年 2 月第 1 版第 1 次印刷 印数 1—4000 册 定价 28.00 元

(本书如有印装错误,我社负责调换)

国防书店:(010)88540777 发行邮购:(010)88540776
发行传真:(010)88540755 发行业务:(010)88540717

前言

本书为"十二五"江苏省高等院校重点教材(编号 2013-1-086)。针对高职高专机械、模具、机电专业人才培养的要求,本校企合作教材以培养职业岗位能力为目标,以岗位需求和职业能力为核心,以工作过程为导向,以技术理论知识为背景,以项目为引领,适应"教、学、做"合一的教学模式改革。

本书根据高职高专人才的培养目标,高等职业教育教学和改革的要求,结合编者多年从事教学、生产实践的经验编写而成。在内容安排上,突出了高等职业教育的特点,并遵循最新国家标准。在项目选择上,根据企业的工作岗位,设计以工作过程为导向、工学结合的课程体系,具有明显的"职业"特色,将工作环境与学习环境有机地结合在一起。每一个项目均首先引入工作任务,然后介绍与工作任务相关的基础知识,最后编制机械加工工艺规程,有利于帮助学生掌握知识,提高解决实际生产问题的能力。为便于学生自学和巩固所学内容,各项目均有相关理论知识的习题和零件机械加工工艺规程的编制。

本书由徐州工业职业技术学院许大华、孙金海任主编,徐州工业职业技术学院程琴、任海东、徐昆鹏任副主编。项目中零件的机械加工工艺由徐州华东机械厂刘运启编制,全书由徐州工业职业技术学院李荣兵主审。

徐州华东机械厂副总工程师花彩华高级工程师,徐州工业职业技术学院王敏副教授、唐昌松副教授、黎少辉博士等同事对本书的编写提出了许多宝贵的意见和建议,国防工业出版社严春阳老师给予了热情的指导和帮助,在此一并表示衷心的感谢。

由于编者水平所限,书中如有不足之处敬请读者批评指正,以便修订时改进。如果读者在使用本书的过程中有其他意见或建议,盼望踊跃给编者(E-mail:xdh369@126.com)提出宝贵意见。

编者

目录

项目一　简单阶梯轴的机械加工工艺规程
　　　　的编制 …………………………… 1

　　任务一　切削用量的选择 ………………… 1
　　　　1.1　金属切削加工的基本概念 ……… 2
　　　　1.2　切削用量的选择 ………………… 5
　　任务二　刀具材料的选择 ……………… 12
　　　　2.1　刀具材料应具备的性能 ……… 12
　　　　2.2　高速钢 ……………………… 13
　　　　2.3　硬质合金 …………………… 15
　　　　2.4　涂层刀具和其他刀具材料 …… 16
　　任务三　刀具几何参数的选择 ………… 17
　　　　3.1　车刀的组成 ………………… 17
　　　　3.2　刀具角度 …………………… 18
　　　　3.3　刀具几何参数的合理选择 …… 21
　　任务四　切削液的选择 ………………… 24
　　　　4.1　切削液的作用机理 …………… 25
　　　　4.2　切削液的添加剂 ……………… 26
　　　　4.3　切削液的分类与使用 ………… 27
　　任务五　机床及工艺装备的选择 ……… 31
　　　　5.1　机床的选择 ………………… 32
　　　　5.2　工艺装备的选择 ……………… 34
　　　　5.3　工件的安装 ………………… 34
　　　　5.4　车刀的安装 ………………… 34
　　任务六　机械加工方法的选择 ………… 37
　　任务七　简单阶梯轴的机械加工工艺规程
　　　　　　的编制 ……………………… 39
　　思考题 ……………………………… 41

项目二　复杂阶梯轴的加工工艺规程
　　　　的编制 …………………………… 44

　　任务一　机械加工工艺路线的拟定 …… 44

　　　　1.1　加工阶段的划分 …………… 45
　　　　1.2　工序的集中与分散 ………… 46
　　　　1.3　工序顺序的安排 …………… 47
　　任务二　毛坯的选择 …………………… 48
　　　　2.1　毛坯的种类 ………………… 49
　　　　2.2　毛坯的形状与尺寸的确定 …… 49
　　　　2.3　选择毛坯时应考虑的因素 …… 51
　　任务三　定位基准的选择 ……………… 52
　　　　3.1　基准的概念及分类 ………… 52
　　　　3.2　粗基准的选择 ……………… 54
　　　　3.3　精基准的选择 ……………… 55
　　任务四　工序内容的拟定 ……………… 57
　　　　4.1　加工余量的概念 …………… 57
　　　　4.2　影响加工余量的因素 ……… 58
　　　　4.3　确定加工余量的方法 ……… 60
　　　　4.4　工序尺寸与公差的确定 …… 60
　　任务五　复杂阶梯轴的加工工艺规程
　　　　　　的编制 ……………………… 61
　　　　5.1　分析阶梯轴的结构和技术
　　　　　　　要求 …………………… 61
　　　　5.2　明确毛坯状况 …………… 62
　　　　5.3　拟定工艺路线 ……………… 62
　　　　5.4　确定工序尺寸 ……………… 63
　　　　5.5　选择设备工装 ……………… 63
　　　　5.6　填写机械加工工艺过程卡片 … 63
　　思考题 ……………………………… 66

项目三　蜗杆轴的加工工艺规程的编制 … 69

　　任务一　螺纹车刀与螺纹加工方法的
　　　　　　选择 ……………………… 70

1.1 螺纹车刀的几何形状与安装 ··· 70
1.2 螺纹的加工方法 ············· 71
任务二 铣削加工方法与铣刀的选择 ····· 72
2.1 铣床 ····················· 72
2.2 铣削加工与铣刀 ··········· 73
任务三 磨削加工方法与砂轮的选择 ····· 75
3.1 磨床 ····················· 75
3.2 砂轮及其磨削原理 ········· 77
3.3 磨削加工的特点 ··········· 83
3.4 磨削热和磨削温度 ········· 84
3.5 磨削液 ··················· 84
任务四 蜗杆轴加工工艺规程的编制 ····· 85
思考题 ······························· 92

项目四 套的加工工艺规程的编制 ····· 94

任务一 薄壁套类零件加工方法的
选择 ····················· 95
1.1 影响薄壁零件加工精度的
因素 ····················· 95
1.2 采用数控高速切削技术加工薄
壁件 ····················· 95
1.3 高速切削薄壁结构典型工艺
方案 ····················· 96
任务二 工艺尺寸链的计算 ··········· 97
2.1 尺寸链概述 ··············· 98
2.2 尺寸链的计算方法 ········· 99
2.3 工艺尺寸链的应用 ········· 102
任务三 套类零件加工工艺规程的
编制 ····················· 105
思考题 ······························· 107

项目五 齿轮零件的加工工艺规程的
编制 ····················· 109

任务一 圆柱齿轮结构和精度的分析 ··· 110
1.1 圆柱齿轮的结构特点 ····· 110
1.2 圆柱齿轮传动的精度要求 ····· 110
1.3 精度等级与公差组 ········· 111
任务二 圆柱齿轮热处理方法的选择 ··· 111
2.1 材料的选择 ··············· 112
2.2 齿轮毛坯 ················· 112
2.3 齿轮的热处理 ············· 112

任务三 齿形加工方法的选择 ··········· 113
3.1 铣齿 ····················· 113
3.2 滚齿 ····················· 114
3.3 插齿 ····················· 115
3.4 剃齿 ····················· 117
3.5 珩齿 ····················· 118
3.6 磨齿 ····················· 119
3.7 研齿 ····················· 120
任务四 齿轮加工机床的选择 ··········· 121
任务五 圆柱齿轮的机械加工工艺
过程及工艺分析 ··········· 123
5.1 圆柱齿轮的机械加工工艺
过程 ····················· 124
5.2 圆柱齿轮的机械加工工艺
分析 ····················· 124
任务六 齿轮零件的加工工艺的编制 ··· 125
思考题 ······························· 128

项目六 箱体零件的加工工艺规程的
编制 ····················· 130

任务一 箱体零件的功用和结构分析 ··· 130
1.1 箱体的功用和结构特点 ········· 131
1.2 箱体的技术要求 ··········· 131
1.3 箱体的材料、毛坯和热处理 ··· 131
任务二 箱体零件机械加工工艺过程及
工艺分析 ················· 132
2.1 箱体零件机械加工工艺
过程 ····················· 132
2.2 箱体零件机械加工工艺过程
分析 ····················· 132
任务三 孔系加工方法的选择 ··········· 134
3.1 箱体孔的分类 ············· 134
3.2 孔系加工 ················· 135
3.3 箱体上的平面加工 ········· 137
任务四 箱体加工机床的选择 ··········· 138
4.1 刨床 ····················· 138
4.2 龙门刨床 ················· 139
4.3 镗床 ····················· 140
任务五 箱体零件的加工工艺的编制 ··· 141
思考题 ······························· 143

项目七　减速机的装配工艺规程的
　　　　编制 ···················· 144
　　任务一　产品结构装配工艺性的分析 ··· 144
　　　　1.1　减速器的类型与特点及
　　　　　　应用 ·················· 145
　　　　1.2　典型减速器的结构 ········· 146
　　　　1.3　产品结构的装配工艺性 ····· 148
　　　　1.4　装配的基本要求 ·········· 149
　　　　1.5　装配的基本内容 ·········· 149
　　任务二　装配精度的分析 ··········· 152
　　任务三　装配尺寸链的建立 ········· 152
　　　　3.1　装配尺寸链的组成和查找 ····· 152
　　　　3.2　装配尺寸链的建立方法 ····· 153
　　　　3.3　装配尺寸链的组成原则 ····· 154
　　任务四　装配方法的选择 ··········· 154
　　　　4.1　互换装配法 ············· 154
　　　　4.2　分组装配法 ············· 157
　　　　4.3　修配装配法 ············· 158
　　　　4.4　调整装配法 ············· 161
　　任务五　减速机的装配工艺的编制 ····· 163
　　　　5.1　制订装配工艺规程的基本
　　　　　　原则及原始资料 ········· 163
　　　　5.2　制订装配工艺规程的步骤、
　　　　　　方法及内容 ············ 164
　　　　5.3　减速机的装配工艺过程 ····· 169
　　思考题 ······················ 171

项目八　机械加工质量技术分析 ········· 172
　　任务一　影响机械加工精度原因的
　　　　　　分析 ·················· 172

　　　　1.1　概述 ·················· 172
　　　　1.2　工艺系统的几何误差 ········ 173
　　　　1.3　工艺系统受力变形引起的
　　　　　　误差 ················· 178
　　　　1.4　工艺系统热变形引起的
　　　　　　误差 ················· 178
　　　　1.5　工件残余应力引起的加工
　　　　　　误差 ················· 182
　　任务二　影响机械加工表面质量原因的
　　　　　　分析 ·················· 184
　　　　2.1　基本概念 ··············· 184
　　　　2.2　加工表面几何特性的形成及
　　　　　　其影响因素 ············ 187
　　　　2.3　加工表面物理力学性能的变化
　　　　　　及其影响因素 ·········· 188
　　　　2.4　机械加工中的振动 ········· 191
　　思考题 ······················ 194

项目九　现代制造技术的运用 ··········· 195
　　任务一　电火花的加工方法的选择 ····· 195
　　　　1.1　电火花加工的基本原理 ······· 196
　　　　1.2　电火花加工的机理 ········· 198
　　　　1.3　电火花加工特点 ·········· 199
　　　　1.4　电火花加工机床简介 ······· 200
　　　　1.5　电火花穿孔加工 ·········· 205
　　任务二　落料凹模的机械加工工艺的
　　　　　　编制 ·················· 207
　　思考题 ······················ 211

参考文献 ·························· 212

1 项目一 简单阶梯轴的机械加工工艺规程的编制

■ 项目描述

编制简单阶梯轴的加工工艺。

■ 技能目标

能根据零件图的加工要求,编制简单阶梯轴的加工工艺。

■ 知识目标

掌握切削用量的选择,刀具材料的选择,刀具几何参数的选择,切削液的选择,机床及工艺装备的选择,机械加工方法的选择。

任务一 切削用量的选择

■ 任务描述

车削加工简单阶梯轴的外圆,选择切削用量。

根据图 1-1 轴零件图的要求,加工 $\phi40$ 的外圆,请选择切削用量。

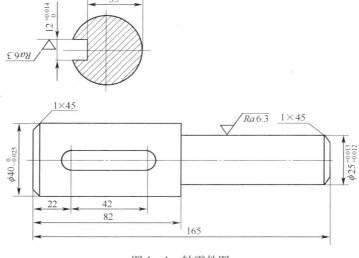

图 1-1 轴零件图

■ **任务分析**

根据外圆的加工要求,选择切削速度、进给量和背吃刀量。

加工 $\phi40$ 的外圆,首先要选择切削速度、进给量、背吃刀量,即工件的转速、刀具移动速度和切削工件材料的厚度。

■ **相关知识**

轴类零件是机械结构中用于传递运动和动力的重要零件之一,其加工质量直接影响到机械的使用性能和运动精度。轴类零件的主要表面是外圆,车削是外圆加工的主要方法。

1.1　金属切削加工的基本概念

1.1.1　工件的加工表面与切削运动

1. 工件的加工表面及其形成方法

1) 工件的加工表面

(1) 待加工表面。工件上即将被切去金属层的表面。

(2) 过渡表面。工件上由刀具切削刃正在切削的表面,即由待加工表面向已加工表面过渡的表面。

(3) 已加工表面。工件上经刀具切削一部分金属后而形成的新表面。

2) 切削层参数

切削层是指工件上正在被切削刃切削的一层材料,即两个相邻加工表面之间的那层材料。外圆车削时的切削层,就是工件转一转,主切削刃移动一个进给量 f 所切除的一层金属层(见图 1-2 中的 $ABCE$)。通常采用通过切削刃上的选定点并垂直于该点切削速度的平面内的切削层参数来表示它的形状和尺寸。

(1) 切削层公称厚度 h_D。垂直于过渡表面测量的切削层尺寸,即相邻两过渡表面之间的距离。它反映了切削刃单位长度上的切削负荷。车外圆时,若车刀主切削刃为直线,则

$$h_D = f\sin\kappa_r \quad (\text{mm}) \tag{1-1}$$

式中　κ_r——车刀主偏角。

　　　f——进给量。

(2) 切削层公称宽度 b_D。沿过渡表面测量的切削层尺寸。它反映了切削刃参加切削的工作长度。当车刀主切削刃为直线时,外圆切削的切削层公称宽度

$$b_D = a_p/\sin\kappa_r \quad (\text{mm}) \tag{1-2}$$

式中　a_p——背啮刀量。

(3) 切削层公称横截面积 A_D。切削层在切削层尺寸平面内的实际横截面积。由定义知

$$A_D = h_D b_D \quad (\text{mm}^2) \tag{1-3}$$

3) 工件表面形成方法

(1) 轨迹法。通过母线沿导线的运动,形成被加工表面,见图 1-3(a)。

(2) 成型法。切削刀具的切削刃与所需形成的母线形状完全吻合,见图 1-3(b)。

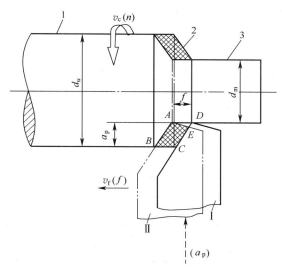

图 1-2 车削运动、切削层及形成表面
1—待加工表面；2—过渡表面；3—已加工表面。

（3）相切法。刀具边旋转边作轨迹运动来对工件进行加工，见图 1-3（c）。

（4）范成法。切削刃是一条与需要形成的发生线共轭的切削线，见图 1-3（d）。

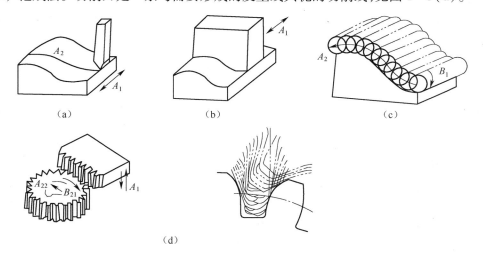

（a）　　　　　　　　　（b）　　　　　　　　　（c）

（d）

图 1-3　工件表面形成方法

2. 切削运动

1）切削运动的定义

切削运动是指切削过程中刀具相对于工件的运动。

金属切削加工是利用刀具从工件毛坯上切去一层多余的金属，从而使工件达到规定的几何形状、尺寸精度和表面质量的机械加工方法。在金属切削过程中，为了切除多余的金属，使加工工件表面成为符合技术要求的形状，加工时刀具和工件之间必须有一定的相对运动，即切削运动。切削运动包括主运动和进给运动。

（1）主运动。使工件与刀具产生相对运动以进行切削的最基本的运动，称为主运动。主运动是切削运动中速度最高、消耗功率最大的运动。在切削运动中，主运动只有一个。它可以由工件完成,也可以由刀具完成,可以是旋转运动,也可以是直线运动。例如图1-4(a)中外圆车削时工件的旋转运动和图1-4(c)中平面刨削时刀具的直线往复运动都是主运动。

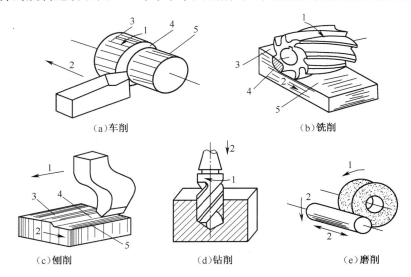

(a)车削　　　　　　　　　　　　　(b)铣削

(c)刨削　　　　　　(d)钻削　　　　　　(e)磨削

图1-4　主运动和进给运动

1—主运动;2—进给运动;3—待加工表面;4—过渡表面;5—已加工表面。

主运动速度即切削速度,外圆车削或用旋转刀具进行切削加工时的切削速度的计算公式为

$$v_c = \frac{\pi d n}{1000} (\text{m/min}) \tag{1-4}$$

式中　d——工件或刀具直径(mm);

　　　n——工件或刀具转速(r/min)。

(2) 进给运动。使新的切削层不断投入切削,以便切完工件表面上全部余量的运动,称为进给运动。进给运动一般速度较低,消耗的功率较小,可由一个或多个运动组成。它可以是连续的,也可以是间断的。车削外圆时的进给运动是车刀沿平行于工件轴线方向的连续直线运动。平面刨削时的进给运动是工件沿刨削平面且垂直于主运动方向的间歇直线运动。进给运动的速度称为进给速度,以v_f表示,单位为mm/s或mm/min。进给速度还可以每转或每行程进给量f(mm/r或mm/st)、每齿进给量f_z(mm/齿)表示。

2)典型加工方法的加工表面与切削运动

在各种加工方法中,主运动消耗的功率最大、速度较高,而进给运动速度较低、消耗功率小。车削加工的主运动为工件的回转运动,钻削、铣削、磨削时刀具或砂轮的旋转运动为主运动,刨削或插削时刀具的反复直线运动为主运动。

进给运动的种类很多,有纵向进给、横向进给、垂向进给、径向进给、切向进给、轴向进给、单向进给、双向进给、复合进给,有连续进给、断续进给、分度进给、圆周进给、周期进给、摆动进给,有手动进给、机动进给、自动进给、点动进给,有微量进给、伺服进给、脉冲进给、附加进给、定压进给等。

3)辅助运动

机床上除工作运动外,还需要辅助运动。辅助运动是机床在加工过程中,加工工具与工件

除工作运动外的其他运动。常见的机床辅助运动有上料、下料、趋近、切入、退刀、返回、转位、超越、让刀(抬刀)、分度、补偿等。上述所列举的辅助运动不是每台机床上都必须具备的,而是根据实际加工需要而定。

1.1.2　切削用量

切削速度、进给量和背吃刀量统称为切削用量。"切削用量"与机床的"工作运动"和"辅助运动"有密切的对应关系。切削速度 v_c 是度量主运动速度的量值;进给量 f 或进给速度 v_f 是度量进给运动速度的量值;背吃刀量 a_p 反映背吃刀运动(切入运动)后的运动距离。

1. 切削速度

切削速度是指刀具切削刃上选定点相对于工件的主运动的瞬时速度,用 v_c 表示,单位为 m/s。

2. 进给量

进给量是工件或刀具每转一转时两者沿进给运动方向的相对位移,用符号 f 表示,单位为 mm/r,见图 1-2。

进给速度是指切削刃上选定点相对于工件的进给运动的瞬时速度,用 v_f 表示。

对于铣刀、拉刀等多齿刀具,还应规定每齿进给量,即刀具每转过或移动一个齿时相对工件在进给运动方向上的位移,符号为,单位为 mm/齿。

3. 背吃刀量

背吃刀量是工件已加工表面和待加工表面的垂直距离,符号为 a_p,单位为 mm,见图 1-2。

1.2　切削用量的选择

目前许多工厂是通过《切削用量手册》,实践总结或工艺实验来选择切削用量。制订切削用量时应考虑加工余量、刀具耐用度、机床功率、表面粗糙度、刀具刀片的刚度和强度等因素。

1. 粗车切削用量的选择

对于粗加工,在保证刀具具有一定耐用度的前提下,要尽可能提高在单位时间内的金属切除量,提高切削用量都能提高金属切削量,但是考虑到切削用量对刀具耐用度的影响程度,所以,在选择粗加工切削用量时,应优先选用大的背吃刀量,其次选用较大的进给量,最后根据刀具耐用度选定一个合理的切削速度,这样选择可减少切削时间,提高生产率。背吃刀量应根据加工余量和加工系统的刚性确定。

2. 精加工切削用量的选择

选择精加工或半精工切削用量的原则是在保证加工质量的前提下,兼顾必要的生产率。进给量根据工件表面粗糙度的要求来确定。精加工时切削速度的切削速度应避开积屑瘤区,一般硬质合车刀采用高速切削。

1.2.1　选择切削用量的原则

选择切削用量是切削加工中十分重要的环节,选择合理的切削用量必须联系合理的刀具寿命。

切削用量的选择是在已经选择好刀具材料和几何角度的基础上,合理地确定背吃刀量 a_p、进给量 f 和切削速度 v_c。所谓合理的切削用量是指充分利用刀具的切削性能和机床性能,在保证加工质量的前提下,获得高的生产率和低的加工成本的切削用量。

外圆纵车时,按切削工时 t_m 计算的生产率 P 为

$$P = \frac{1}{t_m} \tag{1-5}$$

而

$$t_m = \frac{L_w \Delta}{n_w a_p f} = \frac{\pi d_w L_w \Delta}{10 v_c a_p f} \tag{1-6}$$

式中　d_w——车削前的毛坯直径(mm);

L_w——工件切削部分长度(mm);

Δ——加工余量(mm);

n_w——工件转速(r/min)。

由于 d_w、L_w、Δ 均为常数,令 $10/(\pi d_w L_w \Delta) = A_0$,则

$$P = A_0 v_c a_p f \tag{1-7}$$

由式(1-7)可知,切削用量三要素同生产率均保持线性关系,即提高切削速度、增大进给量和背吃刀量,都能提高劳动生产率。

利用式(1-6)可知,选用一定的切削条件进行计算,可以得到如下的结果:

(1) f 保持不变,a_p 增至 $3a_p$,如仍保持刀具合理的寿命,则 v_c 必须降低 15%,此时生产率 $P_{3a_p} \approx 2.6P$,即生产率提高至 2.6 倍。

(2) a_p 保持不变,f 增至 $3f$,如仍保持刀具合理的寿命,则 v_c 必须降 32%,此时生产率 $P_{3f} \approx 2P$,即生产率提高至 2 倍。由此可见,增大 a_p 比增大 f 更有利于提高生产率。

(3) 切削速度高过一定的临界值时,生产率反而会降低。a_p 增大至某一数值时,因受加工余量的限制而成为常值时,进给量 f 不变,把切削速度 v_c 增至 $3v_c$ 时,$P_{3v_c} \approx 0.13P$,生产率大为降低。

由上述分析可见,选择切削用量是要选择切削用量的最佳组合,在保持刀具合理寿命的前提下,使 a_p、f、v_c 三者的乘积值最大,以获得最高的生产率。因此选择切削用量的基本原则是:首先选取尽可能大的背吃刀量;其次根据机床动力和刚性限制条件或已加工表面粗糙度的要求,选取尽可能大的进给量;最后利用《切削用量手册》选取或者用公式计算确定切削速度。

不同的加工性质,对切削加工的要求是不一样的。因此,在选择切削用量时,考虑的侧重点也应有所区别。粗加工时,应尽量保证较高的金属切除率和必要的刀具寿命,故一般优先选择尽可能大的背吃刀量 a_p,其次选择较大的进给量 f,最后根据刀具耐用度要求,确定合适的切削速度。精加工时,首先应保证工件的加工精度和表面质量要求,故一般选用较小的进给量 f 和背吃刀量 a_p,而尽可能选用较高的切削速度 v_c。

1. 背吃刀量 a_p 的选择原则

背吃刀量应根据工件的加工余量来确定。粗加工时,除留下精加工余量外,一次走刀应尽可能切除全部余量。当加工余量过大,工艺系统刚度较低,机床功率不足,刀具强度不够或断续切削的冲击振动较大时,可分多次走刀。切削表面层有硬皮的铸锻件时,应尽量使 a_p 大于

硬皮层的厚度,以保护刀尖。半精加工和精加工的加工余量一般较小时,可一次切除,但有时为了保证工件的加工精度和表面质量,也可采用二次走刀。多次走刀时,应尽量将第一次走刀的背吃刀量取大些,一般为总加工余量的2/3~3/4。

在中等功率的机床上,粗加工时的背吃刀量可达8~10mm,半精加工(表面粗糙度为$Ra6.3~3.2\mu m$)时,背吃刀量取为0.5~2mm,精加工(表面粗糙度为$Ra1.6~0.8\mu m$)时,背吃刀量取为0.1~0.4mm。

2. 进给量f的选择原则

背吃刀量选定后,接着就应尽可能选用较大的进给量f。

粗加工时,由于作用在工艺系统上的切削力较大,进给量的选取受到下列因素限制:机床-刀具-工件系统的刚度,机床进给机构的强度,机床有效功率与转矩,以及断续切削时刀片的强度。

半精加工和精加工时,最大进给量主要受工件加工表面粗糙度的限制。

3. 切削速度v_c的选择原则

在a_p和f选定以后,可在保证刀具合理耐用度的条件下,用计算的方法或用查表法确定切削速度v_c的值。在具体确定v_c值时,一般应遵循下述原则:

(1)粗车时,背吃刀量和进给量均较大,故选择较低的切削速度;精车时,则选择较高的切削速度。

(2)工件材料的加工性能较差时,应选较低的切削速度。故加工灰铸铁的切削速度应较加工中碳钢低,而加工铝合金和铜合金的切削速度则较加工钢件高得多。

(3)刀具材料的切削性能越好时,切削速度也可选得越高。因此,硬质合金刀具的切削速度可选得比高速钢高好几倍,而涂层硬质合金、陶瓷、金刚石和立方氧化硼刀具的切削速度又可选得比硬质合金刀具的高许多。

此外,在确定精加工、半精加工的切削速度时,应注意避开积屑瘤产生的区域;在易发生振动的情况下,切削速度应避开自激振动的临界速度;在加工带硬皮的铸锻件时,加工大件、细长件和薄壁件时,以及断续切削时,应选用较低的切削速度。

总之,切削用量选择的基本原则是:粗加工时在保证合理的刀具寿命的前提下,首先选尽可能大的背吃刀量a_p,其次选尽可能大的进给量f,最后选取适当的切削速度v_c;精加工时,主要考虑加工质量,常选用较小的背吃刀量和进给量,较高的切削速度,只有在受到刀具等工艺条件限制不宜采用高速切削时才选用较低的切削速度。

1.2.2 背吃刀量的选择

背吃刀量的选择根据加工余量确定。切削加工一般分为粗加工、半精加工和精加工多道工序,各工序有不同的选择方法。

(1)粗加工时(表面粗糙度$Ra50~12.5\mu m$),在允许的条件下,尽量一次切除该工序的全部余量。中等功率机床,背吃刀量可达8~10 mm。但对于加工余量大,一次走刀会造成机床功率或刀具强度不够;或加工余量不均匀,引起振动;或刀具受冲击严重出现打刀这几种情况,需要采用多次走刀。如分两次走刀,则第一次背吃刀量尽量取大,一般为加工余量的2/3~3/4左右。第二次背吃刀量尽量取小些,第二次背吃刀量可取加工余量的1/3~1/4左右。

(2)半精加工时(表面粗糙度$Ra6.3~3.2\mu m$),背吃刀量一般为0.5~2mm。

（3）精加工时（表面粗糙度 $Ra1.6 \sim 0.8\mu m$），背吃刀量为 0.1～0.4mm。

1.2.3 进给量的选择

粗加工时，进给量主要考虑工艺系统所能承受的最大进给量，如机床进给机构的强度，刀具强度与刚度，工件的装夹刚度等。精加工和半精加工时，最大进给量主要考虑加工精度和表面粗糙度。另外还要考虑工件材料，刀尖圆弧半径、切削速度等。如当刀尖圆弧半径增大，切削速度提高时，可以选择较大的进给量。

在生产实际中，进给量常根据经验选取。粗加工时，根据工件材料、车刀导杆直径、工件直径和背吃刀量按表 1－1 进行选取，表中数据是经验所得，其中包含了刀杆的强度和刚度。

表 1－1　硬质合金车刀粗车外圆及端面的进给量参考值

工件材料	车刀刀杆尺寸/mm	工件直径/mm	背 吃 刀 量 a_p/mm				
			≤3	>3～5	>5～8	>8～12	>12
			进 给 量 f/(mm/r)				
碳素结构钢、合金结构钢、耐热钢	16×25	20	0.3～0.4	—	—	—	—
		40	0.4～0.5	0.3～0.4	—	—	—
		60	0.5～0.7	0.4～0.6	0.3～0.5	—	—
		100	0.6～0.9	0.5～0.7	0.5～0.6	0.4～0.5	—
		400	0.8～1.2	0.7～1.0	0.6～0.8	0.5～0.6	—
	20×30 25×25	20	0.3～0.4	—	—	—	—
		40	0.4～0.5	0.3～0.4	—	—	—
		60	0.6～0.7	0.5～0.7	0.4～0.6	—	—
		100	0.8～1.0	0.7～0.9	0.5～0.7	0.4～0.7	—
		400	1.2～1.4	1.0～1.2	0.8～1.0	0.6～0.9	0.4～0.6
铸铁及合金钢	16×25	40	0.4～0.5	—	—	—	—
		60	0.6～0.8	0.5～0.8	0.4～0.6	—	—
		100	0.8～1.2	0.7～1.0	0.6～0.8	0.5～0.7	—
		400	1.0～1.4	1.0～1.2	0.8～1.0	0.6～0.8	—
	20×30 25×25	40	0.4～0.5	—	—	—	—
		60	0.6～0.9	0.5～0.8	0.4～0.7	—	—
		100	0.9～1.3	0.8～1.2	0.7～1.0	0.5～0.78	—
		400	1.2～1.8	1.2～1.6	1.0～1.3	0.9～1.0	0.7～0.9

从表中可以看到，在背吃刀量一定时，进给量随着刀杆尺寸和工件尺寸的增大而增大。加工铸铁时，切削力比加工钢件时小，所以铸铁可以选取较大的进给量。精加工与半精加工时，可根据加工表面粗糙度要求按表 1－2 选取，同时考虑切削速度和刀尖圆弧半径因素，同时要对所选进给量参数进行强度校核，最后根据机床说明书确定。

表 1-2 按表面粗糙度选择进给量的参考值

工件材料	表面粗糙度 /μm	切削速度范围 /(m/min)	刀尖圆弧半径 r_e/mm		
			0.5	1.0	2.0
			进给量 f/(mm/r)		
铸铁、青铜、铝合金	$Ra10\sim5$	不限	0.25~0.40	0.40~0.50	0.50~0.60
	$Ra5\sim2.5$		0.15~0.25	0.25~0.40	0.40~0.60
	$Ra2.5\sim1.25$		0.10~0.15	0.15~0.20	0.20~0.35
碳钢及合金钢	$Ra10\sim5$	<50	0.30~0.50	0.45~0.60	0.55~0.70
		>50	0.40~0.55	0.55~0.65	0.65~0.70
	$Ra5\sim2.5$	<50	0.18~0.25	0.25~0.30	0.30~0.40
		>50	0.25~0.30	0.30~0.35	0.35~0.50
	$Ra2.5\sim1.25$	<50	0.10	0.11~0.15	0.15~0.22
		50~100	0.11~0.16	0.16~0.25	0.25~0.35
		>100	0.16~0.20	0.20~0.25	0.25~0.35

1.2.4 切削速度的确定

确定了背吃刀量 a_p,进给量 f 和刀具耐用度 T,则可以按下面公式计算或由表确定切削速度 v_c 和机床转速 n。

$$v_c = \frac{C_v}{60 T_m a_p^{xv} f^{yv}} k_v \tag{1-8}$$

公式中各指数和系数可以由表 1-3 选取,修正系数 k_v 为一系列修正系数乘积,各修正系数可以通过表 1-4 选取。此外,切削速度也可通过表 1-5 得出。

半精加工和精加工时,切削速度 v_c 主要受刀具耐用度和已加工表面质量限制,在选取切削速度 v_c 时,要尽可能避开积屑瘤的速度范围。

表 1-3 车削速度计算式中的系数与指数

工件材料	刀具材料	进给量 f(mm/r)	系数与指数值			
			C_v	xv	yv	m
外圆纵车碳素结构钢	YT15(干切)	$f \leqslant 0.3$	291	0.15	0.20	0.2
		$f \leqslant 0.7$	242	0.15	0.35	0.2
		$f > 0.7$	235	0.15	0.45	0.2
	W18Cr4V (加切削液)	$f \leqslant 0.25$	67.2	0.25	0.33	0.125
		$f > 0.25$	43	0.25	0.66	0.125
外圆纵车灰铸铁	YG6(干切)	$f \leqslant 0.4$	189.8	0.15	0.20	0.2
		$f > 0.4$	158	0.15	0.40	0.2
	W18Cr4V (干切)	$f \leqslant 0.25$	24	0.25	0.30	0.1
		$f > 0.25$	22.7	0.15	0.40	0.1

表 1－4　车削速度计算修正系数

工件材料 K_{Mv_c}	加工钢:硬质合金 $K_{Mv_c}=0.637/\sigma_b$;高速钢:$K_{Mv_c}=C_M(0.637/\sigma_b)$ $C_M=1.0$; $n_v=1.75$; 当 $\sigma_b\le0.441GPa$ 时, $n_v=-1.0$					
	加工灰铸铁:硬质合金 $K_{Mv_c}=(190/HBS)1.25$;高速钢;$K_{Mv_c}=(190/HBS)1.7$					

毛坯状况 K_{Sv_c}	无外皮	棒料	锻件	铸钢、铸铁		Cu-Al 合金
				一般	带砂皮	
	1.0	0.9	0.8	0.8~0.85	0.5~0.6	0.9

刀具材料 K_{Tv_c}	钢	YT5	YT14	YT15	YT30	YG8
		0.65	0.8	1	1.4	0.4
	灰铸铁	YG8		YG6		YG3
		0.83		1.0		1.15

主偏角 $\kappa_{\kappa_r v_c}$	κ_r	30°	45°	60°	75°	90°
	钢	1.13	1	0.92	0.86	0.81
	灰铸铁	1.2	1	0.88	0.83	0.73

副偏角 $\kappa'_{\kappa_r v_c}$	κ'_r	30°	30°	30°	30°	30°
	$\kappa'_{\kappa_r v_c}$	1	0.97	0.94	0.91	0.87

刀尖半径 $K_{r_\varepsilon v_c}$	r_ε	1mm	2 mm	3 mm	4 mm
	$K_{r_\varepsilon v_c}$	0.94	1.0	1.03	1.13

刀杆尺寸 K_{Bv_c}	$B\times H$	12×20 16×16	16×25 20×20	20×30 25×25	25×40 30×30	30×45 40×40	40×60
	K_{Bv_c}	0.93	0.97	1	1.04	1.08	1.12

表 1-5　车削加工常用钢材的切削速度参考数值

加工材料	硬度/HBS	a_p/mm	高速钢刀具 v_c/(m/min)	高速钢刀具 f/(mm/r)	硬质合金刀具 未涂层 v_c/(m/min) 焊接式	硬质合金刀具 未涂层 v_c/(m/min) 可转位	硬质合金刀具 未涂层 f/(mm/r)	硬质合金刀具 材料	硬质合金刀具 涂层 v_c/(m/min)	硬质合金刀具 涂层 f/(mm/r)	陶瓷(超硬材料)刀具 v_c/(m/min)	陶瓷(超硬材料)刀具 f/(mm/r)	说明
易切削钢 低碳	100~200	8	55~90	0.18~0.2	185~240	220~275	0.18	YT15	320~410	0.18	550~700	0.13	
		4	41~70	0.40	135~185	160~215	0.50	YT14	215~275	0.40	425~580	0.25	
		1	34~55	0.50	110~145	130~170	0.75	YT5	170~220	0.50	335~490	0.40	
易切削钢 中碳	175~225	8	52	0.2	165	200	0.18	YT15	305	0.18	520	0.13	
		4	40	0.40	125	150	0.50	YT14	200	0.40	395	0.25	
		1	30	0.50	100	120	0.75	YT5	160	0.50	305	0.40	
碳钢 低碳	125~225	8	43~46	0.18	140~150	170~195	0.18	YT15	260~290	0.18	520~580	0.13	
		4	34~37	0.40	115~125	135~150	0.50	YT14	170~190	0.40	365~425	0.25	
		1	27~30	0.50	88~100	105~120	0.75	YT5	135~150	0.50	275~365	0.40	
碳钢 中碳	175~275	8	34~40	0.18	115~130	150~160	0.18	YT15	220~240	0.18	460~520	0.13	
		4	23~30	0.40	90~100	115~125	0.50	YT14	145~160	0.40	290~350	0.25	
		1	20~26	0.50	70~78	90~100	0.75	YT5	115~125	0.50	200~260	0.40	
碳钢 高碳	175~275	8	30~37	0.18	115~130	140~155	0.18	YT15	215~230	0.18	460~520	0.13	
		4	24~27	0.40	88~95	105~120	0.50	YT14	145~150	0.40	275~335	0.25	
		1	18~21	0.50	69~76	84~95	0.75	YT5	115~120	0.50	185~245	0.40	
合金钢 低碳	125~225	8	41~46	0.18	135~150	170~185	0.18	YT15	220~235	0.18	520~580	0.13	
		4	32~37	0.40	105~120	135~145	0.50	YT14	175~190	0.40	365~395	0.25	
		1	24~27	0.50	84~95	105~115	0.75	YT5	135~145	0.50	275~335	0.40	
合金钢 中碳	175~275	8	34~41	0.18	105~115	130~150	0.18	YT15	175~200	0.18	460~520	0.13	
		4	26~32	0.40	85~90	105~120	0.4~0.50	YT14	135~160	0.40	280~360	0.25	
		1	20~24	0.50	67~73	82~95	0.5~0.75	YT5	105~120	0.50	220~265	0.40	
合金钢 高碳	175~275	8	30~37	0.18	105~115	135~145	0.18	YT15	175~190	0.18	460~520	0.13	
		4	24~27	0.40	84~90	105~115	0.50	YT14	135~150	0.40	275~335	0.25	
		1	18~21	0.50	66~72	82~90	0.75	YY5	105~120	0.50	215~245	0.40	
高强度钢	225~350	8	20~26	0.18	90~105	115~135	0.18	YT15	150~185	0.18	380~440	0.13	>300HBS 时宜 W12Cr4V5Co5W 2MoCr4VCo8
		4	15~20	0.40	69~84	90~105	0.40	YT14	120~135	0.40	205~265	0.25	
		1	12~15	0.50	53~66	69~84	0.50	YT5	90~105	0.50	145~205	0.40	

由学生完成。

老师点评。

任务二　刀具材料的选择

车削加工简单阶梯轴的外圆,选择刀具材料。

根据外圆的加工要求,选择刀具。

刀具切削性能的好坏,取决于构成刀具切削部分的材料、几何形状和结构尺寸。刀具材料性能的优劣对加工表面质量、加工效率、刀具使用寿命和加工成本都有很大的影响。

刀具材料分工具钢(碳素工具钢、合金工具钢和高速钢)、硬质合金、陶瓷、超硬材料(金刚石和立方氮化硼)四大类。碳素工具钢(如T10A、T12A)及合金工具钢(如9SiCr),因耐热性较差,通常只用于手工工具及切削速度较低的刀具;陶瓷、金刚石、立方氮化硼仅用于有限的场合。目前,刀具材料用得最多的仍是高速钢和硬质合金。

2.1　刀具材料应具备的性能

刀具的切削部分是在高温、高压、振动、冲击以及剧烈摩擦等条件下工作的,因此,刀具切削部分材料的性能应能满足以下基本要求:

1. 较高的硬度

刀具材料的硬度必须高于工件材料的硬度。刀具材料的常温硬度一般要求在60HRC以上。

2. 较好的耐磨性

刀具材料应具备较好的耐磨性。刀具的耐磨性既取决于材料的硬度,又与其化学成分、显微组织有关。一般情况下,刀具材料的硬度越高,耐磨性也越好;组成成分中,耐磨的合金碳化物含量越多,晶粒越细,分布越均匀,刀具的耐磨性则越好。

3. 足够的强度和韧性

切削时刀具应能承受各种切削力、冲击和振动,而不至于产生崩刃和断裂。但强度和韧性高的材料,必然引起其硬度和耐磨性的降低。

4. 较高的耐热性和化学稳定性

耐热性是指刀具材料在高温下保持硬度、耐磨性、强度和韧性的能力,用高温硬度或热硬性(保持刀具切削性能的最高极限温度)表示。它是衡量刀具材料性能的主要标志,耐热性越好,刀具允许的切削速度越高。

化学稳定性是指材料在高温状态下不易于被加工工件材料或周围工作介质发生化学反应的能力。包括抗氧化、抗粘结能力。化学稳定性越高,刀具磨损越慢,加工质量越高。

5. 良好的导热性和耐热冲击性能

即刀具材料的导热性能要好,不会因受到大的热冲击产生刀具内部裂纹而导致刀具断裂。

6. 良好的工艺性能

为便于制造,要求刀具材料具有良好的可加工性。包括热加工性能(热塑性、可焊性、淬透性)和机械加工性能,即刀具材料应具有良好的锻造性能、热处理性能、焊接性能、磨削加工性能等。

选择刀具材料时,很难选到几方面性能都是最好的,因为材料的性能之间有的互相矛盾,所以,在选择刀具材料时,应根据加工的实际情况进行选择。

2.2 高 速 钢

高速钢是含有较多钨、钼、铬、钒等元素的高合金工具钢。高速钢具有较高的硬度(热处理硬度可达 62~67HRC)和耐热性(切削温度可达 550~600℃),且能刃磨锋利,俗称锋钢(风钢)。与碳素工具钢和合金工具钢相比,能提高切削速度 1~3 倍(因此而得名),提高刀具耐用度 10~40 倍,甚至更多。它可加工包括有色金属、高温合金在内的范围广泛的材料。

高速钢具有高的强度(抗弯强度为一般硬质合金的 2~3 倍,为陶瓷的 5~6 倍)和韧性,抗冲击振动的能力较强,适宜制造各类刀具。

高速钢刀具制造工艺简单,能锻造,容易磨出锋利的刀刃,因此在复杂刀具(钻头、丝锥、成型刀具、拉刀、齿轮刀具等)的制造中,高速钢占有重要的地位。

高速钢按用途不同,可分为通用型高速钢和高性能高速钢;按制造工艺方法不同,可分为熔炼高速钢和粉末冶金高速钢。

通用型高速钢是切削硬度在 250~280HBS 以下的大部分结构钢和铸铁的基本刀具材料,应用最为广泛。切削普通钢料时的切削速度一般不高于 40~60m/min。通用型高速钢一般可分为钨钢和钨钼钢两类,常用牌号分别为 W18Cr4V 和 W6Mo5Cr4V2。

高性能高速钢(如 9W6Mo5Cr4V2 和 W6Mo5Cr4V3)较通用型高速钢有更好的切削性能,适合于加工奥氏体不锈钢、高温合金、钛合金和超高强度钢等难加工材料。这类高速钢的不同牌号只有在各自的规定切削条件下使用才能达到良好的切削性能。

粉末冶金高速钢的优点很多:具有良好的力学性能和可磨削加工性,淬火变形只及熔炼钢的 1/3~1/2,耐磨性提高 20%~30%,适于制造切削难加工材料的刀具、大尺寸刀具(如滚刀、插齿刀),也适于制造精密、复杂刀具。

表1-6列出了几种常用高速钢的牌号、主要性能及用途。

表1-6 常用高速钢的力学性能和适用范围

牌 号	硬度/HRC	冲击韧度/GPa	600℃时硬度/HRC	主要性能和适应范围
W18Cr4V（W18）	63~66	0.18~0.32	48.5	综合性能好,通用性强,可磨性好,适于制造加工轻合金、碳素钢、合金钢、普通铸铁的精加工刀具和复杂刀具,例如螺纹车刀、成型车刀、拉刀等
W6Mo5Cr4V2（M2）	63~66	0.30~0.40	47~48	强度和韧性略高于W18,热硬性略低于W18,热塑性好,适于制造加工轻合金、碳钢、合金钢的热成型刀具及承受冲击、结构薄弱的刀具
W14Cr4VMnRe	64~66	0.31	50.5	切削性能与W18相当,热塑性好,适于制作热轧刀具
W9Mo3Cr4V（W9）	65~66.5	0.35~0.40		刀具寿命比W18和M2有一定程度提高,适于加工普通轻合金、钢材和铸铁
9W18Cr4V（9W18）	66~68	0.17~0.22	51	属高碳高速钢,常温硬度和高温硬度有所提高,适于制造加工普通钢材和铸铁,耐磨性要求较高的钻头、铰刀、丝锥、铣刀和车刀等或加工较硬材料(220~250HBS)的刀具,但不宜承受大的冲击
9W6Mo5Cr4V2（CM2）	67~68	0.13~0.25	52.1	
W12Cr4V4Mo（EV4）	66~67	0.10	52	属高钒高速钢,耐磨性好,适于切削对刀具磨损极大的材料,如纤维、硬橡胶、塑料等,也用于加工不锈钢、高强度钢和高温合金等,效果也很好
W6Mo5Cr4V3（M3）	65~67	0.25	51.7	
W2Mo9Cr4VCo8（M42）	67~69	0.23~0.30	55	属高钴超硬高速钢,有很高的常温和高温硬度,适于加工高强度耐热钢、高温合金、钛合金等难加工材料,M42可磨性好,适于做精密复杂刀具,但不宜在冲击切削条件下工作
W10Mo4Cr4V3Co10（HSP-15）	67~68	0.10	55.5	
W12Cr4V5Co5（T15）	66~68	0.25	54	常温硬度和耐磨性都很好,600℃高温硬度接近M42钢,适于加工耐热不锈钢、高温合金、高强度钢等难加工材料,适合制造钻头、滚刀、拉刀、铣刀等
W6Mo5Cr4V2Co8（M36）	66~68	0.30	54	
W6Mo5Cr4V2Al（501）	67~69	0.23~0.30	55	属含铝超硬高速钢,切削性能相当于M42,适于制造铣刀、钻头、铰刀、齿轮刀具和拉刀等,用于加工合金钢、不锈钢、高强度钢和高温合金等
W10Mo4Cr4V3Al（5F-6）	67~69	0.20~0.28	54	
W12Mo3Cr4V3N（V3N）	67~69	0.15~0.30	55	含氮超硬高速钢,硬度、强度、韧性与M42相当,可作为含钴钢的代用品,用于低速切削难加工材料和低速高精度加工

2.3　硬　质　合　金

硬质合金是高耐热性和高耐磨性的金属碳化物(碳化钨、碳化钛、碳化钽、碳化铌等)与金属粘结剂(钴、镍、钼等)在高温下烧结而成的粉末冶金制品。其硬度为89~93HRA,能耐850~1000℃的高温,具有良好的耐磨性,允许使用的切削速度可达100~300m/min,可加工包括淬硬钢在内的多种材料,因此获得广泛应用。但是,硬质合金的抗弯强度低,冲击韧性差,刃口不锋利,较难加工,不易做成形状较复杂的整体刀具,因此目前还不能完全取代高速钢。常用的硬质合金有钨钴类(YG类)、钨钛钴类(YT类)和钨钛钽(铌)钴类(YW类)三类。

1. 钨钴类硬质合金(YG类)

YG类硬质合金主要由碳化钨和钴组成,常用的牌号有YG3、YG6、YG8等。YG类硬质合金的抗弯强度和冲击韧性较好,不易崩刃,很适宜于切削切屑呈崩碎状的铸铁等脆性材料。YG类硬质合金的刃磨性较好,刃口可以磨得较锋利,故切削有色金属及其合金的效果也较好。由于YG类硬质合金的耐热性和耐磨性较差,因此一般不用于普通钢材的切削加工。但它的韧性好,导热系数较大,可以用来加工不锈钢和高温合金钢等难加工材料。

2. 钨钛钴类硬质合金(YT类)

YT类硬质合金主要由碳化钨、碳化钛和钴组成,常用的牌号有YT5、YT15、YT30等。它里面加入了碳化钛后,增加了硬质合金的硬度、耐热性、抗粘结性和抗氧化能力。但由于YT类硬质合金的抗弯强度和冲击韧性较差,故主要用于切削切屑一般呈带状的普通碳钢及合金钢等塑性材料。

3. 钨钛钽(铌)钴类硬质合金(YW类)

它是在普通硬质合金中加入了碳化钽或碳化铌,从而提高了硬质合金的韧性和耐热性,使其具有较好的综合切削性能。YW类硬质合金主要用于不锈钢、耐热钢、高锰钢的加工,也适用于普通碳钢和铸铁的加工,因此被称为通用型硬质合金,常用的牌号有YW1、YW2等。不同硬质合金牌号的性能和应用范围见表1-7。

由表1-7可以看出,由于碳化物的硬度和熔点比粘结剂高得多,因此在硬质合金中,如果碳化钨所占比例大,则硬质合金的硬度就高,耐磨性也好;反之,若钴、镍等金属粘结剂的含量多,则硬质合金的硬度降低,而抗弯强度和冲击韧性就有所提高。硬质合金的性能还与其晶粒

表1-7　常用硬质合金的牌号、性能和应用范围

类型	牌号	物理力学性能			使用性能			使用范围	
		硬度		抗弯强度/GPa	耐磨	耐冲击	耐热	材料	加工性质
		HRA	HRC						
钨钴类	YG3	91	78	1.08				铸铁 有色金属	连续切削时精加工、半精加工
	YG6X	91	78	1.37				铸铁 耐热合金	精加工、半精加工
	YG6	89.5	75	1.42				铸铁 有色金属	连续切削粗加工,间断切削半精加工
	YG8	89	74	1.47				铸铁 有色金属	间断切削粗加工

类型	牌号	物理力学性能			使用性能			使用范围	
		硬度		抗弯强度/GPa	耐磨	耐冲击	耐热	材料	加工性质
		HRA	HRC						
钨钴钛类	YT5	89.5	75	1.37	↓	↑	↓	钢	粗加工
	YT14	90.5	+77	1.25				钢	间断切削半精加工
	YT15	91	78	1.13				钢	连续切削粗加工,间断切削半精加工
	YT30	92.5	81	0.88				钢	连续切削精加工
添加稀有金属碳化钨类	YA6	92	80	1.37	较好			冷硬铸铁有色金属合金钢	半精加工
	YW1	92	80	1.28	较好		较好	难加工材料	精加工、半精加工
	YW2	91	78	1.47	好			难加工材料	半精加工、粗加工
镍钼钛类	YN10	92.5	81	1.08	好		好	钢	连续切削精加工

大小有关。当粘结剂的含量一定时,碳化物的晶粒越细,则硬质合金的硬度就越高,而抗弯强度和冲击韧性降低;反之,则硬质合金的硬度降低,而抗弯强度和冲击韧性就会有所提高。

2.4　涂层刀具和其他刀具材料

1. 涂层刀具

涂层刀具是在韧性较好的硬质合金或高速钢刀具基体上,涂覆一薄层耐磨性高的难熔金属化合物而获得的。

常用的涂层材料有碳化钛、氮化钛、氧化铝等。碳化钛的硬度比氮化钛的硬度高,抗磨损性能好,对于会产生剧烈磨损的刀具,碳化钛涂层较好。氮化钛与金属的亲和力小,润湿性能好,在容易产生粘结的条件下,氮化钛涂层较好。在高速切削产生大量热量的场合,以采用氧化铝涂层为好,因为氧化铝在高温下有良好的热稳定性能。

涂层硬质合金刀片的耐用度至少可提高 1~3 倍,涂层高速钢刀具的耐用度则可提高 2~10 倍。加工材料的硬度越高,则涂层刀具的效果越好。

2. 陶瓷材料

陶瓷材料是以氧化铝为主要成分,经压制成形后烧结而成的一种刀具材料。它的硬度可达 91~95HRA,在 1200℃ 的切削温度下仍然可保持 80HRA 的硬度。另外,它的化学惰性大,摩擦因数小,耐磨性好,加工钢件时的寿命为硬质合金的 10~12 倍。其最大缺点是脆性大,抗弯强度和冲击韧性低。因此它主要用于半精加工和精加工高硬度、高强度钢和冷硬铸铁等材料。常用的陶瓷刀具材料有氧化铝陶瓷、复合氧化铝陶瓷以及复合氧化硅陶瓷等。

3. 人造金刚石

人造金刚石是通过合金触媒的作用,在高温高压下由石墨转化而成。人造金刚石具有较高的硬度(显微硬度可达 10,000HV)和耐磨性。其摩擦因数小,切削刃可以做得非常锋利。因此,人造金刚石做刀具可以获得较高的加工表面质量。但人造金刚石的热稳定性较差(不得超过 700~800℃),特别是它与铁元素的化学亲和力很强,因此它不宜用来加工钢铁件。人造金刚石主要用来制作磨具和磨料,用做刀具材料时,多用于在高速下精细车削或镗削有色金属及非金属材料。尤其用它切削加工硬质合金、陶瓷、高硅铝合金及耐磨塑料等高硬度、高耐磨性的材料时,具有很大的优越性。

4. 立方氮化硼

立方氮化硼是由六方氮化硼在高温高压下加入催化剂转变而成的。它是 20 世纪 70 年代才发展起来的一种新型刀具材料,立方氮化硼的硬度很高(可达 8000~9000HV),并具有很高的热稳定性(可达 1300~1400℃),它的最大优点是在高温(1200~1300°C)时也不易与铁族金属起反应。因此,它能胜任淬火钢、冷硬铸铁的粗车和精车,同时还能高速切削高温合金、热喷涂材料、硬质合金及其他难加工材料。

■任务实施

由学生完成。

■评　　价

老师点评。

任务三　刀具几何参数的选择

■任务描述

车削加工简单阶梯轴的外圆,选择刀具几何参数。

■任务分析

根据外圆的加工要求,选择刀具合适的前角、后角。

■相关知识

3.1　车刀的组成

车刀切削部分的构成可归纳为"三面、两刃、一刀尖"。

"三面"包括前刀面、主后刀面和副后刀面,"两刃"包括主切削刃和副切削刃,"一刀尖"指刀尖,如图 1-5 所示。

(1)前刀面。刀具上切屑流过的表面。如果前刀面有几个相交面组成,则从切削刃开始,依次将它们称为第一前刀面、第二前刀面等。

（2）主后刀面。与工件上切削中产生的过渡表面相对的刀具表面。同样也可分为第一后刀面、第二后刀面。

（3）副后刀面。与工件上的已加工表面相对的刀具表面。

（4）主切削刃。前刀面与主后刀面相交得到的刃边。主切削刃是前刀面上直接进行切削的锋刃，它完成主要的金属切除工作。

（5）副切削刃。前刀面与副后刀面相交得到的刃边。副切削刃协同主切削刃完成金属的切除工作，最终形成工件的已加工表面。

（6）刀尖。也称过渡刃。是指主切削刃与副切削刃连接处相当少的一部分切削刃。它可以是圆弧状的修圆刀尖（为刀尖圆弧半径），也可以是直线状的点状刀尖或倒角刀尖，如图1-6所示。

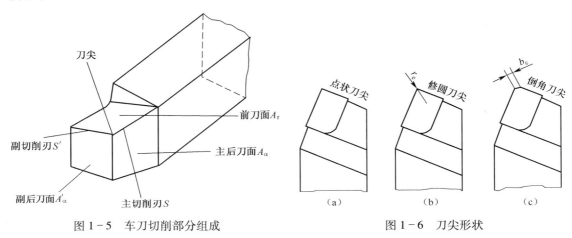

图1-5　车刀切削部分组成　　　　　图1-6　刀尖形状

3.2　刀 具 角 度

刀具角度是确定刀具切削部分几何形状的重要参数。用于定义刀具角度的各基准坐标平面称为参考系。

参考系有两类：一是刀具静止参考系，它是刀具设计时标注、刃磨和测量的基准，用此定义的刀具角度称刀具标注角度；二是工作参考系，它是确定刀具切削工作时角度的基准，用此定义的刀具角度称刀具工作角度。

1. 刀具标注角度

刀具标注角度（静止角度）是在刀具标注角度参考系（静止参考系）内确定的刀具角度，刀具设计图纸上所标注的刀具角度就是刀具标注角度。

1）正交平面参考系

正交平面参考系（主剖面参考系）是由基面、切削平面和正交平面这三个参考平面组成的正交参考系（图1-7（a））。

（1）基面 p_r。过切削刃选定点，平行或垂直刀具上的安装面（轴线）的平面，或者是与该点切削速度矢量垂直的平面。

车刀的基面可理解为平行刀具底面的平面。

（2）切削平面 p_s。过切削刃选定点，与切削刃相切并垂直于基面的平面。

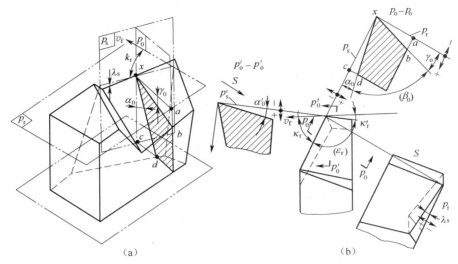

图 1-7　刀具标注角度的参考系

（3）正交平面 p_o。过切削刃选定点，同时垂直于基面和切削平面的平面。

2）在正交平面参考系中标注的角度

把置于正交平面参考系中的刀具，分别向这三个参考平面投影，在各参考平面中便可得到相应的刀具角度（图 1-7（b））。

（1）在基面中测量的刀具角度。在基面中测量的刀具角度有主偏角、副偏角、刀尖角。

① 主偏角 κ_r：在基面内，主切削刃的投影线与假定进给运动方向的夹角。

② 副偏角 κ'_r：在基面内，副切削刃的投影线与假定进给运动方向的夹角。

③ 刀尖角 ε_r：在基面内，主切削刃的投影线和副切削刃的投影线夹角，它是派生角度。

$$\varepsilon_r = 180° - (\kappa_r + \kappa'_r)$$

ε_r 是标注角度是否正确的验证公式之一。

（2）在切削平面中测量的刀具角度。在切削平面中测量的刀具角度只有刃倾角 。

刃倾角 λ_s：定义为在切削平面内，主切削刃与基面的夹角。刃倾角有正负之分：当刀尖相对基面处于主切削刃上的最高点时，刃倾角为正值；反之，刃倾角为负值；主切削刃与基面平行（或重合）时，刃倾角为零度。如图 1-8（b）所示。

（3）在正交平面中测量的刀具角度。在正交平面中测量的刀具角度有前角、后角和楔角。

① 前角 γ_o：在正交平面中测量的前刀面与基面间的夹角。前角有正负之分：当前刀面与正交平面的交线向里收缩（楔角变小）时，前角为正；当前刀面与正交平面的交线向外扩张（楔角变大）时，前角为负；当前刀面与正交平面的交线与基面重合时，前角为零。如图 1-8（a）所示。

② 后角 α_o：在正交平面中测量的后刀面与切削平面间的夹角。后角也有正负之分：当主后刀面与正交平面的交线向里收缩（楔角变小）时，后角为正；当主后刀面与正交平面的交线向外扩张（楔角变大）时，后角为负；当主后刀面与正交平面的交线与主切削平面重合时，后角为零。如图 1-8（a）所示。

③ 楔角 β_o：在正交平面中测量的前刀面与后刀面间的夹角，它是派生角度。

$$\beta_o = 90° - (\gamma_o + \alpha_o)$$

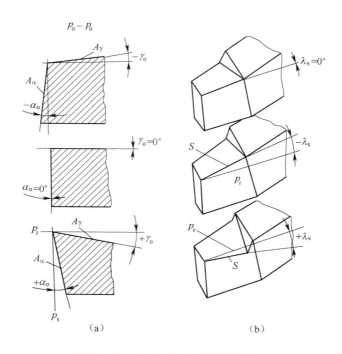

（a）　　　　　　　　　　　（b）

图 1-8　前角、刃倾角正负的规定

2. 刀具工作角度

1）横向进给运动对刀具工作角度的影响

如图 1-9 所示，在车床上切断和切槽时，刀具沿横向进给，合成运动方向与主运动方向的夹角为 μ，这时工作基面和工作切削平面分别相对于基面、切削平面转过 μ 角。刀具的工作前角 γ_{oe} 和工作后角 α_{oe} 分别为

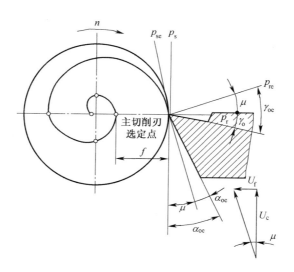

图 1-9　横向进给运动对工作角度的影响

$$\gamma_{oe} = \gamma_o + \mu$$
$$\alpha_{oe} = \alpha_o - \mu$$

$$\tan\mu = v_f/v_c = f/\pi d$$

式中　　f——工件每转一周刀具的横向进给量,单位为 mm/r;

　　　　d——工件加工直径,即刀具上切削刃选定点处的瞬时位置相对于工件中心的直径,单位为 mm。

显然,随着工件加工直径的不断缩小,刀具的工作前角会不断增大,工作后角不断减小。切断车刀逼近工件中心,在工作后角 $\alpha_{oe} \leqslant 0°$ 时,就不能实现切削;最后出现工件被刀具后刀面撞断的现象。因而,在横向车削时,适当增大 α_o,可补偿横向进给速度的影响。

2)刀尖安装高低对工作角度的影响

以车刀车外圆为例(图 1-10),若不考虑进给运动,并假设 $f = 0$,则当切削刃高于工件中心时,工作基面和工作切削平面将转过 θ 角,从而使工作前角和工作后角变化为

$$\gamma_{oe} = \gamma_o + \theta$$
$$\alpha_{oe} = \alpha_o - \theta$$
$$\sin\theta = 2h/d_w$$

h——切削刃高于工件中心的数值,单位为 mm。

d_w——工件待加工表面直径,单位为 mm。

当切削刃低于工件中心时,上述角度的变化与切削刃高于工件中心相反;镗孔时,工作角度的变化与车外圆相反。

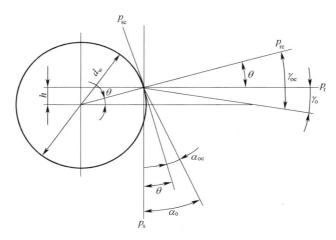

图 1-10　刀尖安装高低对工作角度的影响

3.3　刀具几何参数的合理选择

刀具几何参数主要包括:刃形、刀面型式、刃口型式和刀具角度等。刀具合理几何参数是指:在保证加工质量和刀具寿命的前提下,能提高生产效率,降低制造、刃磨和使用成本。

1. 刃形、刀面型式与刃口型式

1)刃形与刀面型式

刃形是指切削刃的形状,有直线刃和空间曲线刃等刃形。合理的刃形能强化刀刃、刀尖,减小单位刃长上的切削负荷,降低切削热,提高抗振性,提高刀具寿命,改变切屑形态,方便排屑,改善加工表面质量等。

刀面型式主要是前刀面上的断屑槽、卷屑槽等。

2）刃口型式

（1）锋刃（图1-11(a)）。锋刃刃磨简便、刃口锋利、切入阻力小,特别适于精加工刀具。锋刃的锋利程度与刀具材料有关,与楔角的大小有关。

（2）倒棱刃（图1-11(b)）。又称负倒棱,能增强切削刃,提高刀具寿命。

（3）消振棱刃（图1-11(c)）。消振棱刃能产生与振动位移方向相反的摩擦阻尼作用力,有助于消除切削低频振动。

（4）白刃（图1-11(d)）,又称刃带。铰刀、拉刀、浮动镗刀、铣刀等,为了便于控制外径尺寸,保持尺寸精度,并有利于支承、导向、稳定、消振及熨压作用,常采用白刃的刃区型式。

（5）倒圆刃（图1-11(e)）。能增强切削刃,具有消振熨压作用。

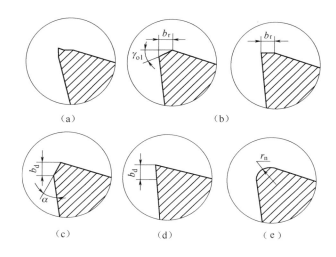

图1-11　常用的几种刃口型式

2. 刀具角度的选择

刀具几何角度对刀具的使用寿命、加工质量的影响举足轻重。不同的刀具角度（如前角,后角）,对切削加工的影响不同,选择原则不同。

1）前角

前角对切削的难易程度有很大影响。增大前角能使刀刃变得锋利,使切削更为轻快,可以减小切屑变形,从而使切削力和切削功率减小。但增大前角会使刀刃和刀尖强度下降,刀具散热体积减小,影响刀具寿命。前角的大小对表面粗糙度、排屑及断屑等也有一定影响。

（1）工件材料的强度、硬度低,塑性好,应取较大的前角;加工脆性材料（如铸铁）应取较小的前角;加工淬硬的材料（如淬硬钢、冷硬铸铁等）,应取较小的前角,甚至负前角。

（2）刀具材料的抗弯强度和韧度高时,可取较大的前角。

（3）断续切削或粗加工有硬皮的锻、铸件时,应取较小的前角。

（4）工艺系统刚度差或机床功率不足时应取较大的前角。

（5）成型刀具或齿轮刀具等为防止产生齿形误差常取较小的前角,甚至成0°的前角。

2）后角

刀具后角的作用是减小切削过程中刀具后刀面与工件切削表面之间的摩擦。后角增大,可减小后刀面的摩擦与磨损,刀具楔角减小,刀具变得锋利,可切下很薄的切削层;在相同的磨损标准 VB 时,所磨去的金属体积减小,使刀具寿命提高;但是后角太大,楔角减小,刃口强度减小,散热体积减小,α_o 将使刀具寿命减小,故后角不能太大。

后角的选用原则:

(1) 精加工刀具及切削厚度较小的刀具(如多刃刀具),磨损主要发生在后刀面上,为降低磨损,应采用较大的后角。粗加工刀具要求刀刃坚固,应采取较小的后角。

(2) 工件强度、硬度较高时,为保证刃口强度,宜取较小的后角;工件材料软、粘时,后刀面磨损严重,应取较大的后角;加工脆性材料时,载荷集中在切削刃处,为提高切削刃强度,宜取较小的后角。

(3) 定尺寸刀具,如拉刀和铰刀等,为避免重磨后刀具尺寸变化过大,应取较小的后角。

(4) 工艺系统刚度差(如切细长轴时),宜取较小的后角,以减小振动。

3) 主偏角和副偏角

主偏角和副偏角对刀具耐用度影响较大。减小主偏角和副偏角,可使刀尖角增大,刀尖强度提高,散热条件改善,因而刀具耐用度得以提高。减小主偏角和副偏角,可降低残留面积的高度,故可减小加工表面的粗糙度。主偏角和副偏角还会影响各切削分力的大小和比例。如车削外圆时,增大主偏角,可使背向力 F_p 明显减小,进给力 F_f 增大,因而有利于减小工艺系统的弹性变形和振动。

主偏角的选用原则:

(1) 工艺系统刚度允许的条件下,应采取较小的主偏角,以提高刀具的寿命。加工细长轴应用较大的主偏角。

(2) 加工很硬的材料,为减轻单位切削刃上的载荷,宜取较小的主偏角。

(3) 在切削过程中,刀具需作中间切入时,应取较大的主偏角。

(4) 主偏角的大小还应与工件的形状相适应,如切阶梯轴可取主偏角为 90°。

在工艺系统刚性较好时,主偏角宜取较小值,如 $\kappa_r = 30° \sim 45°$;当工艺系统刚性较差或强力切削时,一般取 $\kappa_r = 60° \sim 75°$;车削细长轴时,一般取 $\kappa_r = 90° \sim 93°$,以减小背向力 F_p。

副偏角的选用原则:

(1) 在不引起振动的条件下,一般取较小的副偏角。精加工刀具必要时可以磨出一段其为 0° 的修光刃,以加强副切削刃对已加工表面的修光作用。

(2) 系统刚度差时,应取较大的副偏角。

(3) 为保证重磨刀具尺寸变化量小,切断、切槽刀及孔加工刀具的副偏角只能取很小值(如 10° ~ 20°)。

副偏角 κ'_r 的大小还可以根据表面粗糙度的要求选取,一般为 5° ~ 15°,粗加工时取大值,精加工时取小值,如图 1 - 12 所示。

4) 刃倾角

刃倾角主要影响刀头的强度和切屑流向,如图 1 - 13 所示。

在加工一般钢料和铸铁时,无冲击的粗车取 $\lambda_s = 0° \sim -5°$,精车取 $\lambda_s = 0° \sim +5°$;有冲击负荷时,取 $\lambda_s = -5° \sim -15°$;当冲击特别大时,取 $\lambda_s = -30° \sim -45°$。切削高强度钢、冷硬钢时,为提高刀头强度,可取 $\lambda_s = -30° \sim -10°$。

(1) 单刃刀具采用较大的刃倾角,可使远离刀尖的切削刃首先接触工件,使刀尖免受冲击。

(2) 对于回转的多刃刀具,如柱形铣刀等,螺旋角就是刃倾角,此角可使切削刃逐渐切入和切出,使铣削过程平稳。

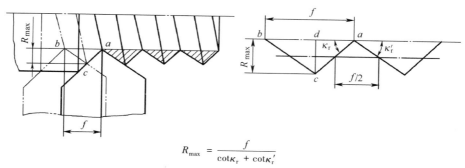

$$R_{max} = \frac{f}{\cot\kappa_r + \cot\kappa_r'}$$

图 1-12　表面粗糙度与主副偏角关系的数学模型

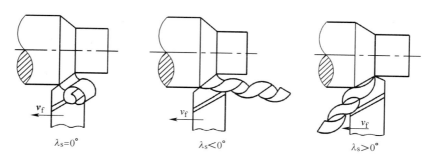

图 1-13　刃倾角对切屑流向的影响

（3）可增大实际工作前角，使切削轻快。

（4）加工硬材料或刀具承受冲击载荷时，应取较大的负刃倾角，以保护刀尖。

（5）精加工宜取正刃倾角，使切屑流向待加工表面，并可使刃口锋利。

（6）内孔加工刀具(如铰刀、丝锥等)的刃倾角方向应根据孔的性质决定。

应当指出，刀具各角度之间是相互联系、相互影响的，孤立地选择某一角度并不能得到所希望的合理值。例如，在加工硬度比较高的工件材料时，为了增加切削刃的强度，一般取较小的后角，但在加工特别硬的材料如淬硬钢时，通常采用负前角，这时如适当增大后角，不仅使切削刃易于切入工件，而且还可提高刀具耐用度。

■任务实施

由学生完成。

■评　价

老师点评。

任务四　切削液的选择

■任务描述

车削加工简单阶梯轴的外圆，选择切削液。

■任务分析

根据外圆的加工要求,选择合适的切削液。

■相关知识

在金属切削过程中,切削液的主要功能是润滑和冷却作用,正确地选择切削液能降低切削区温度,减小刀具磨损,提高刀具寿命,改善工件表面粗糙度,提高加工表面质量,保证工件加工精度,提高生产效率。

4.1 切削液的作用机理

切削液主要有以下几方面作用机理:

1. 润滑作用

金属切削时切屑、工件与刀具界面的摩擦可分为干摩擦、流体润滑摩擦和边界润滑摩擦三类。如不用切削液,则形成金属与金属接触的干摩擦,此时摩擦因数较大。如果在加切削液后,切削、工件与刀面之间形成完的润滑油膜,金属直接接触面积很小或接近于零,则成为流体润滑。流体润滑时摩擦因数很小。但在很多情况下,由于切屑、工件与刀具界面承受载荷增加,温度升高,流体油膜大部分被破坏,造成部分金属直接接触(图1-14);由于润滑液的渗透和吸附作用,部分接触面仍存在着润滑液的吸附膜,起到降低摩擦因数的作用,这种状态称之为边界润滑摩擦。边界润滑摩擦时的摩擦因数大于流体润滑,但小于干摩擦切削。金属切削中的润滑大都属于边界润滑状态。

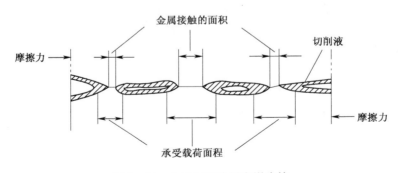

图1-14 金属间的边界润滑摩擦

在金属切削加工中,大多属于边界润滑摩擦。采用恰当的切削液,能在刀具的前、后刀面与工件之间形成一层润滑膜,可以减少前刀面与切屑,后刀面与已加工表面间的直接接触,减轻摩擦和粘结程度,因而可以减轻刀具的磨损,提高工件表面的加工质量。从而减小切削力和摩擦热,降低刀具与工件摩擦部位的表面温度和刀具磨损,改善工件材料的切削加工性能。在磨削过程中,加入磨削液后,磨削液渗入砂轮磨粒-工件及磨粒-磨屑之间形成润滑膜,使界面间的摩擦减小,防止磨粒切削刃磨损和粘附切屑,从而减小磨削力和摩擦热,提高砂轮耐用度以及工件表面质量。

切削液的润滑性能与其渗透性以及形成吸附膜的牢固程度有关。在切削液添加含硫、氯等元素的极压添加剂后会与金属表面起化学反应,生成化学膜。它可以在高温下(达 400~800℃)使边界润滑层保持较好的润滑性能。

切削速度对切削液的润滑效果影响最大,一般速度越高,切削液的润滑效果越低。切削液的润滑效果还与切削厚度、材料强度等切削条件有关。切削厚度越大,材料强度越高,润滑效果越差。

2. 冷却作用

切削液的冷却作用通过与刀具(或砂轮)、切屑和工件间的对流和汽化作用把切削热从刀具和工件处带走,从而降低切削温度,减少工件和刀具的热变形,保持刀具硬度,提高加工精度和刀具寿命。切削液的冷却性能和其导热系数、比热容、汽化热以及黏度(或流动性)有关。水的导热系数和比热容均高于油,因此水的冷却性能要优于油。试验表明,切削液只能缩小刀具与切屑界面的高温区域,并不能降低最高温度,一般的浇注方法主要冷却切屑。切削液如喷注到刀具副后面处,对刀具和工件的冷却效果更好。

切削液的冷却性能取决于它的导热系数、比热容、汽化热、汽化速度及流量、流速等。切削热的冷却作用主要靠热传导。因为水的导热系数为油的3~5倍,且比热容也大一倍,所以水溶液的冷却性能比油好。

切削液自身温度对冷却效果影响很大。切削液温度太高,冷却作用小,切削液温度太低,切削液黏度大,冷却效果也不好。

3. 清洗作用

在车、铣、钻、磨削等加工时,切屑、铁粉、磨屑、油污、沙粒等常常粘附在工件、刀具或砂轮的表面及缝隙中,同时沾污机床和工件,使刀具或砂轮的切削刃口变钝,影响到切削效果。需要浇注和喷射切削液来清洗机床上的切屑和杂物,并将切屑和杂物带走。防止机床和工件、刀具的沾污,使刀具或砂轮的切削刃口保持锋利和正常的切削效果。对于油基切削油,黏度越低,清洗能力越强。含有表面活性剂的水基切削液,清洗效果较好,它能在表面上形成吸附膜,阻止粒子和油泥等粘附在工件、刀具及砂轮上,同时能渗入到粒子和油泥粘附的界面上并使之分离,随切削液带走,保持切削液的清洁。

4. 防锈作用

切削加工中,工件要和环境介质中的一系列腐蚀性物质接触。这需要切削液具有一定的防锈能力,保护工件和机床部件不发生腐蚀。切削液中加入了防锈添加剂,能与金属表面起化学反应而生成一层保护膜,从而起到防锈的作用。

5. 其他作用

除了以上四种作用外,所使用的切削液应具备良好的稳定性,在贮存和使用中不产生沉淀或分层、析油等现象。对细菌和霉菌有一定抵抗性,不易发臭、变质;对人体和环境安全,无刺激性气味,便于回收。

4.2 切削液的添加剂

为了改善切削液性能所加入的化学物质,称为添加剂。主要有油性添加剂、极压添加剂、表面活性剂等。

1. 油性添加剂

含有极性分子,能与金属表面形成牢固的吸附膜,主要起润滑作用。但这种吸附膜只能在较低温度下起较好的润滑作用,故多用于低速精加工的情况。油性添加剂有动植物油(如豆油、菜籽油、猪油等),脂肪酸、胺类、醇类及脂类。

2. 极压添加剂

常用的极压添加剂是含硫、磷、氯、碘等的有机化合物。这些化合物在高温下与金属表面起化学反应,形成化学润滑膜。它比物理吸附膜能耐较高的温度。

用硫可直接配制成硫化切削油,或在矿物油中加入含硫的添加剂,如硫化动植物油、硫化烯烃等配制成含硫的极压切削油。这种含硫极压切削油使用时与金属表面化合,形成的硫化铁膜在高温下不易被破坏;切削钢时在 1000℃ 左右仍能保持其润滑性能。但其摩擦因数比氯化铁的大。

含氯极压添加剂有氯化石蜡(含氯量为 40%~50%)、氯化脂肪酸等。它们与金属表面起化学反应生成氯化亚铁、氯化铁和氯氧化铁薄膜。这些化合物的剪切强度和摩擦因数小,但在 300~400℃ 时易被破坏,遇水易分解成氢氧化铁和盐酸,失去润滑作用,同时对金属有腐蚀作用,必须与防锈添加剂一起使用。

含硫极压添加剂与金属表面作用生成磷酸铁膜,它的摩擦因数较小。

为了得到性能良好的切削液,按实际需要常在一种切削液中加入几种极压添加剂。

3. 表面活性剂

表面活性剂是一种有机化合物,它使矿物油微小颗粒稳定分散在水中,形成稳定的水包油乳化液。表面活性剂的分子由极性基团和非极性基团两部分组成。前者亲水,可溶于水;后者亲油,可溶于油。油和水本来是互不相溶的,加入表面活性剂后,它能定向地排列并吸附在油水两极界面上,极性端向水,非极性端向油,把油和水联系起来,降低油-水的界面张力,使油以微小的颗粒稳定地分散在水中,形成稳定水包油乳化液(图1-15)。金属切削时应用的就是这种水包油的乳化液。

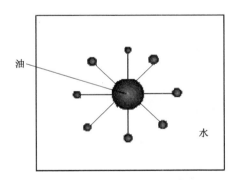

图 1-15 水包油乳化液示意图

表面活性剂在乳化液中,除了起乳化作用以外,还能吸附在金属表面上形成润滑膜起润滑作用。

表面活性剂种类很多,配制乳化液时,应用最广泛的是阴离子型和非离子型。前者如石油磺酸钠、油酸钠皂等,其乳化性能好,并有一定的清洗和润滑性能。后者如聚氯乙烯、脂肪、醇、醚等,它不怕硬水,也不受 pH 值的限制。良好的乳化液往往使用几种表面活性剂,有时还加入适量的乳化稳定剂,如乙醇、正丁醇等。

4.3 切削液的分类与使用

1. 切削液的分类

切削液可分为水溶性和非水溶性两大类。

1）水溶液

水溶液的主要成分是水,常加入一定的添加剂(如亚硝酸钠、硅酸钠等),具有良好的防锈性能和一定的润滑性能。常用的水溶液有电介质水溶液和表面活性水溶液。电介质水溶液是在水中加入电介质作为防锈剂;表面活性水溶液是加入皂类等表面活性物质,增强水溶液的润滑作用。

2）切削油

以矿物油为主要成分,少量为动植物油或混合油,加入各类油性添加剂和极压添加剂,以提高其润滑效果。润滑作用良好,而冷却作用小,多用以减小摩擦,常用于精加工工序,如精刨、珩磨和超精加工等常使用煤油作切削液,而攻螺纹、精车丝杠可用菜油之类的植物油等。切削油的组成见表1-8,水溶液和切削油使用性能对比见表1-9。

表1-8　切削油的组成

基础油	矿物油:煤油、柴油机油、全损耗系统用油。合成油:聚烯烃油、双酯
油性剂	脂肪油:豆油、菜籽油、猪油、鲸油、羊毛脂等 脂肪酸:油酸、棕榈酸等 脂类:脂肪酸酯 高级醇:十八烯醇、十八烷醇等
极压添加剂	氯系:氯化石蜡、氯化脂肪酸酯等 硫系:硫化脂肪油、硫化烯烃、聚硫化合物 磷系:二烷基二硫化代磷酸锌、磷酸三甲酚酯、磷酸三乙酯等 有机金属化合物:有机钼、有机硼等
防锈剂	石油磺酸盐、十二烯基丁二酸等
铜合金防蚀剂	苯并三氮唑、硫基苯并塞唑
抗氧化剂	二叔丁基对甲酚、胺系
消泡剂	二甲基硅油
降凝剂	氯化石蜡与萘的缩合物、聚烷基丙烯西酸酯等

表1-9　水溶液和切削油使用性能对比

性　　能		切削油	水溶液
切削性能	刀具寿命	好	差
	尺寸精度	好	差
	表面粗糙度	好	差
操作性能	机床、工件的锈蚀	好	差
	油漆的剥落	好	差
	切屑的分离、去除	差	好
	冒烟、起火	差	好
	对皮肤的刺激	差	好
	操作环境卫生	差	好
	长霉、腐败、变质	好	差
	使用液维护	好	差
	废液处理	好	差

性　　能		切削油	水溶液
经济性	切削液费用	差	好
	切削液管理费用	好	差
	废液处理费用	好	差
	机床维护保养费用	好	差

3）乳化液

乳化液是用乳化油加70%～98%的水稀释而成的乳白色或半透明状液体，它由切削油加乳化剂制成。乳化液具有良好的冷却和润滑性能。乳化液的稀释程度根据用途而定。浓度高润滑效果好，但冷却效果差；反之，冷却效果好，润滑效果差。低浓度的乳化液用于粗车、磨削；高浓度的乳化液用于精车、精铣、精镗、拉削等。

2. 切削液的使用

切削液的效果除由本身的性能决定外，还与工件材料、刀具材料、加工方法等因素有关，应综合考虑，合理选择切削液，以达到良好的效果。切削液的选用应遵循以下原则：

1）粗加工

粗加工时，切削用量大，产生的切削热量多，容易使刀具迅速磨损。此类加工一般采用冷却作用为主的切削液。切削速度较低时，刀具以机械磨损为主，宜选用润滑性能为主的切削液；速度较高时，刀具主要是热磨损，应选用冷却为主的切削液。

硬质合金刀具耐热性好，热裂敏感，可以不用切削液。如采用切削液，必须连续、充分浇注，以免冷热不均产生热裂纹而损伤刀具。

2）精加工

精加工时，切削液的主要作用是提高工件表面加工质量和加工精度。

加工一般钢件，在较低的速度（6.0～30m/min）情况下，宜选用极压切削油或10%～12%极压乳化液，以减小刀具与工件之间的摩擦和粘结，抑制积屑瘤。

3）难加工材料的切削

难加工材料硬质点多，热导率低，切削液不易散出，刀具磨损较快。此类加工一般处于高温高压的边界润滑摩擦状态，应选用润滑性能好的极压切削油或高浓度的极压乳化液。当用硬质合金刀具高速切削时，可选用冷却作用为主的低浓度乳化液。

常用切削液的选用可见表1－10。

表1－10　常用切削液选用表

加工类型		工　件　材　料					
		碳钢	合金钢	不锈钢及耐热钢	铸铁及黄铜	青铜	铝及合金
车铣镗孔	粗加工	3%～5%乳化液	1. 5%～15%乳化液； 2. 5%石墨或硫化乳化液； 3. 5%氯化石蜡油制乳化液	1. 10%～30%乳化液； 2. 10%硫化乳化液	1. 一般不用； 2. 3%～5%乳化液	一般不用	1. 一般不用； 2. 中性或含有游离酸小于4mg的弱性乳化液

加工类型	碳钢	合金钢	不锈钢及耐热钢	铸铁及黄铜	青铜	铝及合金
精加工	1. 石墨化或硫化乳化液；2. 5%乳化液(高速时)；3. 10%~15%乳化液(低速时)		1. 氧化煤油；2. 煤油75%、油酸或植物油25%；3. 煤油60%、松节油20%、油酸20%	黄铜一般不用,铸铁用煤油	7%~10%乳化液	1. 煤油；2. 松节油；3. 煤油与矿物油的混合物
切断及切槽	1. 15%~20%乳化液；2. 硫化乳化液；3. 活性矿物油；4. 硫化油		1. 氧化煤油；2. 煤油75%、油酸或植物油25%；3. 硫化油85%~87%、油酸或植物油13%~15%	1. 7%~10%乳化液；2. 硫化乳化液		
钻孔及镗孔	1. 7%硫化乳化液；2. 硫化切削油		1. 3%肥皂+2%亚麻油(不锈钢钻孔)；2. 硫化切削油(不锈钢镗孔)	1. 一般不用；2. 煤油(用于铸铁)；3. 菜油(用于黄铜)	1. 7%~10%乳化液；2. 硫化乳化液	1. 一般不用；2. 煤油；3. 煤油与菜油的混合油
铰孔	1. 硫化乳化液；2. 10%~15%极压乳化液；3. 硫化油与煤油混合液(中速)		1. 10%乳化液或硫化切削油；2. 含硫氯磷切削油			1. 2号锭子油；2. 2号锭子油与蓖麻油的混合物；3. 煤油和菜油的混合物
车螺纹	1. 硫化乳化液；2. 氧化煤油；3. 煤油75%、油酸或植物油25%；4. 硫化切削油；5. 变压器油70%、氯化石蜡30%		1. 氧化煤油；2. 硫化切削油；3. 煤油60%、松节油20%、油酸20%；4. 硫化油60%、煤油25%、油酸15%；5. 四氯化碳90%、猪油或菜油10%	1. 一般不用；2. 煤油(铸铁)；3. 菜油(黄铜)	1. 一般不用；2. 菜油	1. 硫化油30%、煤油15%、2号或3号锭子油55%；2. 硫化油30%、煤油15%、油酸30%、2号或3号锭子油25%
滚齿插齿	1. 20%~25%极压乳化液；2. 含硫(或氯、磷)的切削油			1. 煤油(铸铁)；2. 菜油(黄铜)	1. 10%~15%极压乳化液；2. 含氯切削油	1. 10%~15%极压乳化液；2. 煤油
磨削	1. 电解水溶液；2. 3%~5%乳化液；3. 豆油+硫磺粉			3%~5%乳化液		磺化蓖麻油1.5%、浓度30%~40%的氢氧化钠,加至微碱性,煤油9%,其余为水

3. 切削液的使用方法

普通使用的方法是浇注法,但流速慢、压力低,难于直接渗透入最高温度区,影响切削液效果。喷雾冷却法是以 0.3~0.6MPa 的压缩空气,通过图 1-16 所示的喷雾装置使切削液雾化,从直径 1.5~3mm 的喷嘴,高速喷射到切削区。高速气流带着雾化成微小液滴的切削液,渗透到切削区,在高温下迅速汽化,吸收大量热,从而获得良好的冷却效果。

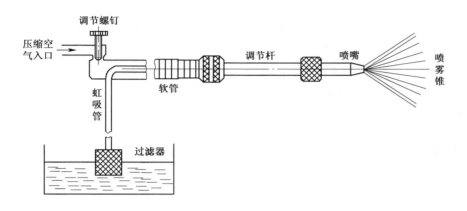

图 1-16 喷雾冷却装置原理图

■**任务实施**

由学生完成。

■**评 价**

老师点评。

任务五　机床及工艺装备的选择

■**任务描述**

车削加工简单阶梯轴的外圆,选择机床。

■**任务分析**

根据外圆的加工要求,选择机床、夹具和量具。

■**相关知识**

加工简单阶梯轴的外圆,需要考虑以下几节中所讲的因素。

5.1　机床的选择

1. 机床的选择原则

在选择机床时应遵循下列原则：

（1）机床的主要规格尺寸应与工件的外廓尺寸和加工表面的有关尺寸相适应；

（2）机床的精度要与工序要求的加工精度相适应；

（3）机床的生产率应与零件的生产纲领相适应；

（4）尽量利用现有的机床设备。

若需改装旧机床或设计专用机床，应提出任务书，说明与工序内容有关的参数、生产纲领、保证产品质量的技术条件及机床的总体布置等。

2. 车床

车床按照用途和功能不同，可分为许多类型，如卧式车床、立式车床、落地车床和转塔车床等，如图 1－17 所示。本节主要介绍最常用的 CA6140 车床。

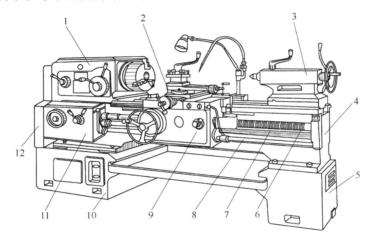

（a）卧式车床

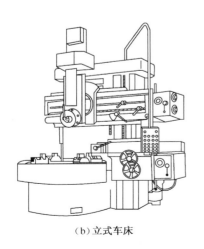

（b）立式车床　　　　　　　　　　　　　　　（c）落地车床

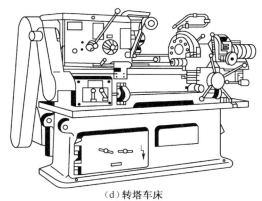

（d）转塔车床

图 1 - 17　车床类型

1—主轴箱；2—刀架；3—尾座；4—床身；5—床脚；6—丝杠；7—光杠；8—操纵杆；

9—溜板箱；10—床脚；11—进给箱；12—交换齿轮箱。

1）车床的工艺范围

车床适用于加工各种轴类、套筒类和盘类零件上的回转表面，如内外圆柱面、圆锥面及成型回转表面、车削端面及各种常用的米制、英制、模数制和径节制螺纹，还可以钻孔、扩孔、铰孔、滚花等工作。

2）CA6140 车床的组成与技术性能

如图 1 - 17（a）所示为 CA6140 车床，主要组成部件有：

主轴箱：支承并传动主轴，使主轴带动工件按照规定的转速旋转，实现主运动。

床鞍与刀架：装夹车刀，并使车刀纵向横向或斜向运动。

尾架：用后顶尖支承工件，并可在其上安装钻头等孔加工工具，以进行孔加工。

床身：车床的基本支承件，在其上安装车床的主要部件，以保持它们的相对位置。

溜板箱：把进给箱传来的运动传递给刀架，使刀架实现纵向进给、横向进给、快速移动或车螺纹。其上有各种操作手柄和操作按钮，方便工人操作。

进给箱：改变加工螺纹时的螺距或机动进给的进给量。

CA6140 主要技术性能参数如下：

床身上最大工件回转直径	400mm
最大工件长度（四种规格）	750mm；1000mm；1500mm；2000mm
最大车削长度	650mm；900mm；1400mm；1900mm
刀架上最大工件回转直径	210mm
主轴转速　正转 24 级	$10 \sim 1400 r/min$
反转 12 级	$14 \sim 1580 r/min$
进给量　纵向进给量 64 级	$0.028 \sim 6.33 mm/r$
横向进给量 64 级	$0.014 \sim 3.16 mm/r$
床鞍与刀架快速移动速度	$4 m/min$
车削螺纹范围　米制螺纹 44 种	$T = 1 \sim 192 mm$
英制螺纹 20 种	$a = 2 \sim 24$ 牙/in
模数螺纹 39 种	$m = 0.25 \sim 48 mm$
径节螺纹 37 种	$D_p = 1 \sim 96$ 牙/in
主电动机	$7.5 kW，1450 r/min$

5.2 工艺装备的选择

工艺装备主要包括夹具、刀具、量具和辅助工具,其选择是否合理,直接影响工件的加工质量、生产率和加工经济性。

1. 夹具的选择

单件小批生产时,优先考虑采用作为机床附件的各种通用夹具,如卡盘、回转工作台、平口钳等,也可采用组合夹具;大批量生产时,应根据工序要求设计专用高效夹具;多品种的中批量生产可采用可调夹具或成组夹具。

2. 刀具的选择

在选择刀具时主要考虑加工内容、工件材料、加工精度、表面粗糙度、生产率、经济性及所选用的机床的性能等因素。一般应优先采用标准刀具,必要时也可采用各种高生产率的复合刀具及专用刀具,此外,应结合实际情况,尽可能选用各种先进刀具,如可转位刀具、整体硬质合金刀具、陶瓷刀具、群钻等。

3. 量具的选择

主要根据生产类型及加工精度加以选择。单件小批量生产采用通用量具;大批量生产时采用极限量规及高生产率的检具。此外,对用于连接机床与刀具的辅具,如刀柄、接杆、夹头等,在选择时也应予以足够的重视。由于数控机床与加工中心的应用日益广泛,辅具的重要性更为明显。若选择不当,对加工精度、生产率、经济性都会产生消极影响。其具体的选择要根据工序内容、刀具和机床结构等因素而定,并且尽量选择标准辅具。

5.3 工件的安装

1. 三爪卡盘上找正安装工件

三爪卡盘装夹能自动定心,但其定心准确度不高。装夹时,把工件直接夹持在三爪卡盘上,根据工件的一个或几个表面用划针或指示表找正工件准确位置后再进行夹紧。

2. 一夹一顶安装工件

一夹一顶即轴的一端外圆用卡盘夹紧,一端用尾座顶尖顶住中心孔的工件安装方式。这种安装方式可提高轴的装夹刚度,此时轴的外圆和中心孔同作为定位基面,常用于长轴加工及粗车加工中。

3. 在双顶尖间安装工件

在实心轴两端钻中心孔,在空心轴两端安装带中心孔的锥堵或锥套心轴,用车床主轴和尾座顶尖顶两端中心孔的工件安装方式。此时定位基准与设计基准统一,能在一次装夹中加工多处外圆和端面,并可保证各外圆轴线的同轴度以及端面与轴线的垂直度要求,是车削、磨削加工中常用的工件安装方法。

5.4 车刀的安装

1. 车刀的类型

车刀是金属切削加工中应用最广的一种刀具,它可在各种类型的车床上加工外圆、内孔、倒角、切槽与切断、车螺纹以及其他成型面。

车刀的类型很多(图1-18),既可按用途分,也可按刀具材料分,还可按结构分。

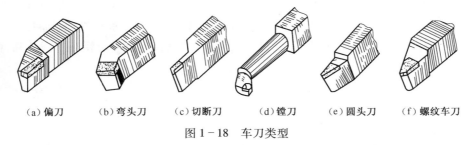

| (a)偏刀 | (b)弯头刀 | (c)切断刀 | (d)镗刀 | (e)圆头刀 | (f)螺纹车刀 |

图1-18 车刀类型

按用途可大致分:

偏刀——以90°偏刀居多,见图1-18(a),用来车削外圆、台阶、端面。由于主偏角大,切削时产生的背向切削力小,故很适宜车细长的轴类工件。

弯头刀——以45°弯头刀最为常见,见图1-18(b),用来车削外圆、端面、倒角。完成上述加工表面不需转刀架,也不用换刀,可减少辅助时间,提高生产效率。

切断刀(切槽刀)——见图1-18(c),用来切断工件或在工件上加工沟槽。

镗刀——见图1-18(d),用来加工内孔。

圆头刀——见图1-18(e),用来车削工件台阶处的圆角和圆弧槽。

螺纹车刀——见图1-18(f),用来车削螺纹。

除此之外,还有端面车刀、直头外圆车刀和成型车刀等。

按材料分:整体式高速钢车刀——如图1-19所示,这种车刀刃磨方便,刀具磨损后可以多次重磨。但刀杆也为高速钢材料,造成刀具材料的浪费。刀杆强度低,当切削力较大时,会造成破坏。一般用于较复杂成型表面的低速精车。

硬质合金焊接式车刀——如图1-20所示,这种车刀是将一定形状的硬质合金刀片钎焊在刀杆的刀槽内制成的。其结构简单,制造刃磨方便,刀具材料利用充分,应用十分广泛。但其切削性能受工人的刃磨技术水平和焊接质量影响,且刀杆不能重复使用,材料浪费。

可转位车刀——用机械夹固的方式将可转位刀片固定在刀槽中而组成的车刀,如图1-21所示。其优点是耐用度高,刀片更换方便、迅速,并可使用多种材料刀片。其缺点是结构复杂、刃磨较难、使用不灵活、一次性投入较大。

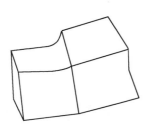

图1-19 整体式高速钢车刀

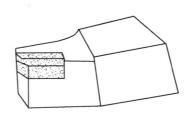

图1-20 焊接式车刀

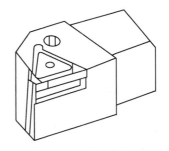

图1-21 可转位车刀

该传动轴在加工时,采用90°偏刀或45°偏头硬质合金焊接式车刀;在加工止动垫圈槽和螺纹加工时,可采用切断刀和螺纹车刀。

2. 车刀的安装要求

（1）车刀刀尖应与工件中心等高。图 1－22 为刀具安装高低对工作角度的影响。车刀的刀尖高于工件中心，工作前角 γ_{oe} 增大，而工作后角 α_{oe} 减小。当刀尖低于工件中心时，角度的变化情况正好相反。如图 1－23 为车端面的情况。实际生产中要求车端面、圆锥面、螺纹、成型车削等等高安装，粗车孔、切断空心工件时，刀尖应等高机床主轴线；粗车一般外圆、精车孔、安装时刀尖应等高或稍高工件中心线。

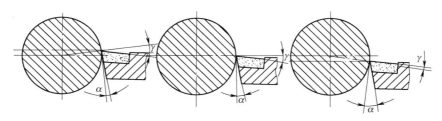

图 1－22   不对准中心对车刀角度的影响

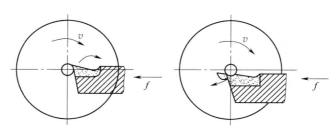

图 1－23   不对准中心对车端面的影响

（2）车刀装夹在刀架上伸出部分应尽量短以增强其刚性，如图 1－24 所示。一般车刀伸出长度约为刀杆宽度的 1～1.5 倍，下面的垫片数量要尽量少，并与刀架边缘对齐。

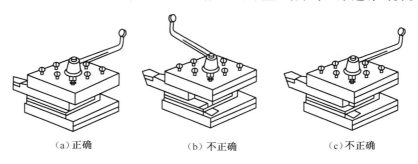

（a）正确   （b）不正确   （c）不正确

图 1－24   车刀的装夹

3. 车刀的材料及选用

高速钢：高速钢是含有 W、Mo、Cr、V 等合金元素较多的合金工具钢，热处理后硬度为 62～66HRC，抗弯强度约为 33GPa，耐热性为 600℃ 左右。高速钢又可分为普通高速钢、高性能高速钢、粉末冶金高速钢及涂层高速钢。

硬质合金：由硬度和熔点很高的碳化物（硬质相，如 WC、TiC、TaC、NbC 等）和金属（粘结相，如 Co、Ni、Mo 等）通过粉末冶金工艺制成的。硬质合金按加工对象和切削时排出切屑形状可分为三类，其中 YG 主要用于脆性材料，YT 用于碳钢类塑性材料，YW 用于不锈钢等难加工材料。

陶瓷：是以氧化铝或以氧化硅为基体再添加少量金属，在高温下烧结而成。陶瓷刀具有很高的耐磨性和耐热性，良好的抗粘结性和较低的摩擦因数，化学性能稳定。陶瓷刀具在切削时不易粘刀、不易产生切削瘤，但其强度和和抗热冲击性较差，一般用于在高速下精加工硬材料，如氧化铝复合陶瓷适合于中速下切削冷硬铸铁、淬硬钢等；氮化硅基陶瓷宜能进行高速切削，故适宜精加工和半精加工，也可加工 51~54HRC 硬度的镍基合金、高锰钢等难加工材料。

金刚石：金刚石的硬度的耐磨性很好，可用于切削硬度高的一些材料，但由于金刚石的耐热度较低，只有 700~800℃，故工作温度不能过高。另外，因其易与碳亲合，因此不宜用于加工含碳的黑色金属。

立方氮化硼：其硬度与耐磨性仅次于金刚石，有较强的抗粘结能力，与钢的摩擦因数小，适用于高速切削钢材及耐热合金。因其价格高，一般用于加工高硬度材料或超精加工。

4. 刀杆截面形状和尺寸的选用

车刀刀杆截面形状有矩形、方形和圆形三种。一般用矩形，切削力较大时采用方形，圆形多用于内孔车刀。刀杆高度 H 可按车床中心高选择。

■ **任务实施**

由学生完成。

■ **评　　价**

老师点评。

任务六　机械加工方法的选择

■ **任务描述**

车削加工简单阶梯轴的外圆，选择机械加工方法。

■ **任务分析**

根据外圆的加工要求，选择车加工、铣加工。

■ **相关知识**

达到同样质量的加工方法有多种，在选择时一般要考虑下列因素。

1. 各种加工方法所能达到的经济精度和表面粗糙度

任何一种加工方法能获得的加工精度和表面粗糙度都有一个相当大的范围，而高精度的获得一般是以高成本为代价的。不适当的高精度要求，会导致加工成本急剧上升。

我们所要求的是在正常加工条件下（采用符合质量标准的设备、工艺装备和标准技术登记的工人，不延长加工时间）所能保证的加工精度和表面粗糙度，这称为经济加工精度，简称经济精度。通常它的范围是比较窄的。例如，公差为 IT7 和表面粗糙度 Ra 为 $0.4\mu m$ 以上外圆表面，精车可以达到，但采用磨削更为经济，而表面粗糙度 Ra 为 $1.6\mu m$ 的外圆，则多采用车加工而不采用磨削加工，因为这时车削是经济的。表 1-11 介绍了各种加工方法的加工经济精度和表面粗糙度，在选择零件表面的加工方法时可参考此表。

表 1-11　常用加工方法的加工经济精度和表面粗糙度

加 工 表 面	加 工 方 法	加工经济精度	表面粗糙度
		IT	$Ra/\mu m$
外圆柱面和端面	粗车	12~11	25~12.5
	半精车	10~9	6.3~3.2
	精车	8~7	1.6~0.8
	金刚石车	6~5	0.8~0.2
	粗磨	8~7	0.8~0.4
	精磨	6~5	0.4~0.2
	研磨	5~3	0.1~0.008
	超精加工	5	0.1~0.01
	抛光	—	0.1~0.012
圆柱孔	钻	12~11	25~12.5
	扩	10~9	6.3~3.2
	粗铰	8~7	1.6~0.8
	精铰	7~6	0.8~0.4
	粗拉	8~7	1.6~0.8
	精拉	7~6	0.8~0.4
	粗镗	12~11	25~12.5
	半精镗	10~9	6.3~3.2
	精镗	8~7	1.6~0.8
	粗磨	8~7	1.6~0.8
	精磨	7~6	0.4~0.2
	珩磨	6~4	0.8~0.05
	研磨	6~4	0.1~0.008

加 工 表 面	加 工 方 法	加工经济精度	表面粗糙度
		IT	$Ra/\mu m$
平面	粗铣(或粗刨)	13~11	25~12.5
	半精铣(或半精刨)	10~9	6.3~3.2
	精铣(或精刨)	8~7	1.6~0.8
	宽刀刃精刨	6	0.8~0.4
	粗拉	11~10	6.3~3.2
	精拉	9~6	1.6~0.4
	粗磨	8~7	1.6~0.4
	精磨	6~5	0.4~0.2
	研磨	5~3	0.1~0.008
	刮研	5	0.8~0.4

2. 工件材料的性质

加工方法的选择,常受工件材料性质的限制。例如淬火钢淬火后应采用磨削加工;而有色金属磨削困难,常采用金刚镗或高速精密车削来进行加工。

3. 工件的结构形状和尺寸

以内圆表面加工为例:回转体零件上较大直径的孔可采用车削或磨削;箱体上 IT7 级的孔常用镗削或铰削,孔径较大或长度较短的孔宜选用镗削,孔径较小时宜采用铰削。

4. 生产率和经济性的要求

大批量生产时,应采用高效率的先进工艺,如拉削内孔及平面等。或从根本上改变毛坯的制造方法,如粉末冶金、精密铸造和模锻等,可大大减少机械加工的工作量。但在生产纲领不大的情况下,应采用一般的加工方法,如镗孔或钻、扩、铰孔及铣、刨平面等。

▌任务实施

由学生完成。

▌评　价

老师点评。

任务七　简单阶梯轴的机械加工工艺规程的编制

▌任务描述

根据图 1-1 的加工要求,编制机械加工工艺。

▌任务实施

根据对简单阶梯轴的加工要求,编制的机械加工工艺见表1-12。

表 1-12 简单阶梯轴机械加工工艺卡片

徐州工业职业技术学院	机械加工工艺过程卡片		产品型号			零件图号		
			产品名称			零件名称	轴	
材料牌号 Q235	毛坯种类 圆棒料	毛坯外形尺寸 φ50×170	每毛坯件数 1	每台件数 1			1	备注
工序号	工序名称	工序内容	车间	工段	设备	工艺装备	工时 准终	工时 单件
10	下料	φ50×170	锻造车间	下料	锯床			
20	车	车端面,打中心孔,调头车另一端面,打中心孔	加工车间	车工段	CA6140			
30	车	车大外圆及倒角,调头车小外圆及倒角	加工车间	车工段	CA6140			
40	刨	铣键槽,去毛刺	加工车间	铣工段	X5032			
50	检	检查各部尺寸	热处理					
		设计(日期)	校对(日期)	审核(日期)	标准化(日期)	会签(日期)		
标记 处数 更改文件号 签字 日期								
标记 处数 更改文件号 签字 日期								

思 考 题

1. 工件表面形成方法有哪几种？

2. 切削运动有哪两种形式？试以车削外圆分析之。

3. 切削用量包括哪些？分别说明。

4. 试述选择切削用量的原则？

5. 切削用量的选择方法？

6. 刀具材料应具备哪些性能？

7. 常用刀具材料可分为哪几类？

8. 常用的硬质合金有哪些？各应用在哪些场合？

9. 应用高速钢材料制作刀具有哪些优缺点？

10. 车刀切削部分的构成可归纳为"三面、两刃、一刀尖"，具体说明。

11. 常用的刀具标注角度参考系有哪些？

12. 正交平面参考系是由哪三个参考平面组成的？分别说明。

13. 正交平面参考系中，标注的角度有哪几个？分别说明。

14. 横向进给运动对刀具工作角度有何影响？

15. 刀尖安装高低对工作角度有何影响？

16. 简述刀具的前角、后角、主偏角、刃倾角是如何选择的？

17. 加工外圆时，表面粗糙度受哪些因素的影响？是如何影响的？

18. 常用切削液有几类？分别起何作用？

19. 怎样选择切削液？

20. 车床按照用途和功能不同，可分为哪些类型？

21. 简述 CA6140 车床的组成。

22. 简述 CA6140 车床的工艺范围。

23. CA6140 车床可加工哪几类螺纹？

24. 试述粗加工与精加工时如何选择切削用量？两者有何不同？

25. 选择机床时应遵循哪些原则？

26. 在卧式车床上，工件的安装方式有哪几种？

27. 图 1-25 为一阶梯轴零件，材料为 Q235，小批量生产，试编制机械加工工艺。

28. 图 1-26 为一阶梯轴零件，材料为 45 钢，调质处理 217~255HBS，小批量生产，试编制机械加工工艺。

29. 图 1-27 为一阶梯轴零件，材料为 45 钢，调质处理 220~250HBS，小批量生产，试编制机械加工工艺。

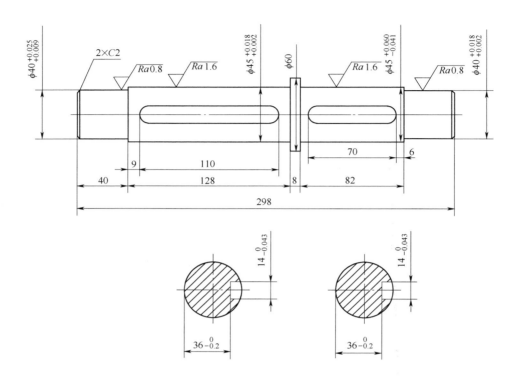

图 1-25　阶梯轴零件图

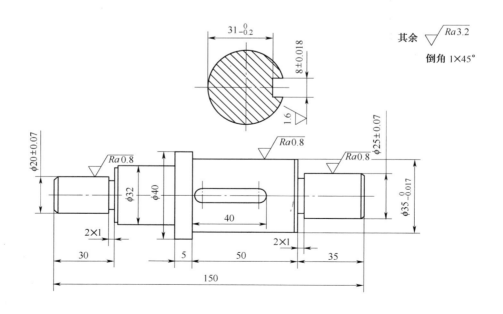

图 1-26　阶梯轴零件图

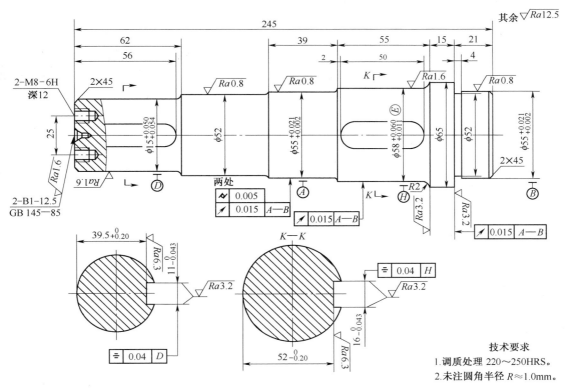

图 1-27 减速器输出轴零件图

技术要求
1. 调质处理 220~250HRS。
2. 未注圆角半径 $R \approx 1.0$mm。

2 项目二 复杂阶梯轴的加工工艺规程的编制

■ 项目描述

编制复杂阶梯轴的加工工艺。

■ 技能目标

能根据图2-1阶梯轴零件图的加工要求,编制复杂阶梯轴的加工工艺。

■ 知识目标

掌握工艺路线的拟定,毛坯的选择,定位基准的选择。

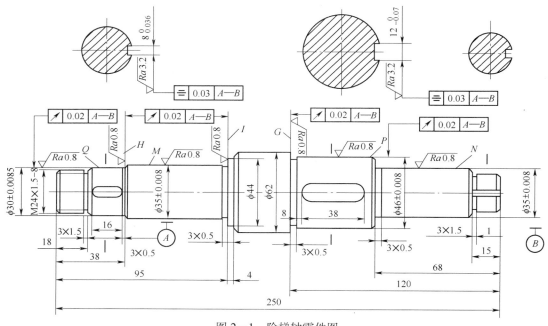

图2-1 阶梯轴零件图

任 务 一   机械加工工艺路线的拟定

■ 任务描述

根据零件图的加工要求,拟定其机械加工工艺路线。

■任务分析

分析零件图的结构,需要加工的表面有外圆、端面、螺纹、键槽和退刀槽等组成,选择加工方法,划分加工阶段,安排工序的先后顺序,拟定其机械加工工艺路线。

■相关知识

机械加工工艺路线是指主要用机械加工的方法将毛坯制成所需零件的整个加工路线。制订工艺规程的重要内容之一是拟定工艺路线。制订工艺路线的主要内容,除了选择定位基准外,还应包括表面加工方法的选择、加工阶段的划分、安排工序的先后顺序、确定工序的集中与分散程度等。

1.1 加工阶段的划分

工件的加工质量要求较高时,都应划分阶段。一般可划分为粗加工、半精加工和精加工三个阶段。加工精度和表面质量要求特别高时,还可增设光整加工和超精加工阶段。

1. 粗加工阶段

此阶段的主要任务是以高生产率去除被加工表面多余的金属,所能达到的加工精度和表面质量都比较低。

2. 半精加工阶段

此阶段的任务是减小粗加工后留下的误差和表面缺陷层,使被加工表面达到一定的精度,并为主要表面的精加工做好准备,同时完成一些次要表面的最后工序(扩孔、攻螺纹、铣键槽等)。

3. 精加工阶段

在精加工阶段应确保零件尺寸、形状和位置精度达到或基本达到(精密件)图纸规定的精度要求以及表面粗糙度要求。因此,此阶段的主要目标是全面保证加工质量。

4. 光整加工阶段

对于零件上精度和表面粗糙度要求很高(IT6 级以上,表面粗糙度为 $Ra0.2\mu m$ 以下)的表面,应安排光整加工阶段。其主要任务是减小表面粗糙度或进一步提高尺寸精度,一般不用于纠正形状误差和位置误差。

5. 超精密加工阶段

超精密加工是按照超稳定、超微量切除等原则,实现加工精度高于 $0.1\mu m$,加工表面粗糙度小于 $0.01\mu m$ 的加工技术。

若毛坯的加工余量特别大时,表面极其粗糙,在粗加工前设有去皮加工阶段,称为荒加工,荒加工常常在毛坯准备车间进行。

划分加工阶段的原因是:

(1)可保证加工质量。

粗加工时切削余量大,切削用量、切削热及功率都较大,因而工艺系统受力变形、热变形及工件内应力和变形都较大。从而导致工件加工精度低和加工表面粗糙。为此要通过后续阶段，以较小的加工余量和切削用量来逐步消除或减少已产生的误差，和减小表面粗糙度。同时，各加工阶段之间的时间间隔可起自然时效的作用，有利于使工件消除内应力并充分变形，以便在后续工序中加以修正。

（2）可合理使用机床设备。

粗加工时余量大，切削用量大，故应在功率大、刚性好、效率高而精度一般的机床上进行，以充分发挥机床的潜力。精加工对加工质量要求高，故应在较为精密的机床上进行，对机床来说，也可延长其使用寿命。

（3）便于安排热处理工序。

热处理工序将加工过程自然地划分为前后阶段。热处理工序前安排粗加工，有助于消除粗加工时产生的内应力；热处理工序后安排精加工，可修正热处理过程中产生的变形。

（4）有利于及早发现毛坯的缺陷。

粗加工时发现了毛坯的缺陷，如铸件的砂眼、气孔、余量不足等，可及时报废或修补，以免因继续盲目加工而造成成本浪费。

（5）精加工和光整加工安排在后，可保护精加工和光整加工过的表面少受磕碰损坏。上述加工阶段的划分不是绝对的，当加工质量要求不高、工件刚性足够、毛坯质量高、加工余量小时，可以少划分几个加工阶段或不划分加工阶段，例如在组合机床加工的零件不必过细地划分加工阶段。有些重型零件，由于安装、运输费时又困难，常在一次安装下完成全部粗加工和精加工。为减少夹紧力的影响，并使工件消除内应力及发生相应的变形，在粗加工后可松开夹紧，再用较小的力重新夹紧，然后进行精加工。

工件的定位基准，在半精加工甚至粗加工就应该加工得很精确，如轴类零件的顶尖孔、齿轮的基准端面和孔等。而有些诸如钻小孔、倒角等粗加工工序，又常安排在精加工阶段完成。

1.2　工序的集中与分散

确定了加工方法和划分加工阶段之后，零件加工的各个工步也就确定了。如何把这些工步组成工序呢？也就是要进一步考虑这些工步是分散成各个单独工序，分别在不同的机床设备上进行呢，还是把某些工步集中在一个工序中在一台设备上进行呢？

在选定了零件上各个表面的加工方法和划分了加工阶段以后，在具体实现这些加工时，可以采用两种不同的原则：一是工序集中的原则，即使每个工序中包括尽可能多的加工内容，因而使工序的总数减少；二是工序分散的原则，其含义则与一相反。

1. 工序集中的特点

（1）可减少工件的装夹次数。这不仅保证了各个表面间的相互位置精度，还减少了辅助时间及夹具的数量。

（2）便于采用高效的专用设备和工艺装备，生产效率高。

（3）工序数目少，可减少机床数量，相应地减少了工人人数及生产所需的场地面积，并可简化生产组织与计划安排。

（4）专用设备和工艺装备比较复杂，因此生产准备周期较长，调整和维修也较麻烦，产品交换困难。

2. 工序分散的特点

（1）由于每台机床完成比较少的加工内容，所以机床、工具、夹具结构简单，调整方便，对工人的技术水平要求低。

（2）便于选择更合理的切削用量。

（3）生产适应强，转换产品较容易。

（4）所需设备及工人人数多，生产周期长，生产所需场地面积大，运输量也较大。

按照何种原则确定工序数量，应根据生产纲领、机床设备及零件本身的结构和技术要求等作全面的考虑。

由于工序集中和工序分散各有特点，所以生产上都有应用。大批大量生产时，若使用多刀多轴的自动或半自动高效机床、数控机床、加工中心，可按工序集中原则生产；若按传统的流水线、自动线生产，多采用工序分散的组织形式。单件小批量生产则一般在通用机床上按工序集中原则组织生产。

1.3 工序顺序的安排

复杂工件的机械加工工艺路线中要经过切削加工、热处理和辅助工序，如何将这些工序安排成一个合理的加工顺序，生产中已总结出一些指导性的原则，现分析如下：

1. 工序顺序的安排原则

（1）基准先行。作为加工其他表面的精基准一般应安排在工艺过程一开始就进行加工。例如：箱体类零件一般是以主要孔为粗基准来加工平面，再以平面为精基准来加工孔系；轴零件一般是以外圆为粗基准来加工中心孔，再以中心孔为精基准来加工外圆、端面等。

（2）先面后孔。箱体、支架等类零件上有较大的平面可作定位基准时，应先加工这些平面以作精基准。供加工孔和其他表面时使用，这样可以保证定位稳定。此外，在加工过的平面上钻孔比在毛坯面上钻孔不易产生孔轴线的偏斜和较易保证孔距尺寸。

（3）先主后次。零件的主要加工表面（一般是指设计基准面、主要工作面、装配基面等）应先加工，而次要表面（指键槽、螺孔等）可在主要表面加工到一定精度之后、最终精度加工之前进行。

（4）先粗后精。一个零件的切削加工过程，总是先进行粗加工，再进行半精加工，最后是精加工和光整加工。这有利于加工误差和表面缺陷层的逐步消除，从而逐步提高零件的加工精度与表面质量。

（5）配套加工。有些表面的最后精加工安排在部装或总装过程中进行，以保证较高的配合精度。例如：连杆大头孔就要在连杆盖和连杆体装配好后再精镗和研磨；车床主轴上联结三爪自定心卡盘的法兰，其止口及平面需待法兰安装在该车床主轴上后再进行之后的精加工。

2. 热处理工序的安排

热处理工序在工艺路线中的位置，主要取决于工件的材料及热处理的目的和种类。热处理一般分为以下几类。

（1）预备热处理。预备热处理的目的是改善切削性能，为最终热处理做好准备和消除内应力，如正火、退火和时效处理等。它应安排在粗加工前后和需要消除内应力处。放在粗加工前，可改善切削性能，并可减少车间之间的运输工作量；放在粗加工后，有利于粗加工内应力的消除。调质处理能得到组织均匀细致的回火索氏体，有时也作为预备热处理，常安排在粗加工后。

（2）消除残余应力处理。常用的有人工时效、退火等。一般安排在粗、精加工之间进行。为避免过多的运转工作量，对精度要求不太高的零件，一般将消除残余应力的人工时效和退火安排在毛坯进入机械加工车间前进行。对精度要求较高的复杂铸件，在加工过程中通常安排两次时效处理：铸造—粗加工—时效—半精加工—时效—精加工。对于高精度的零件，如精密丝杠、精密主轴等，应安排多次消除残余应力的热处理。

（3）最终热处理。最终热处理的目的是提高力学性能，如调质、淬火、渗碳淬火、液体碳氮共渗和渗氮等，都属于最终热处理，应安排在精加工前后。变形较大的热处理，如渗碳淬火应安排在精加工磨削前进行，以便在精加工磨削时纠正热处理的变形，调质也应安排在精加工前进行。变形较小的热处理如渗氮等，应安排在精加工后进行。

3. 辅助工序的安排

辅助工序的种类很多，包括检验、去毛刺、清洗、防锈、去磁、倒棱边及平衡等。辅助工序也是工艺规程的重要组成部分。

检验工序对保证质量、防止产生废品起到重要作用。除了工序中自检外，还需要在下列情况下单独安排检验工序。

（1）粗加工全部结束以后，精加工开始以前；

（2）零件从一个车间转到另一车间前后；

（3）重要工序之后；

（4）零件全部加工结束之后。

切削加工之后应安排去毛刺处理。未去净的毛刺将影响装夹精度、测量精度、装配精度以及工人安全。

工件在进入装配前，一般应安排清洗。例如，研磨、珩磨后没清洗过的工件会带入残存的砂粒，加剧工件在使用中的磨损；用磁力夹紧的工件没安排去磁工序，会使带有磁性的工件进入装配线，影响装配质量。

■任务实施

由学生完成。

■评　价

老师点评。

任务二　毛坯的选择

■任务描述

根据零件图的加工要求,选择毛坯的类型。

■任务分析

零件材料是 45 钢,根据外形,可选择型材(圆棒料)。

■相关知识

在制订机械加工工艺规程时,毛坯选择得是否正确,不仅直接影响毛坯的制造工艺及费用,而且对零件的机械加工工艺、设备、工具以及工时的消耗都有很大影响。毛坯的形状和尺寸越接近成品零件,机械加工的劳动量就越少,但毛坯制造的成本可能越高。由于原材料消耗的减少,会抵消或部分抵消毛坯成本的增加。所以,应根据生产纲领、零件的材料、形状、尺寸、精度、表面质量及具体的生产条件等作综合考虑,以选择毛坯。在毛坯选择时,也要充分注意到采用新工艺、新技术、新材料的可能性,以提高产品质量、生产率和降低生产成本。

2.1　毛坯的种类

机械加工中常用的毛坯有铸件、锻件、型材、粉末冶金件、冲压件、冷或热压制件、焊接件等。这些毛坯件的分类、制造工艺、特点和应用,在金属工艺学中已作详细介绍。为便于拟订机械加工工艺规程时进行毛坯类型的选择,将各种毛坯的主要技术特征列于表 2-1 中,以供参考。

2.2　毛坯的形状与尺寸的确定

现代机械制造发展的趋势之一是精化毛坯,使其形状和尺寸尽量与零件接近,从而进行少屑加工甚至无屑加工。但由于毛坯制造技术和设备投资经济性方面的原因,以及机电产品性能对零件加工精度和表面质量的要求日益提高,致使目前毛坯的很多表面仍留有一定的加工余量,以便通过机械加工来达到零件的质量要求,毛坯制造尺寸和零件尺寸的差值称为毛坯加工余量,毛坯制造尺寸的公差称为毛坯公差,二者都与毛坯的制造方法有关,生产中可参阅有关的工艺手册来选取。

有些零件为加工时安装方便,常在其毛坯上做出工艺搭子,如图 2-2 所示,零件加工完后一般应将其去除。

表2-1 各种主要制坯方法的特性比较

类别	制坯方法 种别	尺寸或质量 最大	尺寸或质量 最小	形状复杂程度	毛坯精度/mm	表面质量	材料	生产方式
利用型材	1. 棒料分割	随棒料规格	—	简单	0.5~0.6(视尺寸和割法)	粗	各种棒料	单作,中批,大量
铸造	2. 手工造型,砂型铸造	通常~100t	壁厚3~5mm	极复杂	1~10(视尺寸)	极粗	铁碳合金,有色金属	单件,小批
	3. 机械造型,砂型铸造	~250t	壁厚3~5mm	极复杂	1~2	粗	铁碳合金,有色金属	大批,大量
	4. 刮板造型,砂型铸造	通常~100t	壁厚3~5mm	多半旋转体	4~15(视尺寸)	极粗	铁碳合金,有色金属	单件,小批
	5. 纽芯铸造	通常~2t	壁厚3~5mm	极复杂	1~10(视尺寸)	粗	铁碳合金,有色金属	单件,中批,大量
	6. 离心铸造	通常~200kg	20~30kg,对有色金属	多半旋转体	1~8(视尺寸)	光	铁碳合金,有色金属	大批,大量
	7. 金属型铸造	通常~100kg	壁厚1.5mm	简单和中等(视铸件能否从铸型中取出)	0.1~0.5	光	铁碳合金,有色金属	大批,大量
	8. 精密铸造	通常~5kg	壁厚0.8mm	复杂	0.5~0.15	极光	铁碳合金,有色金属	单件,小批
	9. 压力铸造	10~16kg	壁厚:对称为0.5mm,对其他合金为0.1mm	只受铸型能否制造的限制	0.05~0.2,分型方向要小一些	极光	锌,铝,铜,锡和铝的合金	大批,大量
锻压	10. 自由锻造	~200t	—	简单	1.5~25	极粗	碳钢,合金钢和合金	单件,小批
	11. 锤模锻	通常~100kg	壁厚2.5mm	受模具能否制造的限制	0.4~3.0,垂直分模线方向	粗	碳钢,合金钢和合金	中批,大量
	12. 平锻机模锻	通常~100kg	壁厚2.5mm	受模具能否制造的限制	0.4~3.0,垂直分模线方向	粗	碳钢,合金钢和合金	大批,大量
	13. 挤压	直径约200mm	铝合金壁厚1.5mm	简单	0.32~0.5	光	碳钢,合金钢和合金	大批,大量
	14. 辊锻	~200kg	铝合金壁厚1.5mm	简单	0.4~2.5	粗	碳钢,合金钢和合金	大批,大量
	15. 曲柄压力机模锻	通常~50kg	壁厚1.5mm	受模具能否制造的限制	0.4~1.8	光	碳钢,合金钢和合金	大批,大量
	16. 冷热精锻	通常~100kg	壁厚1.5mm	受模具能否制造的限制	0.05~0.10	极光	碳钢,合金钢和合金	大批,大量
冷压	17. 冷镦	直径25mm	直径3.0mm	简单	0.1~0.25	光	钢等其他塑性格料	大批,大量
	18. 板料冲裁	厚度25mm	直径0.1mm	复杂	0.05~0.5	光	各种板料	大批,大量
压制	19. 塑料压制	壁厚8mm	壁厚8mm	受模具能否制造的限制	0.5~0.25	极光	含纤维状和粉状填充剂的塑料	大批,大量
	20. 粉末金属和石墨压制	横断面面载积100cm²	壁厚2.0mm	简单,受模具形状及在凸模行程方向压力的限制	在凸模行程方向:0.1~0.25 在与此垂直方向:0.25	极光	各种金属和石墨	大批,大量

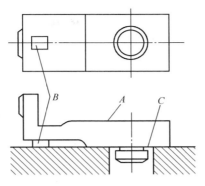

图 2-2　具有工艺搭子的毛坯
A—加工面；B—工艺搭子面；C—定位面。

2.3　选择毛坯时应考虑的因素

为了合理地选择毛坯，通常需要从下面几个方面来综合考虑：

1. 零件的生产纲领的大小

生产纲领的大小在很大程度上决定了采用某种毛坯制造方法的经济性。当生产批量较大时，应选用精度和生产率都较高的毛坯制造方法，其设备和工装方面的较大投资可通过材料消耗的减少和机械加工费用的降低而取得回报。而当零件的生产批量较小时，应选择设备和工装投资都较小的毛坯制造方法，如自由锻造和砂型铸造等。

2. 毛坯材料及其工艺特性

在选择毛坯制造方法时，首先要考虑材料的工艺特性，如可铸性、可锻性、可焊性等。

例如铸铁和青铜不能锻造，对这类材料只能选择铸件。但是材料的工艺特性不是绝对的，它随着工艺技术水平的提高而不断变化。例如，高速钢和合金工具钢很早以前由于其可铸性很差，一般均以锻件作为复杂刀具的毛坯。而现在由于精密铸造水平的提高，即使像齿轮滚刀这样复杂的刀具，也可用高速钢熔模铸造的毛坯，可以不经切削而直接刃磨出有关的几何表面。重要的钢质零件为使其具有良好的力学性能，不论其结构复杂或简单，均应选用锻件为毛坯，而不宜直接选用轧制型材。

3. 零件的形状

零件的形状和尺寸往往也是决定毛坯制造方法的重要因素。例如，形状复杂的毛坯，一般不采用金属型铸造；尺寸较大的毛坯，往往不能采用模锻、压铸和精铸，通常重量在 100kg 以上较大的毛坯常采用砂型铸造，自由锻造和焊接等方法。对于重量在 1500kg 以上的大锻件，需要水压机造型成坯，成本较高。但某些外形特殊的小零件，由于机械加工困难，往往采用较精密的毛坯制造方法，如压铸和熔模铸造等，最大限度减少机械加工余量。

4. 现有生产条件

选择毛坯时，不应脱离本厂的生产设备条件和工艺水平，但又要结合产品的发展，积极创造条件，采用先进的毛坯制造方法，提高毛坯精度，实现少无切削加工，是毛坯生产的一个重要发展方向。

■ **任务实施**

　　由学生完成。

■ **评　　价**

　　老师点评。

任务三　定位基准的选择

■ **任务描述**

　　根据零件图的加工要求,选择合适的定位基准。

■ **任务分析**

　　定位基准的选择,要根据零件的加工要求来进行选择,粗加工阶段时选择粗基准,精加工阶段选择精基准。

■ **相关知识**

　　定位基准的选择是制订工艺规程的一个重要环节,它直接影响到工序的数目、夹具结构的复杂程度及零件精度是否易于保证,一般应对几种定位方案进行比较。

3.1　基准的概念及分类

　　基准是用来确定生产对象上几何要素之间的几何关系所依据的那些点、线、面。根据其功能的不同,可分为设计基准和工艺基准两大类。

1. 设计基准

　　在零件图上用于确定其他点、线、面所依据的基准,称为设计基准。如图 2-3 所示的柴油机机体,平面 N 和孔 Ⅰ 的位置是根据平面 M 决定的,所以平面 M 是平面 N 及孔 Ⅰ 的设计基准。孔 Ⅱ、Ⅲ 的位置是由孔 Ⅰ 的轴线决定的,故孔 Ⅰ 的轴线是孔 Ⅱ、Ⅲ 的设计基准。

2. 工艺基准

　　零件在加工、测量、装配等工艺过程中所使用的基准统称为工艺基准。工艺基准可分为装配基准、测量基准、工序基准和定位基准。

　　1）装配基准

　　在零件或部件装配时用以确定它在部件或机器中相对位置的基准。如图 2-4 所示的轴套内孔即为其装配基准。

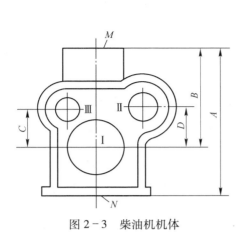

图 2-3　柴油机机体

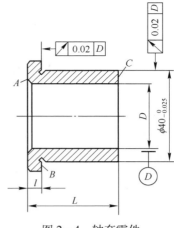

图 2-4　轴套零件

2）测量基准

用以测量工件已加工表面的尺寸及各表面之间位置精度的基准。如图 2-4 所示的轴套中，内孔是检验表面 B 端面跳动和 $\phi 40^{0}_{-0.025}$ mm 外圆径向跳动的测量基准；而表面 A 是检验长度尺寸 L 和 l 的测量基准。

3）工序基准

在工序图上用来确定本工序所加工表面加工后的尺寸、形状、位置的基准称为工序基准。工序基准也可以看作工序图中的设计基准。图 2-5 所示为钻孔工序的工序图，图 2-5（a）、图 2-5（b）分别表示两种不同的工序基准和相应的工序尺寸。

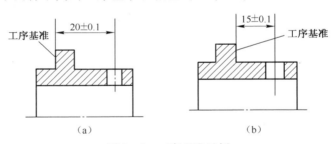

图 2-5　工序基准示例

4）定位基准

用以确定工件在机床上或夹具中正确位置所依据的基准。如轴类零件的顶尖孔就是车、磨工序的定位基准。如图 2-6 所示的齿轮加工中，从图 2-6（a）可看出，在加工齿轮端面 E 及内孔 F 的第一道工序中，是以毛坯外圆面 A 及端面 B 确定工件在夹具中的位置的，故 A、B 面就是该工序的定位基准。图 2-6（b）是加工齿轮端面 B 及外圆 A 的工序，用 E、F 面确定工件的位置，故 E 和 F 就是该工序的定位基准。由于工序尺寸方向的不同，作为定位基准的表面也会不同。

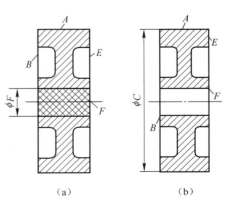

图 2-6　齿轮的加工

作为基准的点、线、面有时在工件上并不一定实际存在,在定位时通过有关具体表面起定位作用的,这些表面称为定位基面。所以选择定位基准,实际上即选择恰当的定位基面。

3.2 粗基准的选择

定位基准一般分为粗基准和精基准。在工件机械加工的第一道工序中,只能用毛坯上未经加工的表面作定位基准,这种定位基准称为粗基准。而在随后的工序中用已加工过的表面来作定位的基准则为精基准。

选择粗基准的原则是:要保证用粗基准定位所加工出的精基准有较高的精度;粗基准应能够保证加工面和非加工面之间的位置要求及合理分配加工面的余量。粗基准可以按照下列原则进行选择。

(1)若工件中有不加工表面,则选取该不加工表面为粗基准;若不加工表面较多,则应选取其中与加工表面相互位置精度要求较高的表面作为粗基准。这样可使加工表面与不加工表面有较正确的相对位置。此外,还可能在一次安装中将大部分加工表面加工出来。

如图2-7所示的毛坯,在铸造时内孔2与外圆1有偏心,因此在加工时,若用不需加工的外圆1作为粗基准加工内孔2,则内孔2加工后与外圆是同轴的,即加工后的壁厚均匀,但此时内孔2的加工余量不均匀(图2-7(a));若选内孔2作为粗基准,则内孔2的加工余量均匀,但它加工后与外圆1不同轴,加工后该零件的壁厚不均匀(图2-7(b))。

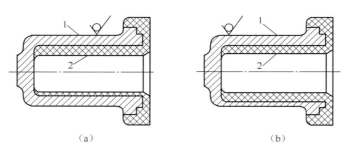

(a)　　　　　　　　　(b)

图2-7　选择不同粗基准时的不同加工方法
1—外圆;2—内孔。

(2)若工件所有表面都需加工,在选择粗基准时,应考虑合理分配各加工表面的加工余量。一般按下列原则选取:

1)余量足够原则。应以余量最小的表面作为粗基准,以保证各表面都有足够的加工余量。如图2-8所示的锻轴毛坯大小端外圆的偏心达5mm,若以大端外圆为粗基准,则小端外圆可能无法加工出来,所以应选加工余量较小的小端外圆作粗基准。

2)余量均匀原则。应选择零件上重要表面作粗基准。图2-9所示为床身导轨加工,先以导轨面A作为粗基准来加工床脚的底面B(图2-9(a));然后再以底面B作为精基准来加工导轨面A

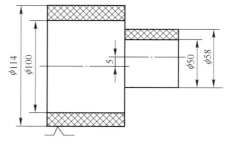

图2-8　阶梯轴粗基准的错误选择

（图 2 - 9(b)），这样才能保证床身的重要表面——导轨面加工时所切去的金属层尽可能薄且均匀，以便保留组织紧密、耐磨的金属表层。

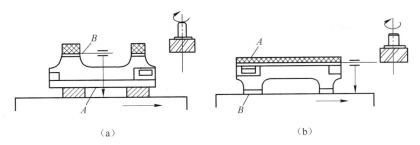

（a） （b）

图 2 - 9 床身加工

3）切除总余量最小原则。应选择零件上那些平整的、足够大的表面作粗基准，以使零件上总的金属切削量减少。例如上例中以导轨面作粗基准就符合此原则。

（3）选择毛坯上平整光滑的表面作为粗基准，以便使定位准确，夹紧可靠。

（4）粗基准应尽量避免重复使用，原则上只能使用一次。因为粗基准未经加工，表面较为粗糙，在第二次安装时，其在机床上（或夹具中）的实际位置与第一次安装时可能不一样。

如图 2 - 10 所示阶梯轴，若在加工 A 面和 C 面时均用未经加工的 B 表面定位，对工件调头的前后两次装夹中，加工中的 A 面和 C 面的同轴度误差难以控制。

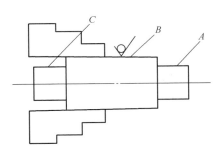

对粗基准不重复使用这一原则，在应用时不要绝对化。若毛坯制造精度较高，而工件加工精度要求不高，则粗基准也可重复使用。

对较复杂的大型零件，从兼顾各方面的要求出发，可采用划线的方法来选择粗基准以合理地分配余量。

图 2 - 10 重复使用粗基准引起同轴度误差

3.3 精基准的选择

精基准的选择应从保证零件的加工精度，特别是加工表面的相互位置精度来考虑，同时也要照顾到装夹方便，夹具的结构简单。因此，选择精基准一般应考虑以下原则。

1. 基准重合原则

应尽可能选择被加工表面的设计基准为精基准，简称基准重合原则。采用基准重合原则可以避免由定位基准与设计基准不重合而引起的定位误差即基准不重合误差。加工表面设计时给定的公差值不会减小，其尺寸精度和位置精度能可靠地得到保证。如图 2 - 11(a)所示，在零件上加工孔 3，孔 3 的设计基准是平面 2，要求保证的尺寸是 A。若加工时如图 2 - 11(b)所示，以平面 1 为定位基准，这时影响尺寸 A 的定位误差 Δ_{dw} 就是尺寸 B 的加工误差，设尺寸 B 的最大加工误差为它的公差值 T_B，则：$\Delta_{dw} = T_B$。如果按图 2 - 11(c)所示，用平面 2 定位，遵循基准重合原则就不会产生定位误差。

2. 基准统一原则

同一零件的多道工序尽可能选择同一个定位基准,称为基准统一原则。这样可保证各加工表面的相互位置精度,避免或减少因基准转换而引起的误差,并且简化了夹具的设计和制造工作,降低了成本,缩短了生产准备周期。如轴类零件加工,采用两中心孔作统一的定位基准加工各阶外圆表面,可保证各阶外圆表面之间较小的同轴度误差;齿轮的齿坯及齿形加工多采用齿轮的内孔和其轴线垂直的一端面作为定位基准;机床主轴箱的箱体多采用底面和导向面为统一的定位基准加工各轴孔、端面和侧面;一般箱形零件常采用一个大平面和两个距离较远的孔为统一的精基准。

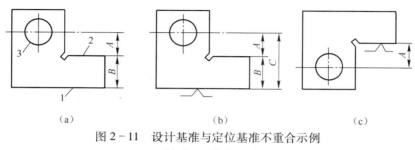

（a）　　　　　　　　　（b）　　　　　　　　　（c）

图 2 - 11　设计基准与定位基准不重合示例

1—平面;2—平面;3—孔。

应当指出,基准重合和基准统一原则是选择精基准的两个重要原则,但是有时两者会相互矛盾。遇到这样的情况,我们一般这样处理:对尺寸精度较高的加工表面应服从基准重合原则,以免使工序尺寸的实际公差减小,给加工带来困难;此外,一般主要考虑基准统一原则。

3. 自为基准原则

某些精加工或光整加工工序要求余量小而均匀,加工时就以加工表面本身为精基准,这称为自为基准原则。该加工表面与其他表面之间的相互位置精度则由先行工序保证。图 2 - 12 所示在导轨磨床上磨削床身导轨。工件安装后用百分表对其导轨表面找正,此时的床身底面仅起支承作用。此外,研磨、铰孔等都是自为基准的例子。

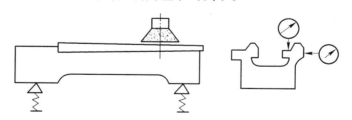

图 2 - 12　床身导轨面自为基准定位

4. 互为基准原则

当两个表面的相互位置精度要求很高,而表面自身的尺寸和形状精度又很高时,常采用互为基准反复加工的办法来达到位置精度要求,这称为互为基准原则。例如精密齿轮高频淬火后,在其后的磨齿加工中,常采用先以齿面为基准磨内孔,再以内孔定位磨齿面,如此反复加工以保证齿面与内孔的位置精度。又如车床主轴前后支承轴颈与前锥孔有严格的同轴度要求,为了达到这一要求,生产中常常以主轴颈表面和锥孔表面互为基准反复加工,最后以前后支承轴颈定位精磨前锥孔。

5. 其他原则

所选精基准应能保证工件定位准确稳定,装夹方便可靠,夹具结构简单适用,定位基准应有足够大的接触及分布面积。接触面积大则能够承受较大的切削力,分布面积大则定位稳定可靠。当用夹具装夹时,选择的精基准面还应使夹具结构简单、操作方便。

■ 任务实施

由学生完成。

■ 评　　价

老师点评。

任务四　工序内容的拟定

■ 任务描述

根据零件图的加工要求,确定工序尺寸。

■ 任务分析

分析各个工序的加工精度,确定加工余量及工序尺寸。

■ 相关知识

确定工序尺寸时,首先要确定加工余量。正确地确定加工余量具有很大的经济意义,若毛坯的余量过大,不仅要浪费材料,而且要增加机械加工的劳动量,从而使生产率下降,产品成本提高。反之,若余量过小,一方面使毛坯制造困难,另一方面在机械加工时,因余量过小而被迫使用划线、找正等工艺方法,可能产生废品。

4.1　加工余量的概念

加工余量是指加工过程中,所切去的金属层厚度。余量有工序余量和加工余量(毛坯余量)之分。工序余量是相邻两工序的工序尺寸之差;加工余量是毛坯尺寸与零件图样的设计尺寸之差。两者之间的关系如下:

$$Z_{总} = Z_1 + Z_2 + \cdots + Z_n = \sum_{i=1}^{n} Z_i \qquad (2-1)$$

式中　$Z_{总}$——加工总余量;

$\quad\quad Z_i$——工序余量;

$\quad\quad n$——加工数目。

由于工序尺寸有公差,故实际切除的余量大小不等,致使加工余量有基本余量、最小加工余量和最大加工余量之分。工序尺寸的公差一般按"入体原则"标注。此外,工序加工余量还有单边余量和双边余量之分。

1. 单边余量

零件非对称结构的非对称表面,其加工余量一般为单边余量。平面加工的余量是非对称的,故属于单边余量。工序的基本余量为前后工序的基本尺寸之差。如图 2 - 13 所示,其加工余量为:

$$Z_i = l_{i-1} - l_i \qquad (2-2)$$

式中　Z_i ——本道工序的工序余量;

　　　l_{i-1} ——上道工序的基本尺寸;

　　　l_i ——本道工序的基本尺寸。

如图 2 - 13 中存在尺寸公差,则上道工序的最小尺寸与本道工序的最大尺寸之差为本道工序的最小余量 Z_{imin} ;上道工序最大尺寸与本道工序的最小尺寸之差为本道工序的最大余量 Z_{imax}。

2. 双边余量

零件对称结构的对称表面(如回转体内、外圆柱面)。其加工余量为双边余量,如图 2 - 14 所示。

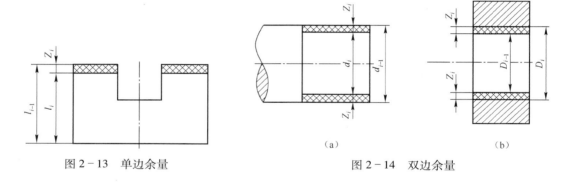

图 2 - 13　单边余量　　　　　　　　图 2 - 14　双边余量

对于外圆表面(图 2 - 14(a))

$$2Z_i = d_{i-1} - d_i \qquad (2-3)$$

对于内圆表面(图 2 - 14(b))

$$2Z_i = D_i - D_{i-1} \qquad (2-4)$$

式中　Z_i ——本道工序的工序余量;

　　　d_{i-1} 、D_{i-1} ——上道工序的基本尺寸;

　　　d_i 、D_i ——本道工序的基本尺寸。

工序尺寸的公差与单边余量一样,一般按"入体原则"标注,对被包容表面(轴)来说,其基本尺寸即为最大工序尺寸;对包容面(孔)而言,其基本尺寸则为最小工序尺寸。而毛坯尺寸的公差,一般采用双向标注。

4.2　影响加工余量的因素

加工余量的大小对工件的加工质量和生产效率有较大的影响。余量过大,会浪费工时,增加刀具、金属材料及电力的消耗;余量过小,即不能消除上道工序留下的各种缺陷和误差,又不能补偿本道工序的装夹误差,造成废品。因此应合理地确定加工余量。确定加工余量的基本原则是在保证加工质量的前提下,越小越好。影响加工余量的因素有以下几种。

1. 表面粗糙度 Ra 和缺陷层 D_a

为了使工件的加工质量逐步提高,一般每道工序都应切削到待加工表面以下的正常金属组织,即本道工序必须把上道工序留下的表面粗糙度 Ra 和缺陷层 Da 全部切除,见图 2 – 15。

2. 上道工序的尺寸公差 T_a

在加工表面上存在各种形状误差和尺寸误差,这些误差的大小一般包含在上道工序的尺寸误差 T_a 内。因此,应将 T_a 计入加工余量。

3. 工件各表面相互位置的空间偏差 ρ_a

空间偏差是指不包括在尺寸公差范围内的形状误差及位置误差,如直线度、同轴度、平行度、轴线与端面的垂直度误差等。上工序形成的这类误差应在本工序内予以修正。如图2 – 16所示,由于上工序轴线有直线度误差 δ,则本工序的加工余量需相应增加 2δ。

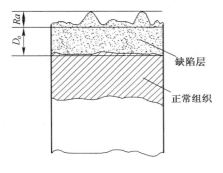

图 2 – 15 表面缺陷层

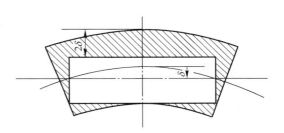

图 2 – 16 轴的弯曲对加工余量的影响

4. 工序加工时的安装误差 ε_b

装夹误差包括工件的定位和夹紧误差及夹具在机床上的定位误差,这些误差会使工件在加工时的正确位置发生偏移,所以加工余量的确定还须考虑装夹误差的影响。如图 2 – 17 所示三爪自定心卡盘夹持工件外圆精车内孔时,由于三爪自定心卡盘定心不准,使工件轴线偏离主轴旋转轴线 e 值,造成孔的精车余量不均匀,为确保上工序各项误差和缺陷的切除,孔的直径余量应增加 $2e$。

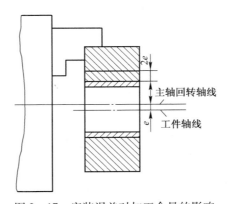

图 2 – 17 安装误差对加工余量的影响

ρ_a 和 ε_b 都具有方向性,因此,它们的合成应为向量和。

综上所述,可得出加工余量的计算式:

对单边余量 $Z = T_a + Ra + D_a + |\rho_a + \varepsilon_b|$ (2-5)

对双边余量 $2Z = 2T_a + 2(Ra + D_a) + 2|\rho_a + \varepsilon_b|$ (2-6)

在应用上述公式时,要根据具体的工序要求进行修正。例如,在无心磨床上加工小轴或用拉刀、浮动镗刀、浮动铰刀加工孔时,都是采用自为基准原则,不计装夹误差 ε_b。形位误差 ρ_a 中仅剩形状误差,不计位置误差,此时计算加工余量的公式为

$$2Z_b = T_a + 2(Ra + D_a) + 2\rho_a \qquad (2-7)$$

孔的光整加工,如研磨、珩磨、超精磨和抛光等,若主要是为了减小表面粗糙度值时,则公式为

$$2Z_b = 2Ra \qquad (2-8)$$

若还需提高尺寸和形状精度时,则公式为

$$2Z_b = T_a + 2Ra + 2\rho_a \qquad (2-9)$$

4.3 确定加工余量的方法

1. 经验估计法

此法是根据工艺人员的实际经验确定加工余量。为了防止因余量不够而产生废品,所估计的加工余量一般偏大。此法常用于单件小批生产。

2. 查表法

此法是以工厂生产实践和试验研究积累的有关加工余量的资料数据为基础,先制成表格,再汇集成手册。确定加工余量时,查阅这些手册,再结合工厂的实际情况进行适当修改后确定。目前,这种方法用得比较广泛。

3. 分析计算法

此法是根据一定的试验资料和计算公式,对影响加工余量的各项因素进行综合分析和计算来确定加工余量的方法。这种方法确定的加工余量最经济合理,但必须有比较全面和可靠的试验资料。目前,只在材料十分贵重,以及军工生产或少数大量生产的工厂中采用。

在确定加工余量时,要分别确定加工余量和工序余量。加工总余量的大小与所选择的毛坯制造精度有关。用查表法确定工序余量时,粗加工工序余量不能用查表法得到,而是由总余量减去其他各工序余量之和而得。

4.4 工序尺寸与公差的确定

工序尺寸及公差的确定涉及到工艺基准与设计基准是否重合的问题,如果工艺基准与设计基准不重合,必须用工艺尺寸链计算才能确定工艺尺寸。如果工艺尺寸与设计基准重合,可用下面过程确定工艺尺寸。

(1) 确定各加工工序的加工余量;

(2) 从终加工工序开始,即从设计尺寸开始,到第一道加工工序,逐次加上每道加工工序余量,可分别得到各工序基本尺寸(包括毛坯尺寸);

（3）除终加工工序以外，其他各加工工序按各自所采用加工方法的加工经济精度确定工序尺寸公差（终加工工序的公差按设计要求确定）；

（4）填写工序尺寸并按"入体原则"（基本偏差为零）标注工序尺寸公差。

例如：某轴直径为 $\phi 50\text{mm}$，其尺寸精度为 IT5 级，表面粗糙度要求 Ra 为 0.04μm，并要求高频淬火，毛坯为锻件。其工艺路线为：粗车—半精车—高频淬火—粗磨—精磨—研磨。

根据有关手册查出各工序间余量和所能达到的加工经济精度，计算各工序基本尺寸和偏差，然后填写工序尺寸，见表 2-2。

表 2-2　工序尺寸及偏差

工序名称	工序余量/mm	工序公差	工序基本尺寸/mm	工序尺寸及偏差/mm
研磨	0.01	IT5（h5）	50	$\phi 50_{-0.013}^{0}$
精磨	0.1	IT6（h6）	50+0.01＝50.01	$\phi 50.01_{-0.019}^{0}$
粗磨	0.3	IT8（h8）	50.01+0.1＝50.11	$\phi 50.11_{-0.046}^{0}$
半精车	1.1	IT10（h10）	50.11+0.3＝50.41	$\phi 50.41_{-0.12}^{0}$
粗车	4.49	IT12（h12）	50.41+1.1＝51.51	$\phi 51.51_{-0.30}^{0}$
锻造	6	±2	51.51+4.49＝56	$\phi 56 \pm 2$

■ 任务实施

由学生完成。

■ 评　价

老师点评。

任务五　复杂阶梯轴的加工工艺的编制

■ 任务描述

车削加工复杂阶梯轴的外圆，选择切削用量。

■ 任务分析

根据外圆的加工要求，选择切削速度、进给量和背吃刀量。

如图 2-1 为某传动轴，从结构上看，是一个典型的阶梯轴，工件材料为 45 钢，生产纲领为小批或中批生产，调质处理 217～255HBS。

5.1 分析阶梯轴的结构和技术要求

该轴为普通的实心阶梯轴,轴类零件一般只有一个主要视图,主要标注相应的尺寸和技术要求,而其他要素如退刀槽、键槽等尺寸和技术要求标注在相应的剖视图。

轴颈和装传动零件的配合轴颈表面,一般是轴类零件的重要表面,其尺寸精度、形状精度(圆度、圆柱度等)、位置精度(同轴度、与端面的垂直度等)及表面粗糙度要求均较高,是轴类零件机械加工时,应着重保障的要素。

如图 2 - 1 所示的传动轴,轴颈 M 和 N 处是装轴承的,各项精度要求均较高,其尺寸为 $\phi35js6(\pm0.008)$,且是其他表面的基准,因此是主要表面。配合轴颈 Q 和 P 处是安装传动零件的,与基准轴颈的径向圆跳动公差为 0.02(实际上是与 M、N 的同轴度),公差等级为 IT6,轴肩 H、G 和 I 端面为轴向定位面,其要求较高,与基准轴颈的圆跳动公差为 0.02(实际上是与 M、N 的轴线的垂直度),也是较重要的表面,同时还有键槽、螺纹等结构要素。

5.2 明确毛坯状况

一般阶梯轴类零件材料常选用 45 钢;对于中等精度而转速较高的轴可用 40Cr;对于高速、重载荷等条件下工作的轴可选用 20Cr、20CrMnTi 等低碳含金钢进行渗碳淬火,或用 38CrMoAIA 氮化钢进行氮化处理。阶梯轴类零件的毛坯最常用的是圆棒料和锻件。

5.3 拟定工艺路线

1. 确定加工方案

轴类在进行外圆加工时,会因切除大量金属后引起残余应力重新分布而变形。应将粗精加工分开,先粗加工,再进行半精加工和精加工,主要表面精加工放在最后进行。传动轴大多是回转面,主要是采用车削和外圆磨削。由于该轴的 Q、M、P、N 段公差等级较高,表面粗糙度值较小,应采用磨削加工。其他外圆面采用粗车、半精车、精车加工的加工方案。

2. 划分加工阶段

该轴加工划分为三个加工阶段,即粗车(粗车外圆、钻中心孔)、半精车(半精车各处外圆、台肩和修研中心孔等)、粗精磨 Q、M、P、N 段外圆。各加工阶段大致以热处理为界。

3. 选择定位基准

轴类零件各表面的设计基准一般是轴的中心线,其加工的定位基准,最常用的是两中心孔。采用两中心孔作为定位基准不但能在一次装夹中加工出多处外圆和端面,而且可保证各外圆轴线的同轴度以及端面与轴线的垂直度要求,符合基准统一的原则。

在粗加工外圆和加工长轴类零件时,为了提高工件刚度,常采用一夹一顶的方式,即轴的一端外圆用卡盘夹紧,一端用尾座顶尖顶住中心孔,此时是以外圆和中心孔同作为定位基面。

4. 热处理工序安排

该轴需进行调质处理。它应放在粗加工后,半精加工前进行。如采用锻件毛坯,必须首先安排退火或正火处理。该轴毛坯为热轧钢,可不必进行正火处理。

5. 加工工序安排

应遵循加工顺序安排的一般原则,如先粗后精、先主后次等。另外还应注意:

外圆表面加工顺序应为先加工大直径外圆,然后再加工小直径外圆,以免一开始就降低了工件的刚度。

轴上的键槽等表面的加工应在外圆精车或粗磨之后、外圆精磨之前。这样既可保证键槽的加工质量,也可保证精加工表面的精度。

轴上的螺纹一般有较高的精度,其加工应安排在工件局部淬火之前进行,避免因淬火后产生的变形而影响螺纹的精度。

该轴的加工工艺路线为:下料→粗车→热处理→钳→半精车→钳→铣→钳→磨→检。

5.4 确定工序尺寸

毛坯下料尺寸:$\phi65\times260$;

粗车时,各外圆及各段尺寸按图纸加工尺寸均留余量 2mm;

半精车时,螺纹大径车到 $\phi24_{-0.2}^{-0.1}$,$\phi44$ 及 $\phi62$ 台阶车到图纸规定尺寸,其余台阶均留 0.5mm 余量。

铣加工:止动垫圈槽加工到图纸规定尺寸,键槽铣到比图纸尺寸多 0.25mm,作为磨削的余量。

精加工:螺纹加工到图纸规定尺寸 M24×1.5 - 6g,各外圆车到图纸规定尺寸。

5.5 选择设备工装

外圆加工设备:普通车床 CA6140。

磨削加工设备:万能外圆磨床 M1432A。

铣削加工设备:铣床 X5032。

5.6 填写机械加工工艺过程卡片

见表 2 - 3 阶梯轴机械加工工艺。

■任务实施

由学生完成。

■评 价

老师点评。

表 2-3 阶梯轴机械加工工艺

徐州工业职业技术学院	机械加工工艺过程卡片		产品型号			零件图号			
			产品名称			零件名称	轴	共2页	第1页
材料牌号	45	毛坯种类	圆棒料	毛坯外形尺寸	φ65×260	每毛坯件数 1	每台件数 1	备注	

工序号	工序名称	工序内容	车间	工段	设备	工艺装备	工时 准终	单件
10	下料	φ65×260	锻造车间	下料	锯床			
20	车	1. 三爪卡盘夹持工件,车端面见平,钻中心孔,用尾架顶尖顶住。粗车 P、N 及螺纹段三个台阶,直径、长度均留余量2mm。2. 调头,三爪卡盘夹持工件另一端,车端面保证总长259,钻中心孔,用尾架顶尖顶住,粗车另外四个台阶,直径、长度均余量2mm	加工车间	车工段	CA6140			
30	热处理	调质处理217~255HBS	热处理车间		箱式电阻炉			
40	钳	修研两端中心孔	加工车间	车工段	CA6140			
50	车	1. 双顶尖装夹,半精车三个台阶,螺纹大径车到 φ25,P、N 两个台阶上留余量0.5mm,车槽三个,倒角三个	加工车间	车工段	CA6140			

			设计(日期)	校对(日期)	审核(日期)	标准化(日期)	会签(日期)	
标记	处数	更改文件号	签字	日期	标记	处数	更改文件号	签字	日期

徐州工业职业技术学院		机械加工工艺过程卡片		产品型号		φ65×260		零件图号				共2页	第2页
				产品名称				零件名称	轴				
材料牌号	45	毛坯种类	圆棒料	毛坯外形尺寸	φ65×260		每毛坯件数	1	每台件数	1		备注	
工序号	工序名称	工 序 内 容			车间	工段	设 备		工 艺 装 备			工 时	
											准终	单件
50	车	2. 调头，双顶尖装夹，半精车余下的五个台阶，φ44 及 φ52 台阶车到图纸规定的尺寸。螺纹大径车到 φ24$^{-0.1}_{-0.2}$，其余两个台阶直径上留余量 0.5mm，车端面，倒角四个。 3. 双顶尖装夹，车一端螺纹 M24×1.5－6g，调头，双顶尖装夹，车另一端螺纹 M24×1.5－6g			加工车间	车工段	CA6140						
60	钳	划键槽及一个止动垫圈槽加工线			加工车间								
70	铣	铣两个键槽及一个止动垫圈槽，键槽深度比图纸规定尺寸多铣 0.25mm，作为磨削的余量			加工车间	铣工段	X5032						
80	钳	修研两端中心孔			加工车间								
90	磨	磨外圆 Q 和 M，并用砂轮端面靠磨台肩 H 和 I。调头，磨外圆 N 和 P，靠磨台肩 G			加工车间	磨工段	M1432A						
100	检	检验											
						设计（日期）	校对（日期）	审核（日期）	标准化（日期）		会签（日期）		
标记	处数	更改文件号	签字	日期	标记	处数	更改文件号	签字	日期				

思 考 题

1. 机械加工过程一般可划分哪三个阶段?

2. 划分加工阶段的原因是什么?

3. 工序集中和工序分散各有哪些特点?

4. 简述工序顺序的安排原则。

5. 毛坯的种类有哪些?

6. 选择毛坯时应考虑哪些因素?

7. 基准的概念是什么? 基准分哪两大类?

8. 工艺基准的概念是什么? 工艺基准可分为哪四种?

9. 何为粗基准和精基准?

10. 简述粗基准选择的原则。

11. 简述精基准选择的原则。

12. 什么是加工余量? 简述总余量和工序余量的概念。

13. 影响加工余量的因素有哪些?

14. 确定加工余量的方法是什么?

15. 某箱体主轴孔铸造尺寸公差等级为 IT10,其主轴孔设计尺寸为 $\phi100H7$,加工工序为粗镗—半精镗—精镗—浮动镗四道工序,试确定各中间工序尺寸及其公差。

工序名称	工序余量	经济精度	工序尺寸及公差
浮动镗	0.1	0.035(IT7)	
精镗	0.5	0.054(IT8)	
半精镗	2.4	0.14(IT10)	
粗镗	5	0.44(IT13)	
毛坯	(总余量)	±1.6	

16. 图 2-18 为一阶梯轴,工件材料为 45 钢,调质处理 217~255HBS,小批量生产,试编制机械加工工艺。

17. 图 2-19 为某机床滚珠丝杠零件图,工件材料为 9Mn2V,调质处理 240~255HBS,大批量生产,试编制机械加工工艺。

18. 图 2-20 为曲轴零件图,工件材料为 QT700-2,小批量生产,试编制机械加工工艺。

19. 图 2-21 为矩形齿花键轴零件图,工件材料为 45 钢,调质处理 28~32HRC,小批量生产,试编制机械加工工艺。

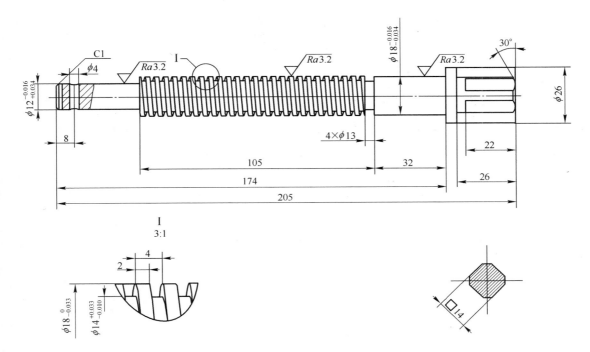

图 2-18　丝杠零件图

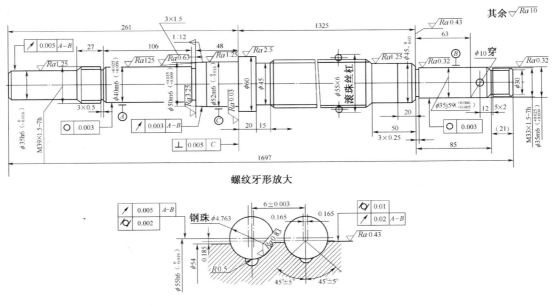

螺纹牙形放大

技术要求

1. 锥度 1：12 部分，用量规作涂色检查，接触长度大于 80%。
2. 调质硬度 250HBS，除 M39mm×1.5mm－7h 和 M33mm×1.5mm－7h 螺纹和 φ60mm 外圆外，其余均高频淬硬 60HRC。
3. 滚珠丝杠的螺距累积误差（mm）：0.006/25、0.009/100、0.016/300、0.018/600、0.022/900、0.03/全长。
4. 材料：9Mn2V。

图 2-19　滚珠丝杠零件图

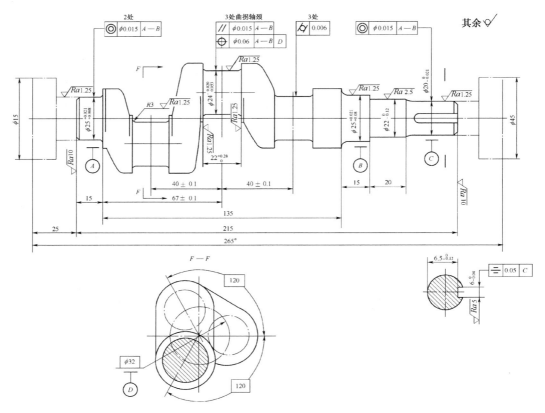

图 2-20　三拐曲轴零件图

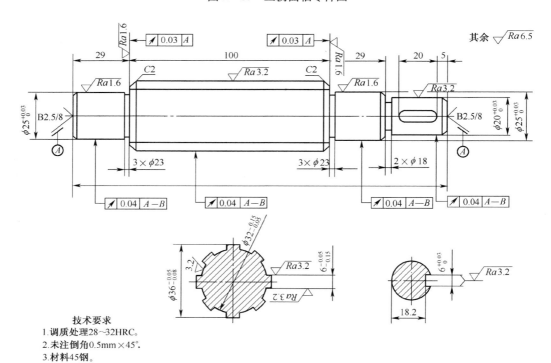

技术要求
1. 调质处理28~32HRC。
2. 未注倒角0.5mm×45°.
3. 材料45钢。

图 2-21　矩形齿花键轴

3 项目三 蜗杆轴的加工工艺规程的编制

项目描述

图3-1所示蜗杆轴零件,生产类型为中批生产,编制该零件机械加工工艺规程。

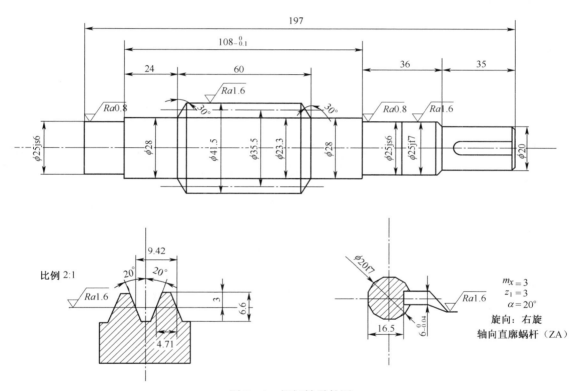

图3-1 蜗杆轴零件图

技能目标

能根据蜗杆轴零件的加工要求,编制蜗杆轴的加工工艺规程。

知识目标

掌握蜗杆轴的加工工艺的编制;螺纹的种类;螺纹车刀与在车床上不同螺纹种类的加工方法;铣床和磨床的加工范围;砂轮的结构及其组成;砂轮的选择原则。了解普通铣床的种类、结构及其主参数;常见的铣床刀具的种类;普通磨床的种类、结构及其主参数。

任务一　螺纹车刀与螺纹加工方法的选择

■任务描述

蜗杆轴零件上的螺纹是模数螺纹,模数为3mm,头数为1,压力角为20°,确定螺纹的加工方法。

■任务分析

根据蜗杆轴零件上螺纹的加工要求,选择合适的加工方法。

■相关知识

1.1　螺纹车刀的几何形状与安装

螺纹车刀属于成型刀具,根据螺纹牙形的不同,形状不一,刀具材料可采用高速钢或硬质合金。图3-2(a)是高速钢三角形螺纹粗车刀,(b)是高速钢三角形螺纹精车刀。

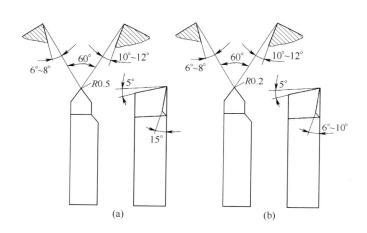

图3-2　高速钢三角形螺纹车刀

螺纹车刀有内螺纹和外螺纹之分,图3-3(a)、(b)、(c)、(d)为内螺纹车刀,(e)、(f)为外螺纹车刀。

车螺纹时为了保证牙型角对称,安装螺纹车刀时必须注意以下几点:

(1)刀尖对准工件中心并与工件中心等高,否则影响实际前角的大小。

(2)用样板对刀,以保证刀尖角的角平分线与工件轴线垂直,否则车出的螺纹牙形偏斜而"倒牙"。

(3)刀头伸出长度不超过1.5倍刀杆截面高度,以增加切削时的刚度,防止振动和扎刀。

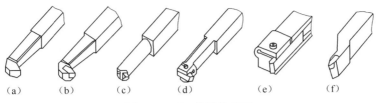

图 3-3　内、外螺纹车刀

1.2　螺纹的加工方法

1. 攻丝和套丝

攻丝就是用丝锥在内孔表面上加工出内螺纹的加工方法,分为手攻和机攻。套丝就是用板牙在圆柱表面上加工出外螺纹的加工方法。攻丝和套丝一般用于加工小尺寸螺纹,加工精度不高。

2. 车螺纹

在车床上用车刀加工螺纹的方法,是螺纹加工的最常用方法。在车螺纹时,用丝杠带动刀架进给,使工件每转一周刀具移动的距离等于导程。

3. 铣螺纹

在螺纹铣床上利用螺纹铣刀加工螺纹的加工方法。在铣削时,铣刀要偏斜安装,铣刀中心与工件中心的偏角等于螺纹中径处的升角。工件每转一圈,铣刀沿工件轴线移动一个螺距或导程。这时,刀具切削刃在工件上运动轨迹的包络面,就是被切出的螺纹。批量较大的螺纹生产采用旋风铣削或螺纹铣床加工。

4. 磨螺纹

用砂轮磨削螺纹的加工方法。对于精度要求较高的螺纹,在螺纹牙形粗车完成并淬硬后,用砂轮磨削螺纹表面,以提高其传动精度及表面质量。也有螺纹不经车削,全部采用磨削而成(全磨工艺)。磨削螺纹的公差等级可达 IT5~IT6,表面粗糙度可达 $Ra0.8$。

5. 滚压螺纹

螺纹滚压方法,即采用一对与螺纹牙型一致的精密硬质合金滚轮,在轧丝机上直接轧制出螺纹。该滚压加工是一种优质、高效、低成本的先进的无切削加工方法,滚轧后的螺纹表面耐磨性和硬度增加,并形成有利的残余压应力,可提高表面质量。一般用于传递运动而且生产批量较大的螺纹件。

6. 螺纹的检测

(1)用螺纹环(塞)规及卡板测量。检验三角螺纹的常用量具是螺纹量规。螺纹量规是综合性检验量具,分为塞规和环规两种。塞规检验内螺纹,环规检验外螺纹,并由通规、止规两件组成一副。螺纹工件只有在通规可通过、止规通不过的情况下为合格,否则零件为不合格品。

(2)用螺纹千分尺测量螺纹中径。

(3)用齿厚游标卡尺测量。

(4)三针测量法。三针测量法测量时,在螺纹凹槽内放置具有同样直径的三根量针,然后用适当的量具(如千分尺等)来测量螺纹中径尺寸的大小,以验证所加工的螺纹中径是否正确。

由学生完成。

老师点评。

任务二　铣削加工方法与铣刀的选择

■任务描述

需要在蜗杆轴零件上加工宽 6mm 的键槽。

■任务分析

根据蜗杆轴零件图的加工要求,加工宽 6mm 的键槽,选择合适的机床和刀具。

■相关知识

2.1　铣　　床

铣床是用铣刀对工件进行铣削加工的机床。铣床除能铣削平面、沟槽、轮齿、螺纹和花键轴外,还能加工比较复杂的型面,效率较刨床高,在机械制造和修理部门得到广泛应用。

铣床种类很多,一般按布局形式和适用范围加以区分。

(1)升降台铣床:有卧式和立式等,主要用于加工中小型零件,应用最广。

(2)龙门铣床:包括龙门铣镗床、龙门铣刨床和双柱铣床,均用于加工大型零件。

(3)单柱铣床和单臂铣床:前者的水平铣头可沿立柱导轨移动,工作台作纵向进给;后者的立铣头可沿悬臂导轨水平移动,悬臂也可沿立柱导轨调整高度。两者均用于加工大型零件。

(4)工作台不升降铣床:有矩形工作台式和圆工作台式两种,是介于升降台铣床和龙门铣床之间的一种中等规格的铣床。其垂直方向的运动由铣头在立柱上升降来完成。

(5)仪表铣床:一种小型的升降台铣床,用于加工仪器仪表和其他小型零件。

(6)工具铣床:用于模具和工具制造,配有立铣头、万能角度工作台和插头等多种附件,还可进行钻削、镗削和插削等加工。

(7)其他铣床:如键槽铣床、凸轮铣床、曲轴铣床、轧辊轴颈铣床和方钢锭铣床等,是为加工相应的工件而制造的专用铣床。按控制方式,铣床又分为仿形铣床、程序控制铣床和数字控制铣床。

2.2　铣削加工与铣刀

1. 铣削加工

铣削加工是目前应用最广泛的切削加工方法之一,适用于平面、台阶沟槽、成型表面和切断等加工,如图 3-6 所示。铣削加工生产率高,加工表面粗糙度值较小,精铣表面粗糙度 Ra 值可达 3.2～1.6μm,两平行平面之间的尺寸精度可达 IT9～IT7,直线度可达 0.08～0.12mm/m。

铣刀的每 1 个刀齿相当于 1 把车刀,它的切削基本规律与车削相似,但铣削是断续切削,切削厚度与切削面积随时在变化,所以铣削过程又具有一些特殊规律。

铣刀是一种多刃刀具,切削刃的散热条件好,生产率高。铣削用量常用铣削速度、进给量、铣削深度和铣削宽度表示。

铣刀刀齿在刀具上的分布有两种形式(图 3-4),一种是分布在刀具的圆周表面上,一种是分布在刀具的端面上。对应的分别是圆周铣和端铣。

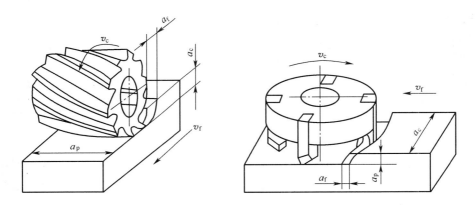

图 3-4　铣刀刀齿

圆周铣削有逆铣和顺铣两种铣削方式(图 3-5)。

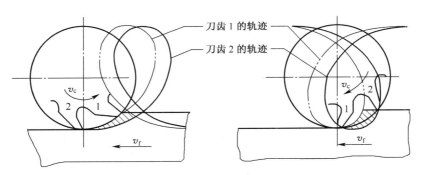

图 3-5　圆周铣削示意图

(1)逆铣。铣刀切削速度方向与工件进给方向相反时称为逆铣。

逆铣时,刀齿的切削厚度从零逐渐增大。铣刀刃口钝圆半径大于瞬时切削厚度时,刀具实际切削前角为负值,刀齿在加工表面上挤压、滑动切不下切屑,使这段表面产生严重的冷硬层。下一个刀齿切入时,又在冷硬层上挤压、滑行,使刀齿容易磨损,同时使工件表面粗糙度增大。

（2）顺铣。铣刀切削速度方向与工件进给方向相同时称为顺铣。

顺铣时,刀齿的切削厚度从最大开始,避免了挤压、滑行现象。同时切削力始终压向工作台,避免了工件的上下振动,因而能提高铣刀耐用度和加工表面质量,但顺铣不适用于铣削带硬皮的工件。

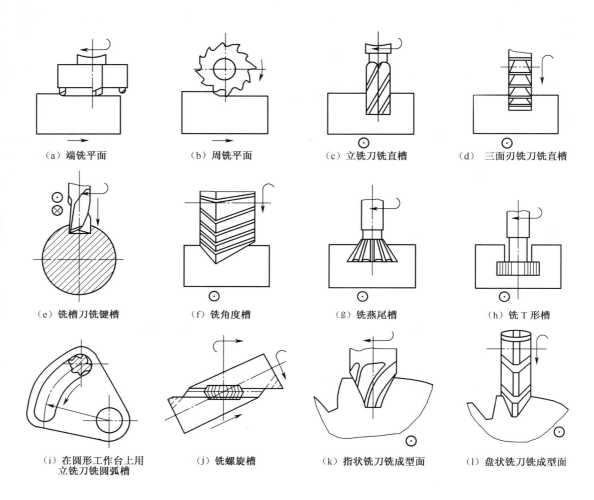

（a）端铣平面　　　　（b）周铣平面　　　　（c）立铣刀铣直槽　　　（d）三面刃铣刀铣直槽

（e）铣槽刀铣键槽　　（f）铣角度槽　　　　（g）铣燕尾槽　　　　　（h）铣 T 形槽

（i）在圆形工作台上用
立铣刀铣圆弧槽　　　（j）铣螺旋槽　　　　（k）指状铣刀铣成型面　　（l）盘状铣刀铣成型面

图 3-6　铣削加工的应用

2. 铣刀

被加工零件的几何形状是选择刀具类型的主要依据。加工平面用铣刀常用的有圆柱形铣刀和面铣刀。

圆柱形铣刀一般用于在卧式铣床上用周铣方式加工较窄的平面。圆柱形铣刀有两种类型:粗齿圆柱形铣刀具有齿数少、刀齿强度高、容屑空间大、重磨次数多等特点,适用于粗加工;细齿圆柱形铣刀齿数多、工作平稳,适于精加工。

高速钢面铣刀一般用于加工中等宽度的平面。标准铣刀直径范围为 80~250mm。硬质合金面铣刀的切削效率及加工质量均比高速钢铣刀高,故目前广泛使用硬质合金面铣刀加工平面。铣较大平面时，为了提高生产效率和降低加工表面粗糙度，一般采用刀片镶嵌式盘形面铣刀。铣小平面或台阶面时一般采用通用铣刀。

铣削加工是平面、键槽、齿轮以及各种成型面的常用加工方法。在铣床上加工工件时，一般采用以下几种装夹方法：

（1）直接装夹在铣床工作台上。大型工件常直接装夹在工作台上，用螺柱、压板压紧，这种方法需用百分表、划针等工具找正加工面和铣刀的相对位置。

（2）用机床用平口虎钳装夹工件。对于形状简单的中、小型工件，一般可装夹在机床用平口虎钳中，使用时需保证虎钳在机床中的正确位置。

（3）用分度头装夹工件。对于需要分度的工件，一般可直接装夹在分度头上。另外，不需分度的工件用分度头装夹加工也很方便。

（4）用 V 形架装夹工件。这种方法一般适用于轴类零件，除了具有较好的对中性以外，还可承受较大的切削力。

（5）用专用夹具装夹工件。专用夹具定位准确、夹紧方便，效率高，一般适用于成批、大量生产中。

■ 任务实施

由学生完成。

■ 评　　价

老师点评。

任务三　磨削加工方法与砂轮的选择

■ 任务描述

蜗杆轴的两处外圆，需要进行磨削。

■ 任务分析

根据外圆的加工要求，选择合适的磨削方法和砂轮。

■ 相关知识

3.1　磨　　床

1. 磨床的功能与类型

磨床是种类较为繁多的一种机床，在机械制造业中占有非常重要的地位。除能对淬火及其他高硬度材料进行加工外，在磨床上加工高于 7 级以上精度的零件时，比在其他机床上加工要容易得多,而且也很经济。这是由于:磨具在进行精加工时,能切下非常薄的切削余量;磨床的主轴采用动压或静压滑动轴承,有很高的旋转精度和抗振性;磨床的进给运动往往采用平稳的液压传动,并和电气相结合实现半自动化和自动化工作。随着自动测量装置在磨床上 的应用,磨削加工质量的可靠性大为增加,废品减少。

磨床的种类很多,其中主要类型有以下几种。

外圆磨床。包括万能外圆磨床、普通外圆磨床、无心外圆磨床等。

内圆磨床。包括普通内圆磨床、行星内圆磨床、无心内圆磨床等。

平面磨床。包括卧轴矩台平面磨床、立轴矩台平面磨床、卧轴圆台平面磨床、立轴圆台平面磨床等。

工具磨床。包括工具曲线磨床、钻头沟槽磨床等。

刀具刃磨磨床。包括万能工具磨床、拉刀刃磨床、滚刀刃磨床等。

专门化磨床。包括花键轴磨床、曲轴磨床、齿轮磨床、螺纹磨床等。

其他磨床。包括珩磨机、研磨机、砂带磨床、砂轮机等。

2. 磨床的组成和技术性能。

以 M1432A 型万能外圆磨床为例,说明磨床的组成和技术性能。

M1432A 型万能外圆磨床是普通精度级,并经一次重大改进的万能外圆磨床。它主要用于磨削 IT7~IT6 级精度的圆柱形或圆锥形的外圆和内孔;最大磨削外圆直径为 320mm,最大磨削长度有 1000mm、1500mm、2000mm 三种规格;最大磨削内孔直径为 100mm,内孔磨削最大长度为 125mm;也可以用于磨削阶梯轴的轴肩、端面、圆角等,表面粗糙度值在 1.25~0.08μm 之间。砂轮尺寸为 $\phi400\times50\times\phi203$mm,转速为 1670r/min;主轴实现 6 级转速。这种机床的工艺范围广,但生产效率低,适用于单件、小批量生产。

如图 3-7 所示为 M1432A 型万能外圆磨床,它由下列主要部件组成。

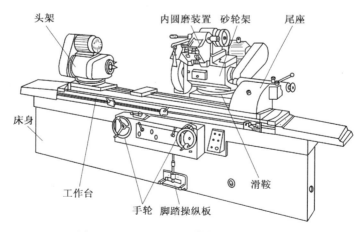

图 3-7 M1432A 型万能外圆磨床外形图

(1)床身。床身是磨床的支承部件,在其上装有头架、砂轮架、尾座及工作台等部件。床身内部装有液压缸及其他液压元件,用来驱动工作台和滑鞍的移动。

(2)头架。用于装夹工件,并带动其旋转,可在水平面内逆时针方向转动 90°。头架主轴通过顶尖或卡盘装夹工件,它的回转精度和刚度直接影响工件的加工精度。

（3）内圆磨装置。用于支承磨内孔的砂轮主轴部件，由单独的电动机驱动。

（4）砂轮架。用于支承并传动砂轮主轴高速旋转。砂轮架装在滑鞍上，当需磨削短圆锥时，砂轮架可在±30°内调整位置。

（5）尾座。尾座的功用是利用安装在尾座套筒上的顶尖（后顶尖），与头架主轴上的前顶尖一起支承工件，使工件实现准确定位。尾座利用弹簧力顶紧工件，以实现磨削过程中工件因热膨胀而伸长时的自动补偿，避免引起工件的弯曲变形和顶尖孔的过度磨损。尾座套筒的退回可以手动，也可以液压驱动。

（6）滑鞍及横向进给机构。转动横向进给手轮，通过横向进给机构带动滑鞍及砂轮架作横向移动。也可利用液压装置使砂轮架作快速进退或周期性自动切入进给。

（7）工作台。由上下两层组成，上工作台可相对于下工作台在水平面内转动很小的角度（±10°），用以磨削锥度不大的长圆锥面。上工作台顶面装有头架和尾座，它们随工作台一起沿床身导轨作纵向往复运动。

3.2　砂轮及其磨削原理

磨削通常用于精加工，加工精度可达 IT5-IT6，表面粗糙度可小至 $Ra1.25\sim0.01\mu m$，镜面磨削时可达 $Ra0.04\sim0.01\mu m$。磨削常用于淬硬钢、耐热钢及特殊合金材料等坚硬材料。磨削的加工余量可以很小，在毛坯预加工工序如模锻、模冲压、精密铸造的精确度日益提高的情况下，磨削是直接提高工件精度的一个重要的加工方法。由被磨削工件和磨具在相对运动关系上的不同组合，可以产生各种不同的磨削方式。由于各种各样的机械产品越来越多地采用成型表面，成型磨削和仿形磨削得到了越来越广泛的应用。磨削时，由于所采用的"刀具"（磨具）与一般金属切削所采用的刀具不同，且切削速度很高，因而磨削机理和切削机理就有很大的不同。

1. 砂轮的特性

砂轮是磨削加工中最主要的一类磨具。砂轮是在磨料中加入结合剂，经压坯、干燥和焙烧而制成的多孔体。由于磨料、结合剂及制造工艺不同，砂轮的特性差别很大，因此对磨削的加工质量、生产率和经济性有着重要影响。砂轮的特性主要是由磨料、粒度、结合剂、硬度、组织、形状和尺寸等因素决定。

1）磨料

磨料是砂轮的主要组成部分，它具有很高的硬度、耐磨性、耐热性和一定的韧性，以承受磨削时的切削热和切削力，同时还应具备锋利的尖角，以利磨削金属。常用的磨料有氧化物系、碳化物系和高硬磨料系三类。氧化物系磨料主要成分是三氧化二铝；碳化物系磨料通常以碳化硅、碳化硼等为基体；高硬磨料系中主要有人造金刚石和立方氮化硼（CBN）。常用磨料代号、特点及应用范围见表3-1。

表 3-1　常用磨料代号、特性及适用范围

系别	名称	代号	主要成分	显微硬度/HV	颜色	特性	适用范围
氧化物系	棕刚玉	A	Al_2O_3 91%～96%	2200～2288	棕褐色	硬度高，韧性好，价格便宜	磨削碳钢、合金钢、可锻铸铁、硬青铜
	白刚玉	WA	Al_2O_3 97%～99%	2200～2300	白色	硬度高于棕刚玉，磨粒锋利，韧性差	磨削淬硬的碳钢、高速钢

系别	名称	代号	主要成分	显微硬度/HV	颜色	特性	适用范围
碳化物系	黑碳化硅	C	SiC >95%	2840~3320	黑色带光泽	硬度高于刚玉,性脆而锋利,有良好的导热性和导电性	磨削铸铁、黄铜、铝及非金属
	绿碳化硅	GC	SiC >99%	3280~3400	绿色带光泽	硬度和脆性高于黑碳化硅,有良好的导电性和导热性	磨削硬质合金、宝石、陶瓷、光学玻璃、不锈钢
高硬磨料	立方氮化硼	CBN	立方氮化硼	8000~9000	黑色	硬度仅次于金刚石,耐磨性和导电性好,发热量小	磨削硬质合金、不锈钢、高合金钢等难加工材料
	人造金刚石	MBD	碳结晶体	10,000	乳白色	硬度极高,韧性很差,价格昂贵	磨削硬质合金、宝石、陶瓷等高硬度材料

2）粒度

粒度是指磨料颗粒尺寸的大小。粒度分为磨粒和微粉两类（GB/T 2484—2006），粗磨粒为 F4 - F220，微粉为 F230 - F1200。

砂轮的粒度对磨削表面的粗糙度和磨削效率影响很大。磨粒粗，磨削深度大，生产率高，但表面粗糙度值大。反之，则磨削深度均匀，表面粗糙度值小。所以粗磨时，一般选粗粒度，精磨时选细粒度。磨软金属时，多选用粗磨粒，磨削脆而硬材料时，则选用较细的磨粒。如图3-8 所示为两种不同粒度砂轮的对比照片。

常用砂轮粒度及应用范围见表3-2。

3）结合剂

图3-8　砂轮的粒度对比

结合剂的作用是将磨粒粘合在一起，使砂轮具有一定的强度、气孔、硬度和抗腐蚀、抗潮湿等性能。因此，砂轮的强度、抗冲击性、耐热性及耐腐蚀性，主要取决于结合剂的种类和性质。常用结合剂的种类、性能及适用范围见表3-3。

表 3-2　磨料粒度的选用

粒度号	颗粒尺寸范围 / μm	适用范围	粒度号	颗粒尺寸范围 / μm	适用范围
F14~F24	1700~1400 850~710	磨钢锭,铸件打毛刺,切断钢坯等	F120~F600	125~106 19~3	精磨、螺纹磨、珩磨
F36~F46	600~500 425~355	一般平磨、外圆磨和无心磨	细于F600		精细研磨、镜面磨削
F60~F100	300~250 150~125	精磨和刀具刃磨			

表 3-3 常用结合剂的种类、性能及适用范围

种类	代号	性能	用途
陶瓷	V	耐热性、耐腐蚀性好、气孔率大、易保持轮廓、弹性差	应用广泛,适用于 $v<35\text{m/s}$ 的各种成型磨削、磨齿轮、磨螺纹等
树脂	B	强度高、弹性大、耐冲击、坚固性和耐热性差、气孔率小	适用于 $v>50\text{m/s}$ 的高速磨削,可制成薄片砂轮,用于磨槽、切割等
橡胶	R	强度和弹性更高、气孔率小、耐热性差、磨粒易脱落	适用于无心磨的砂轮和导轮、开槽和切割的薄片砂轮、抛光砂轮等
金属	M	韧性和成形性好、强度大,但自锐性差	可制造各种金刚石磨具

4)硬度

砂轮硬度反映磨粒与结合剂的粘结强度。砂轮硬,磨粒不易脱落;砂轮软,磨粒易于脱落。砂轮的硬度与磨料的硬度是完全不同的两个概念。硬度相同的磨料可以制成硬度不同的砂轮,砂轮的硬度主要决定于结合剂性质、数量和砂轮的制造工艺。例如,结合剂与磨粒粘固程度越高,砂轮硬度越高。

(1)工件硬度。工件材料较硬,砂轮硬度应选用软一些,以便砂轮磨钝磨粒及时脱落,露出锋利的新磨粒继续正常磨削;工件材料软,因易于磨削,磨粒不易磨钝,砂轮应选硬一些。但对于有色金属、橡胶、树脂等软材料磨削时,由于切屑容易堵塞砂轮,应选用较软砂轮。

(2)加工接触面。砂轮与工件磨削接触面大时,砂轮硬度应选软些,使磨粒容易脱落,以防止砂轮堵塞。

(3)砂轮粒度。砂轮粒度号大,砂轮硬度应选软些,以防止砂轮堵塞。

(4)精磨和成型磨。粗磨时,应选用较软砂轮;而精磨、成型磨削时,应选用硬一些的砂轮,以保持砂轮的必要形状精度,以利于保持砂轮的廓形。

砂轮硬度等级见表 3-4。机械加工中常用砂轮硬度等级为 H 至 N(软 2-中 2)。

表 3-4 砂轮的硬度等级及代号

硬度	大级	超软		软			中软		中		中硬			硬		超硬
等级	小级	超软		软1	软2	软3	中软1	中软2	中1	中2	中硬1	中硬2	中硬3	硬1	硬2	超硬
代号		D	E	F	G	H	J	K	L	M	N	P	Q	R	S	T	Y

5)组织

砂轮的组织是指组成砂轮的磨粒、结合剂、气孔三部分体积的比例关系。通常以磨粒所占砂轮体积的百分比来分级。砂轮有三种组织状态(图 3-9):紧密、中等、疏松。相应的砂轮组

(a)疏松

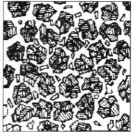
(b)中等

(c)紧密

图 3-9 砂轮组织对比

织号可细分为 0~14 号,共 15 级(表 3 - 5)。组织号越小,磨粒所占比例越大,砂轮越紧密;反之,组织号越大,磨粒比例越小,砂轮越疏松。

砂轮三种组织状态适用范围:

(1)紧密组织砂轮适于重压下的磨削。

(2)中等组织砂轮适于一般磨削。

(3)疏松组织砂轮不易堵塞,适于平面磨、内圆磨等磨削接触面大的工序,以及磨削热敏性强的材料或薄壁工件。

表 3 - 5 砂轮组织分类

组织号	0	1	2	3	4	5	6	7	8	9	10	11	12	13	14
磨粒率/%	62	60	58	56	54	52	50	48	46	44	42	40	38	36	34
类别	紧密				中等				疏松						
应用	精磨、成型磨				淬火工件、刀具				韧性大和硬度低的金属						

6)形状与尺寸

砂轮的形状和尺寸是根据磨床类型、加工方法及工件的加工要求来确定的。常用砂轮名称、形状简图、代号和主要用途见表 3 - 6。

表 3 - 6 常用砂轮形状、代号和用途

砂轮名称	代号	简图	主要用途
平行砂轮	1		磨外圆、磨内圆、磨平面、无心磨工具磨
薄片砂轮	41		切断、切槽
筒形砂轮	2		端磨平面
碗形砂轮	11		刃磨刀具、磨导轨
蝶形 1 号砂轮	12a		磨铣刀、铰刀、拉刀、磨齿轮
双斜边砂轮	4		磨齿轮、磨螺纹
杯形砂轮	6		磨平面、磨内圆、刃磨刀具

砂轮的特性均标记在砂轮的侧面上,其顺序是:形状代号、尺寸、磨料、粒度号、硬度、组织号、结合剂、线速度。例如:外径 300mm,厚度 50mm,孔径 75mm,棕刚玉,粒度 60,硬度 L,5 号组织,陶瓷结合剂,最高工作线速度 35m/s 的平行砂轮,其标记为:砂轮 1 - 300 × 50 × 75 - A60L5V - 35m/s。

2. 磨屑形成过程

磨粒在磨具上排列的间距和高低都是随机分布的,磨粒是一个多面体,其每个棱角都可看作是一个切削刃,顶尖角大致为90°~120°,尖端是半径为几微米至几十微米的圆弧。经精细修整的磨具,其磨粒表面会形成一些微小的切削刃,称为微刃。磨粒在磨削时有较大的负前角,其平均值为-60°左右。

磨粒的切削过程可分三个阶段(图3-10):

(1)滑擦阶段:磨粒开始挤入工件,滑擦而过,工件表面产生弹性变形而无切屑。

(2)耕犁阶段:磨粒挤入深度加大,工件产生塑性变形,耕犁成沟槽,磨粒两侧和前端堆高隆起。

(3)切削阶段:切入深度继续增大,温度达到或超过工件材料的临界温度,部分工件材料明显地沿剪切面滑移而形成磨屑。根据条件不同,磨粒的切削过程的三个阶段可以全部存在,也可以部分存在。磨屑的形状有带状、挤裂状和熔融的球状等,可据此分析各主要工艺参数、砂轮特性、冷却润滑条件和磨料的性能等对磨削过程的影响,从而采取提高磨削表面质量和磨削效率的措施。

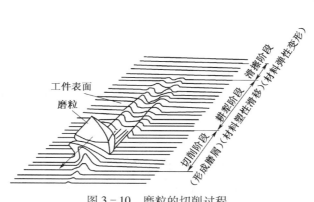

图3-10　磨粒的切削过程

磨粒的切削过程也是形成磨屑的过程,图3-10显示了单个磨粒磨削时磨屑形成的三个阶段:

(1)第Ⅰ阶段(弹性变形阶段)。由于磨削深度小,磨粒以大负前角切削,砂轮结合剂及工件、磨床系统的弹性变形,当磨粒开始接触工件时产生退让,磨粒仅在工件表面上滑擦而过,不能切入工件,仅在工件表面产生热应力。

(2)第Ⅱ阶段(塑性变形阶段)。随着磨粒磨削深度的增加,磨粒已能逐渐刻划进入工件,工件表面由弹性变形逐步过渡到塑性变形,使部分材料向磨粒两旁隆起,工件表面出现刻痕(耕犁现象),但磨粒前刀面上没有磨屑流出。此时除磨粒与工件的相互摩擦外,更主要是材料内部发生摩擦。磨削表层不仅有热应力,而且有因弹、塑性变形所产生的应力。

(3)第Ⅲ阶段(形成磨屑阶段)。随着磨粒磨削深度的增加,磨粒已能逐渐刻划进入工件,工件表面由弹性变形逐步过渡到塑性变形,使部分材料向磨粒两旁隆起,工件表面出现刻痕(耕犁现象),但磨粒前刀面上没有磨屑流出。此时除磨粒与工件的相互摩擦外,更主要是材料内部发生摩擦。磨削表层不仅有热应力,而且有因弹、塑性变形所产生的应力。

由于磨粒在砂轮表面上排列的随机性,磨削时,每个磨粒与工件在整个接触过程中,作用情况可分如下三种:

(1)只有弹性变形阶段。

(2)弹性变形阶段+塑性变形阶段+弹性变形阶段。

(3)弹性变形阶段+塑性变形阶段+切屑形成阶段+塑性变形阶段+弹性变形阶段。

3. 砂轮的磨损与耐用度

1）砂轮磨损的形态

磨削过程中，由于机械、物理和化学作用造成砂轮磨损，切削能力下降。同时砂轮表面上的磨粒形状和分布是随机的，因此可分为三种磨削形式，图 3－11 显示出以下三种砂轮磨损类型：

（1）磨耗磨损。磨削过程中，由于磨粒与工件表面的滑擦作用，磨粒与磨削区的化学反应以及磨粒的塑性变形作用，使磨粒逐渐变钝，在磨粒上形成磨损小平面。磨耗磨损一般发生在磨粒与工件的接触处。开始时，在磨粒刃尖上出现一磨损的微小平面，当微小平面逐步增大时，磨刃就无法顺利切入工件，而只是在工件表面产生挤压作用，从而使磨削热增加，磨削过程恶化。

造成砂轮磨耗磨损的主要原因是机械磨损和化学磨损。因而造成：①摩擦热使磨粒表面剥落极微小碎片；②弱化磨粒；③磨粒与被磨材料熔焊，因塑性流动或滞流而加剧磨粒磨损；④摩擦热加速化学反应；⑤摩擦剪切而使磨粒损耗。

（2）磨粒破碎。在磨削过程中，若作用在磨粒上的应力超过了磨粒本身的强度时，磨粒上的一部分就会以微小碎片的形式从砂轮上脱落。磨粒破碎发生在一个磨粒的内部。磨粒的热传导系数越小，热膨胀系数越大，则越容易破碎。

（3）脱落磨损。在磨削过程中，若磨粒与磨粒之间的结合剂发生断裂，则磨粒将从砂轮上脱落下来，而在原位置留下空穴。因此，脱落磨损的难易主要取决于结合剂的强度。磨削时，随着磨削温度的上升，结合剂强度下降，当磨削力超过结合剂强度时，整个磨粒从砂轮上脱落，形成脱落磨损。

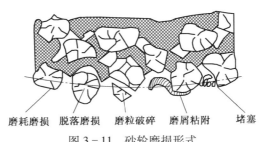

图 3－11　砂轮磨损形式

另外，磨削时砂轮会发生堵塞粘附现象，即磨粒通过磨削区时，在磨削高温和很大的接触压力作用下，被磨材料会粘附在磨粒上。粘附严重时，粘附物糊在砂轮上，使砂轮失去切削作用。如磨削碳钢时，磨削产生的高温使切屑软化，嵌塞在砂轮的孔隙处，造成砂轮堵塞；磨削钛合金时，切屑与磨粒的亲和力强，从而造成粘附或堵塞。砂轮堵塞后即失去切削能力，磨削力及磨削温度剧增，表面质量显著下降。

2）砂轮耐用度

砂轮耐用度用砂轮在两次修整之间的实际磨削时间表示。它是砂轮磨削性能的重要指标之一，同时还是影响磨削效率和磨削成本的重要因素。砂轮磨损量是最主要的耐用度判据。当磨损量大至一定程度时，工件将发生颤振，表面粗糙度突然增大，或出现表面烧伤现象，但准确判断比较困难，在实际生产中，砂轮耐用度的常用合理数值可参见表 3－7。

3）砂轮磨损阶段

按照磨损机理的不同将砂轮磨损过程分为三个阶段。

表 3-7　砂轮耐用度的合理数值

磨削种类	外圆磨	内圆磨	平面磨	成形磨
耐用度 T/s	1200~2400	600	1500	600

（1）初期阶段的磨损主要是磨粒的破碎。这是由于修整过程中，在修整力的作用下，有些磨粒内部产生内应力及微裂纹，因而使这些受损的磨粒在磨削力的作用下迅速破碎，造成初期磨损加重。

（2）第二阶段的磨损主要是磨耗磨损，有效磨削刃较稳定地进行磨削。

（3）第三阶段的磨损主要是结合剂破碎，造成磨粒大量脱落。

3.3　磨削加工的特点

磨削是一种常用的，半精加工和精加工方法，砂轮是磨削的切削工具，磨削的基本特点如下：

（1）磨削除可以加工多种材料。磨削除可以加工铸铁、碳钢、合金钢等一般结构材料外，还能加工一般刀具难以切削的高硬度材料，如淬火钢、硬质合金、陶瓷和玻璃等。但不宜精加工塑性较大的有色金属工件。

（2）磨削加工的精度高，表面粗糙度小。磨削精度可达 IT5~IT6，表面粗糙度小至 $Ra1.25$ ~ $0.01\mu m$，镜面磨削时可达 $Ra0.04$ ~ $0.01\mu m$。其主要原因是：

① 砂轮表面有极多的切削刃，并且刃口圆弧半径 ρ 小，例如粒度为46#的白刚玉磨粒，ρ = 0.006 ~ $0.012mm$（一般车刀、铣刀的 ρ = 0.012 ~ $0.032mm$）。磨粒上锋利的切削刃能够切下一层很薄的金属，切削厚度可以小到数微米。

② 磨床有较高的精度和刚度，并有实现微量进给机构，可以实现微量切削。

③ 磨削的切削速度高，普通外圆磨削时 V = $35m/s$，高速磨削 V > $50m/s$。因此，磨削时有很多切削刃同时参加切削，每个磨刃只切下极细薄的金属，残留面积的高度很小，有利于形成光洁的表面。

（3）磨削的径向磨削力 F_y 大，且作用在工艺系统刚性较差的方向上。因此，在加工刚性较差的工件时（如磨削细长轴），应采取相应的措施，防止因工件变形而影响加工精度。

（4）磨削温度高。如前所述，磨削产生的切削热多，且 80%~90% 传入工件（10%~15% 传入砂轮，1%~10% 由磨屑带走），加上砂轮的导热性很差，大量的磨削热在磨削区形成瞬时高温，容易造成工件表面烧伤和伪裂纹。因此，磨削时应采用大量的切削液以降低磨削温度。

（5）砂轮有自锐作用。在磨削过程中，磨粒的破碎产生新的较锋利的棱角，以及由于磨粒的脱落而露出一层新的锋利磨粒，能够部分恢复砂轮的切削能力，这种现象叫做砂轮的自锐作用，也是其他切削刀具所没有的。磨削加工时，常常通过适当选择砂轮硬度等途径，以充分发挥砂轮的自锐作用，来提高磨削的生产效率。必须指出，磨粒随机脱落的不均匀性，会使砂轮失去外形精度；破碎的磨粒和切屑也会造成砂轮堵塞。因此，砂轮磨削一定时间后，仍需进行修整以恢复其切削能力和外形精度。

（6）磨削加工的工艺范围广。不仅可以加工外圆面、内圆面、平面、成型面、螺纹、齿形等各种表面，还常用于各种刀具的刃磨。

（7）磨削在切削加工中的比重日益增大。

3.4 磨削热和磨削温度

磨削过程中所消耗的能量几乎全部转变为磨削热。试验研究表明,根据磨削条件的不同,磨削热约有 80%～90% 进入工件,10%～15% 进入砂轮,1%～10% 进入磨屑,另有少部分以传导、对流和辐射形式散出。磨削时每颗磨粒对工件的切削都可以看作是一个瞬时热源,在热源周围形成温度场。磨削区的平均温度瞬时接触点的最高温度可达工件材料熔点温度。磨粒经过磨削区的时间极短,一般在 0.01～0.1ms 以内,在这期间以极大的加热速度使工件表面局部温度迅速上升,形成瞬时热聚集现象,会影响工件表层材料的性能和砂轮的磨损。

1. 磨削温度概念

（1）工件平均温度。指磨削热传入工件而引起的工件温升,它影响工件的形状和尺寸精度。在精密磨削时,为获得高的尺寸精度,要尽可能降低工件的平均温度并防止局部温度不均。

（2）磨粒磨削点温度。指磨粒切削刃与切屑接触部分的温度,是磨削中温度最高的部位,其值可达 1000℃ 左右,是研究磨削刃的热损伤,砂轮的磨损、破碎和粘附等现象的重要因素。

（3）磨削区温度。是砂轮与工件接触区的平均温度,一般约有 500～800℃,它与磨削烧伤和磨削裂纹的产生有密切关系。

磨削加工工件表面层的温度分布,是指沿工件表面层深度方向温度的变化,它与加工表面变质层的生成机理、磨削裂纹和工件的使用性能有关。

2. 影响磨削温度的因素

影响磨削温度的因素有磨削用量,砂轮参数等。磨削用量对磨削温度的影响关系如下:

（1）随着砂轮径向进给量 f_r 的增大,即磨削深度 a_p 的增大,工件表面温度升高。

（2）随着工件速度 V_w 的增大,工件表面温度可能有所减小。

（3）随着砂轮速度 V_S 的增大,工件表面温度升高。

所以,要使磨削温度降低,应该采用较小的砂轮速度和磨削深度,并加大工件速度。而砂轮硬度对磨削温度的影响有明显规律,砂轮软,磨削温度低,砂轮硬,磨削温度高。

3.5 磨 削 液

磨削时,在磨削区形成高温,使砂轮磨损,零件表面完整性恶化,零件加工精度不易控制等,因此必须把磨削液注入磨削区,降低磨削温度。磨削液不仅有润滑及冷却作用,而且有洗涤和防锈作用。

1. 磨削液的种类

磨削液分为油性磨削液(非水溶性磨削液)和水溶性磨削液。磨削液分类见表 3－8。

油性磨削液的润滑性好,冷却性较差,而水溶性磨削液的润滑性较差,冷却效果好。另外,磨削液中的添加剂包括表面活性剂、极压添加剂和无机盐类。

2. 磨削液的供给方法

通常采用的磨削液供给方法是浇注法。由于液体流速低,压力小,并且砂轮高速回转所形成的回转气流阻碍磨削液注入磨削区内,其冷却效果较差。

表 3-8　磨削液分类

种类		成　　分
油性磨削液	矿物油	低黏度及中黏度轻质矿物油+油溶性防锈添加剂+极性添加剂
	极压油	低黏度及中黏度轻质矿物油+极压天机剂
水溶性磨削液	乳化液 极压乳化液	(1)水+矿物油+乳化液+防锈添加剂 (2)乳化液+极压添加剂
	化学合成剂	(1)水+表面活性剂(非离子型、阴离子型或皂类) (2)水+表面活性剂+防锈添加剂+极压添加剂
	无机盐磨削液	(1)水+无机盐类 (2)水+无机盐类+表面活性剂

为冲破环绕砂轮表面的气流障碍,提高冷却润滑效果,对供液方法做了不少改进,例如采用压力冷却,砂轮内冷却,喷雾冷却,浇注法与超声波并用以及对砂轮作浸渍处理,实现固体润滑等。

▌任务实施

由学生完成。

▌评　　价

老师点评。

任务四　蜗杆轴加工工艺规程的编制

▌任务描述

车削加工简单阶梯轴的外圆,选择切削用量。

▌任务分析

1. 结构工艺性分析

该蜗杆零件属于轴类零件,结构比较简单。它通过蜗轮蜗杆传动,来传递空间交错轴之间的运动和动力,结构紧凑,传动比大,传动平稳,噪声小。它不仅要求蜗杆具有足够的强度,更重要是要有良好的耐磨性和抗胶合能力,承受弯矩和扭矩能力。

2. 技术要求分析

(1)外圆柱表面:

$\phi28$:尺寸精度 IT12,表面粗糙度 $Ra6.3$;

$\phi41$:尺寸精度 IT12,表面粗糙度 $Ra3.2$;

$\phi25f7$:尺寸精度 IT7,表面粗糙度 $Ra1.6$,是装密封的位置;

ϕ25js6:尺寸精度 IT6，表面粗糙度 $Ra0.8$，用于安装轴承。

（2）轴向表面：

108:尺寸精度 IT10，表面粗糙度 $Ra6.3$。

（3）键槽的加工：

宽度为 6 的键槽在立式铣床上加工，刀具采用键槽铣刀。

（4）其他技术要求分析：

零件材料为 45 钢，要求进行正火和调质处理。正火应安排在毛坯制造之后，粗加工之前，碳素结构钢经淬火处理引起的变形大，调质处理应安排在粗加工之后，半精加工之前。

■ 任务实施

1. 毛坯选择

1）毛坯类型确定

零件结构简单，不仅要求具有足够的强度，更重要是要有良好的耐磨性和抗胶合能力，承受弯矩和扭矩能力，为中批量生产，故用模锻件毛坯。

2）毛坯结构、尺寸和精度确定

简化零件结构细节。由于零件为中批量生产，故毛坯精度取普通级。由于锻件毛坯需要较大的余量，故单边毛坯余量确定为 4mm。

根据这些数据，绘出毛坯-零件综合图，如图 3-12 所示。

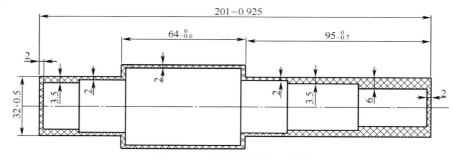

图 3-12　蜗杆轴零件毛坯图

2. 工艺路线拟定

1）主要表面加工方案确定

（1）外圆表面：

① ϕ28；$Ra6.3$：粗车（IT11；$Ra12.5$）—半精车（IT9；$Ra3.2$）。

② ϕ41.5；$Ra6.3$：粗车（IT11；$Ra12.5$）—半精车（IT9；$Ra3.2$）。

③ ϕ25js7；$Ra0.8$：粗车（IT11；$Ra12.5$）—半精车（IT9；$Ra3.2$）—粗磨（IT7；$Ra1.6$）—精磨（IT6；$Ra0.8$）。

④ ϕ25；$Ra1.6$：粗车（IT11；$Ra12.5$）—半精车（IT9；$Ra3.2$）—磨削（IT7；$Ra1.6$）。

⑤ ϕ20f7；$Ra6.3$：粗车（IT11；$Ra12.5$）—半精车（IT9；$Ra3.2$）—磨削（IT7；$Ra1.6$）。

（2）轴向表面：

108；$Ra6.3$：粗车（IT11；$Ra12.5$）—半精车（IT10；$Ra3.2$）。

（3）其余表面依次加工完成。

2）加工阶段划分

零件精度要求较高,应划分阶段进行加工。各面粗车为粗加工阶段;半精车为半精加工阶段;精车为精加工阶段。

3）加工顺序确定

工艺流程图见表3-9。

表 3-9　工艺流程图

序号	工序名称	工 序 内 容	设备
10	锻	模锻	立式精锻机
20	热处理	正火	箱式电阻炉
30	粗车	1. 车右端面,钻中心孔,车右端外圆; 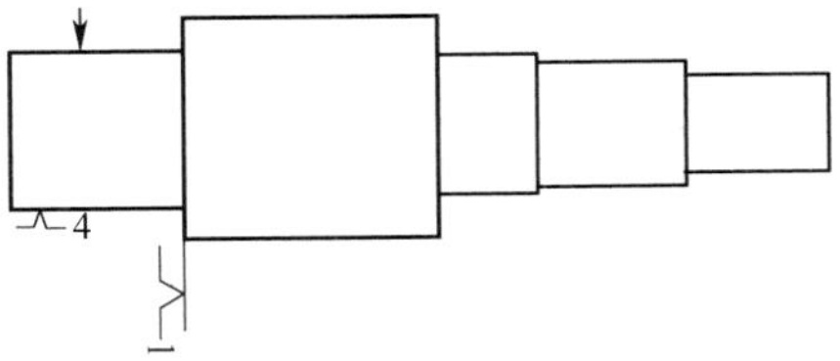 2. 车左端面,钻中心孔,车左端外圆。 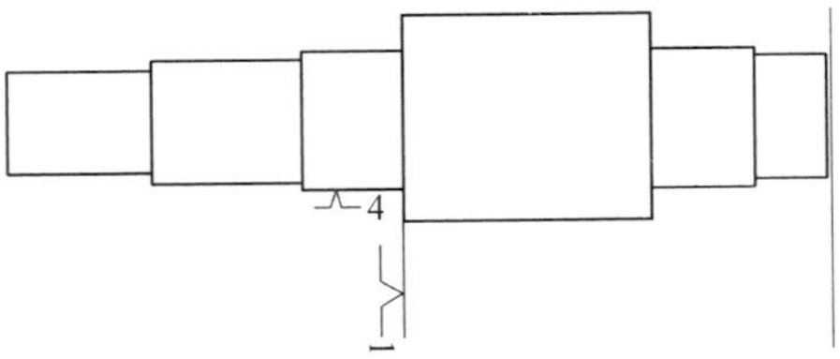 	C6140
40	热处理	调质 180~220HBS	
50	半精车	1. 半精车右端外圆; 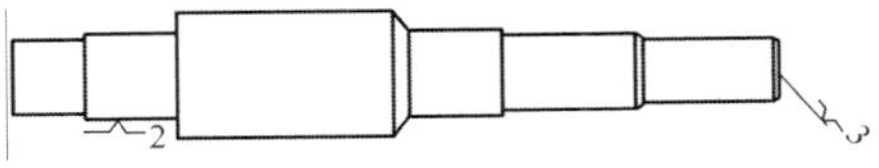 2. 半精车左端外圆; 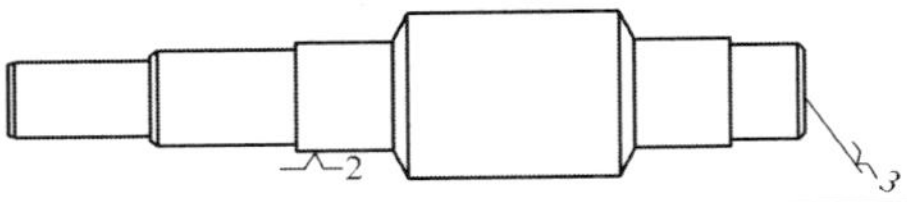 3. 粗、半精车、精车螺纹。 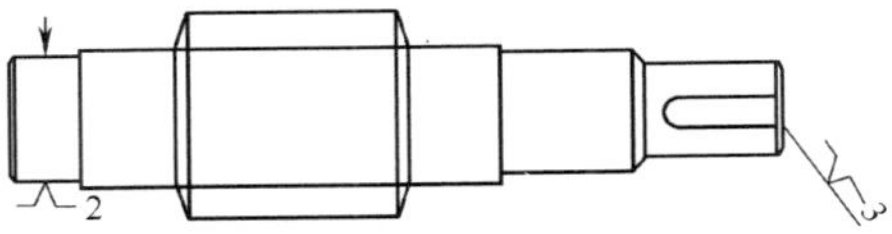 	C6140
60	铣键槽	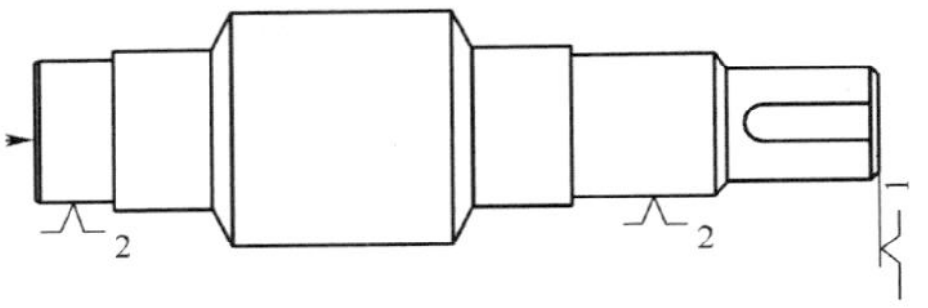	X6132
70	修研中心孔		钳工

序号	工序名称	工 序 内 容	设备
80	粗磨		M1432A
90	精磨		M1432A
100	检查	按图样要求检查	
110	入库		

3. 工艺过程分析

粗、精加工阶段划分:零件精度要求较高,故加工阶段划分清晰。调质之前为粗加工阶段;至修研中心孔为半精加工阶段;以后为精加工阶段。

定位基准选择:粗车时先以 $\phi30$ 外圆和端面为粗基准,粗加工阶段切削力大,加工精度要求低,先车一端,并打中心孔。用同样方法加工另一端。半精车采取外圆、中心孔定位,简单、可靠,中心孔作为统一基准。掉头使用已车过的一端外圆和另一中心孔作为定位基准,车外圆,用成型车刀车车螺纹,然后铣键槽,修中心孔为精加工做好准备。精加工采用双顶尖定位,磨各部外圆。

保证外圆间同轴度要求的简单、可靠方法是用双中心孔定位,这样既符合基准重合原则,也符合基准统一原则。中心孔具有定心性,且能加工得到很高的同轴度和接触精度,故精加工阶段采用这一装夹方法。

4. 工序尺寸计算

表 3 - 10～表 3 - 16 为各加工工序的工序尺寸。

表 3 - 10 外圆表面: $\phi28$; Ra6.3 的工序尺寸

工艺路线	工序余量	工序经济精度	工序尺寸	工序尺寸及其偏差和 Ra
半精车	1.2	0.042（IT10）	28	$\phi28_{-0.042}^{0}$, Ra = 3.2
粗车	2.8	0.21（IT12）	29.2	$\phi29.2_{-0.21}^{0}$, Ra = 6.3
毛坯	4			32

表 3 - 11 外圆表面: $\phi25$ js7 ; Ra0.8 的工序尺寸

工艺路线	工序余量	工序经济精度	工序尺寸	工序尺寸及其偏差和 Ra
精磨	0.1	0.013（IT6）	25	$\phi25_{-0.0065}^{0}$, Ra0.8
粗磨	0.3	0.033（IT8）	25.1	$\phi25.1_{-0.033}^{0}$, Ra1.6
半精车	1.2	0.084（IT10）	25.4	$\phi25.4_{-0.084}^{0}$, Ra3.2
粗车	5.4	0.21IT12）	26.6	$\phi26.6_{-0.21}^{0}$, Ra12.5
毛坯	7			$\phi32$

表 3-12　外圆表面:$\phi41.5$;$Ra6.3$ 的工序尺寸

工艺路线	工序余量	工序经济精度	工序尺寸	工序尺寸及其偏差和 Ra
半精车	1.2	0.05(IT10)	41.5	$\phi41.5_{-0.050}^{0}$,$Ra=3.2$
粗车	2.8	0.25(IT12)	42.7	$\phi42.7_{-0.25}^{0}$,$Ra=6.3$
毛坯	4			$\phi45.5$

表 3-13　外圆表面:$\phi25f7$;$Ra1.6$ 的工序尺寸

工艺路线	工序余量	工序经济精度	工序尺寸	工序尺寸及其偏差和 Ra
磨削	0.4	0.061(IT7)	25	$\phi25_{-0.041}^{+0.020}$,$Ra=1.6$
半精车	1.2	0.084(IT12)	25.4	$\phi25.4_{-0.084}^{0}$,$Ra=3.2$
粗车	5.4	0.21(IT12)	26.6	$\phi26.6_{-0.21}^{0}$,$Ra=6.3$
毛坯	7			$\phi32$

表 3-14　外圆表面:$\phi20f7$;$Ra1.6$ 的工序尺寸

工艺路线	工序余量	工序经济精度	工序尺寸	工序尺寸及其偏差和 Ra
磨削	0.4	0.061(IT7)	20	$\phi20_{-0.041}^{+0.020}$,$Ra=1.6$
半精车	1.2	0.084(IT12)	20.4	$\phi20.4_{-0.084}^{0}$,$Ra=3.2$
粗车	10.4	0.21(IT12)	21.6	$\phi21.6_{-0.21}^{0}$,$Ra=6.3$
毛坯	12			$\phi32$

表 3-15　键槽:宽的工序尺寸

工艺路线	工序余量	工序经济精度	工序尺寸	工序尺寸及其偏差和 Ra
精铣	1	0.04(IT9)	6	$6_{-0.04}^{0}$,$Ra=1.6$
粗铣	5	0.12(IT12)	5	$5_{-0.12}^{0}$,$Ra=6.3$
毛坯	6			

表 3-16　键槽:深的工序尺寸

工艺路线	工序余量	工序经济精度	工序尺寸	工序尺寸及其偏差和 Ra
粗铣	3.7	0.12(IT12)	3.7	$3.7_{-0.21}^{0}$,$Ra=6.3$
毛坯	3.7			

5. 设备、工艺装备确定

根据中批量生产的生产类型的工艺特征,设备主要采用普通设备,而工艺装备主要采用手动专用工艺装备(见工序卡片)。

表 3－17　蜗杆轴机械加工工艺

徐州工业职业技术学院	机械加工工艺过程卡片		产品型号		零件图号		共2页	第1页
			产品名称		零件名称	蜗杆轴		

材料牌号	45	毛坯种类	锻件	毛坯外形尺寸	φ50×210	每毛坯件数	1	每台件数	1		

工序号	工序名称	工序内容	车间	工段	设备	工艺装备	工时(准终)	工时(单件)	备注
10	锻造	锻阶梯毛坯 φ50×210	锻造车间		空气锤				
20	热处理	正火处理	热处理车间		箱式电阻炉				
30	粗车	1. 车左端面,车平即可; 2. 钻中心孔; 3. 粗车左边各外圆,留余量2~3mm,长度上留余量1mm; 4. 掉头车右端面,保证总长197,钻中心孔; 5. 粗车右边各外圆,留余量2~3mm; 6. 粗车蜗杆螺纹部分,留余量1mm	加工车间	车工段	C6140				
40	热处理	调质处理 240~260HBS	热处理车间		箱式电阻炉				
50	半精车	1. 修研中心孔; 2. 精车蜗杆螺纹到尺寸要求; 3. 车φ28 和 φ25l7 到尺寸,φ25j6留余量0.3mm,倒角	加工车间	车工段	CA6140				

		设计(日期)	校对(日期)	审核(日期)	标准化(日期)	会签(日期)
标记	处数	更改文件号	签字	日期		
标记	处数	更改文件号	签字	日期		

徐州工业职业技术学院		机械加工工艺过程卡片			产品型号		零件图号		共2页	第1页
					产品名称		零件名称	蜗杆轴		
材料牌号	45	毛坯种类	锻件	毛坯外形尺寸	φ50×210	每毛坯件数	1	每台件数	1	备注
工序号	工序名称	工序内容		车间	工段	设备	工艺装备			工时 准终 / 单件
60	铣	将6×34的键槽铣成		加工车间	铣工段	X5032				
70	磨	1. 修研中心孔； 2. 磨φ25 js6外圆到尺寸		加工车间	磨工段	M1432A				
							设计（日期）	校对（日期）	审核（日期）	标准化（日期）	会签（日期）
标记	处数	更改文件号	签字	日期	标记	处数	更改文件号	签字	日期	

思 考 题

1. 在普通 CA6140 车床上,可以加工哪些种类的螺纹?

2. 安装螺纹车刀时必须注意哪几点?

3. 螺纹的加工和检测方法有哪些?

4. 铣床种类有哪些? 各有何特点?

5. 铣削方式有哪几种? 各有何优缺点?

6. 磨床的种类有哪些?

7. 砂轮特性主要由哪些因素决定? 砂轮硬度是否由磨料硬度决定?

8. 磨料作为砂轮的主要组成部分有几类? 各类的主要成分?

9. 磨削淬硬的碳钢、高速钢,应该选择什么磨料的砂轮?

10. 试说明常用砂轮的名称、代号和主要用途?

11. 分析磨粒的切削过程及磨屑的形成过程?

12. 砂轮磨损的形态有几种? 砂轮耐用度如何定义?

13. 影响磨削温度的因素有哪些?

14. 图 3－13 为一蜗杆轴,工件材料为 45 钢,调质处理 217~255HBS,小批量生产,试编制机械加工工艺。

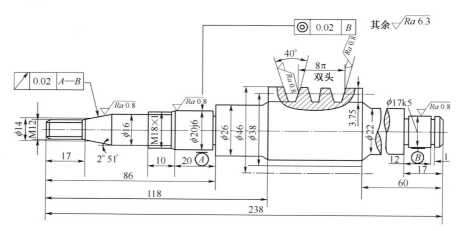

图 3－13 蜗杆轴零件图

15. 图 3－14 为一蜗杆轴,工件材料为 45 钢,调质处理 217~255HBS,小批量生产,试编制机械加工工艺。

轴向模数	m	4	蜗轮图号	
头数	z	4	蜗杆类型	
轴向齿形角	α	20°	中心距及其偏差	
齿顶高系数		1	蜗杆齿轮极限偏差	
摩擦因数		0.2	蜗杆齿圆累积公差	
导程角	γ	21°48′05″	蜗杆齿形公差	
螺旋方向	右	旋	蜗杆齿槽径向跳动公差	
精度等级	7dGB10089—88			
分度圆直径	d	40		
全齿高	h	8.8		

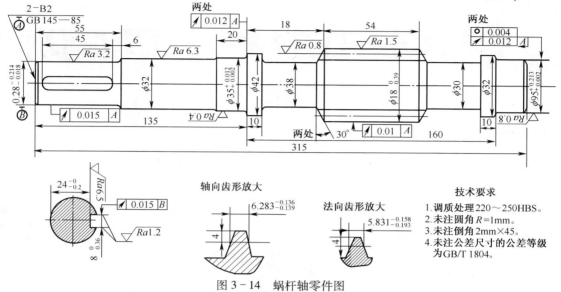

其余 $\sqrt{Ra6.3}$

技术要求

1. 调质处理220～250HBS。
2. 未注圆角 $R=1$mm。
3. 未注倒角2mm×45°。
4. 未注公差尺寸的公差等级
   为GB/T 1804。

图3－14　蜗杆轴零件图

4 项目四 套的加工工艺规程的编制

■ 项目描述

图 4-1 所示套类零件,材料为 Q235 钢,编制机械加工工艺规程。

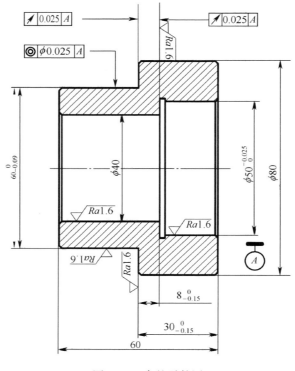

图 4-1 套的零件图

■ 技能目标

能根据套类零件的加工要求,编制套类零件的加工工艺规程。

■ 知识目标

掌握薄壁零件的加工方法;薄壁零件在装夹和加工过程中的变形;工艺尺寸链的计算。理解零件的结构工艺性对编制机械加工工艺的影响。

任务一　薄壁套类零件加工方法的选择

■任务描述

车削加工薄壁套类零件,选择加工方法。

■任务分析

根据套零件图的加工要求,外圆为 $\phi60mm$,孔为 $\phi40mm$,壁厚为 $10mm$,属于薄壁套类零件,加工过程中容易变形。

■相关知识

1.1　影响薄壁零件加工精度的因素

影响薄壁零件加工精度的因素有很多,但归纳起来主要有以下三个方面。

1. 受力变形

因工件壁薄,在夹紧力的作用下容易产生变形,从而影响工件的尺寸精度和形状精度。

2. 受热变形

因工件较薄,切削热会引起工件热变形,使工件尺寸难于控制。

3. 振动变形

在切削力(特别是径向切削力)的作用下,工件很容易产生振动和变形,从而影响工件的尺寸精度、形状精度、位置精度和表面粗糙度。

1.2　采用数控高速切削技术加工薄壁件

1. 高速切削加工的定义

高速加工技术是指采用超硬材料的刃具,通过极大地提高切削速度和进给速度来提高材料切除率、加工精度和加工质量的现代加工技术。由于不同的加工工序、不同的工件材料有不同的切削速度范围,因而很难就高速切削的速度范围给出一个确定的数值。

2. 高速切削加工薄壁结构件的优越性

高速切削加工薄壁件相对传统加工具有显著的优越性。

(1)切削力小。加工薄壁类零件时工件产生的让刀变形相应减小,易于保证零件的尺寸精度和形位精度。

(2)切削热对零件的影响减少,零件加工热变形小。这对于控制薄壁件的热变形非常有利。

(3)加工精度高。刀具切削的激励频率远离薄壁结构工艺系统的固有频率,实现了平稳切削,保证了较好的加工状态。

（4）加工效率高。加工效率比常规加工高 5~10 倍，单位时间材料切除率可提高 3~6 倍。

3. 高速切削加工薄壁结构的策略

高速切削加工薄壁结构对切削刀具、切削用量、工艺方案、数控编程等方面提出了新的要求。

（1）刀具材料选择。①高速切削刀具材料必须耐磨、抗冲击能力好（包括热冲击与力冲击）、硬度高、与工件材料亲和力小；②高速切削的刀具材料必须根据工件材料和加工性质来选择，一般情况下，高速切削不使用高速钢刀具，多采用硬质合金刀具；③由于短时间切削后刀尖圆弧半径与前刀面接触区的涂层出现脱落，涂层硬质合金实际效果与无涂层硬质合金相似，故不推荐采用涂层刀具。而且刀具应严格在其安全转速范围内使用。

（2）切削用量。合理选择切削参数，不仅能确保薄壁结构件加工的高精度，而且是高速机床发挥效能、处于最佳工作状态的保证。因此切削用量要根据机床刚性、刀具直径、刀具长度、工件材料、粗加工或精加工模式而定。

① 切削速度。加工铝合金的切削速度是没有限制的。从理论上讲，采用较高的切削速度，可以提高生产率，可以减少或避免在刀具前面上形成积屑瘤，有利于切屑的排出。铣削速度的提高无疑会加剧刀具的磨损，但是，铣削速度的提高可以有效地提高单位时间单位功率的金属切除率，同时在一定的高速切削速度范围内可以提高工件表面加工质量。

② 进给量。加大进给量无疑会增加切削力，这显然对薄壁件加工不利。因此精加工时，不选择大的进给量。但进给量过小也是有害的，因为进给量过小时，挤压代替了切削，会产生大量切削热，加剧刀具磨损，影响加工精度。所以，精加工时，应选取较适中的进给量。

③ 切削深度。无论从切削力的角度，还是考虑到残余应力、切削温度等因素，采用小轴向切深 a_p、大径向切深 a_e 显然是有利的，这是高速切削条件下切削参数选择的原则。一般情况下，轴向切深 a_p 可在 2~10mm 之间选择，径向切深 a_e 可在 0.5~0.9mm 之间进行选择。

总之，要针对不同的加工对象选择适宜的切削用量，这样才能真正发挥高速切削技术的长处。

1.3 高速切削薄壁结构典型工艺方案

薄壁类工件可分为框类、梁类、壁板类等类型。在大量应用高速切削技术进行的薄壁结构零件加工中，总结形成了典型工艺方案，如表 4-1 所列。

表 4-1 薄壁结构零件典型工艺方案

零件类型	结构特点	装夹方式	工艺路线
梁类薄壁零件	梁类零件分为单面与双面零件，腹板与缘条厚度较小，一般为 1.5~2mm，尺寸公差为 ±0.15mm，材料切除率达到 96% 左右	零件卧式放置，一面两孔定位，在零件周围设置压紧槽	将粗加工、半精加工、精加工合并为一道工序，基本实现从毛坯到零件的一次性加工

零件类型	结构特点	装夹方式	工艺路线
框类薄壁零件	该类零件外形上多处涉及理论外形,内形有槽、下陷、开闭斜角、凸台等特征。零件腹板与缘条厚度较小,一般为 1.2～2mm,尺寸公差为±0.15mm,材料切除率达到97%左右	零件卧式放置,一面两孔定位,垫板工装,零件周边设工艺凸台,在其上制沉头压紧孔,垫板上制螺纹孔,用沉头螺栓压紧固定在垫板工装上	将粗加工、半精加工、精加工合并为一道工序,基本实现从毛坯到零件的一次性加工
壁板类薄壁零件	零件为双面槽腔结构,数控加工后还需喷丸成形。内形有槽、下陷、凸台等特征。零件厚度较薄,槽腔较浅,大部分槽深小于3mm。零件腹板厚度不均匀,一般为 1.5～3mm,尺寸公差为±0.2mm,材料切除率约为90%	零件总体结构上缺少定位夹紧部位,同时为了减少加工时的零件变形而引起的腹板厚度变小,采用了真空吸附加工	将粗加工、精加工合并为一道工序,加工顺序的选择时先加工槽少的一面,加工完此面后在槽腔内填充石膏,作翻面加工的定位基准,均采用真空吸附加工

任务实施

由学生完成。

评 价

老师点评。

任务二 工艺尺寸链的计算

任务描述

如图 4-1 所示,套类零件,尺寸 $8_{-0.15}^{0}$ 不能直接测量,可以通过保证30的尺寸和 $\phi50$ 孔的深度来间接保证。

任务分析

$\phi50$ 孔的深度尺寸图中没有标出,要保证尺寸 $8_{-0.15}^{0}$,就需要通过尺寸链的计算,来确定 $\phi50$ 孔的深度尺寸。

相关知识

机械制造的精度,主要决定于尺寸和装配精度。在机械制造过程中,运用尺寸链原理去解决并保证产品的设计与加工要求,合理地设计机械加工工艺和装配工艺规程,以保证加工精度和装配精度,提高生产率,降低成本,是极其重要而有实际意义的问题。

2.1 尺寸链概述

在机器装配和零件加工过程中所涉及的尺寸,一般来说都不是孤立的,而是彼此之间有着一定的内在联系。往往一个尺寸的变化会引起其他尺寸的变化,或是一个尺寸的获得要靠其他一些尺寸来保证。机械产品设计时,就是通过各个零件有关尺寸(或位置)之间的相互联系和相互依存关系而确定出零件上的尺寸(或位置)公差的。上面这些问题的研究和解决,需要借助于尺寸链的基本知识和计算方法。

在零件的加工过程和机器的装配过程中,经常会遇到一些相互联系的尺寸组合,这些相互联系且按一定顺序排列的封闭尺寸组称为尺寸链,如图 4-2 所示。

从尺寸链的定义和示例中可知,无论何种尺寸链,都是由一组有关尺寸首尾相接所形成的尺寸封闭图,且其中任何一尺寸的变化都会导致其尺寸的变化。

1. 尺寸链的主要特点

(1)尺寸链的封闭性。即由一系列相互关联的尺寸排列成为封闭的形式。

(2)尺寸链的制约性。即某一尺寸的变化将影响其他尺寸的变化。

2. 尺寸链的组成

(1)环。列入尺寸链中的每一尺寸简称为尺寸链中的环(如图 4-2 中的 A_0、A_1、A_2 等),环可分为封闭环和组成环。

(2)封闭环。尺寸链中在装配过程或加工过程中最后形成的一环。如图 4-2(a)中,以加工好的平面 1 定位加工平面 2,获得了尺寸 A_1,即环 A_1;然后同样以平面 1 定位加工平面 3,获得了尺寸 A_2,即环 A_2;最后自然形成了 A_0,所以环 A_0 是封闭环。所以,在加工完成前封闭环是不存在的。一个尺寸链中只能有一个封闭环。

(3)组成环。尺寸链中对封闭环有影响的全部环都称为组成环,如图 4-2 中的 A_1、A_2。按组成环对封闭环的影响性质,又分为增环和减环。

(4)增环。在其他组成环不变的条件下,若某一组成环的尺寸增大,封闭环的尺寸也随之增大;若该环尺寸减小,封闭环的尺寸也随之减小,则该组成环称为增环,如图 4-2 中的 A_1。

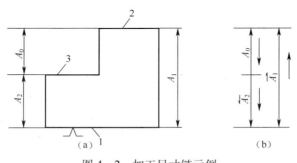

图 4-2 加工尺寸链示例

(5)减环。在其他组成环不变的条件下,若某一组成环的尺寸增大,封闭环的尺寸也随之减小;若该环尺寸减小,封闭环的尺寸也随之增大,则该组成环称为减环,如图 4-2 中的 A_2。

对环数较多的尺寸链,若用定义来逐个判别各环的增减性很费时并且易搞错。为能迅速判别增减环,可在绘制尺寸链图时,用首尾相接的单向箭头顺序表示各环,其中,与封闭环箭头方向相同者为减环,与封闭环箭头相反者为增环。

3. 尺寸链的分类

1）按环的几何特征区分

（1）长度尺寸链。全部环为长度尺寸的尺寸链,如图4-2(b)所示。

（2）角度尺寸链。全部环为角度尺寸的尺寸链,如图4-3所示。

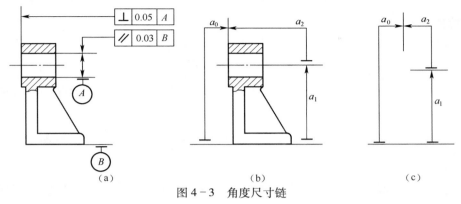

图4-3　角度尺寸链

2）按尺寸链的应用场合区分

（1）装配尺寸链。全部组成环为不同零件设计尺寸所形成的尺寸链,如图4-4所示。

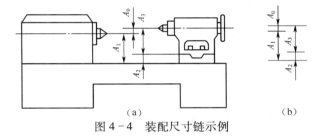

图4-4　装配尺寸链示例

（2）工艺尺寸链。全部组成环为同一零件工艺尺寸所形成的尺寸链,如图4-2所示。

3）按空间位置区分

（1）直线尺寸链。全部组成环平行于封闭环的尺寸链。如图4-5所示,就是直线尺寸链。

（2）平面尺寸链。全部组成环位于一个或几个平行平面内,但某些组成环不平行于封闭环的尺寸链。

（3）空间尺寸链。组成环位于几个不平行平面内的尺寸链。

2.2　尺寸链的计算方法

在尺寸链的计算中,关键要正确找出封闭环。在工艺尺寸链中,一般是以设计尺寸,也可以加工余量作为封闭环,其具体的查找和分析将在下面内容里介绍。尺寸链的计算方法有极值法和概率法两种。

1. 极值法

（1）封闭环的基本尺寸。封闭环的基本尺寸 A_0 等于增环的基本尺寸 $\overrightarrow{A_i}$ 之和减去减环的基本尺寸 $\overleftarrow{A_i}$ 之和,即

$$A_0 = \sum_{i=1}^{m} \overrightarrow{A_i} - \sum_{i=m+1}^{n-1} \overleftarrow{A_i} \qquad (4-1)$$

式中:m 为增环的环数;n 为减环的环数。

（2）封闭环的极限尺寸。封闭环的最大极限尺寸 $A_{0\max}$ 等于所有增环的最大极限尺寸 $\overrightarrow{A}_{i\max}$ 之和减去所有减环的最小极限尺寸 $\overleftarrow{A}_{i\min}$ 之和,即

$$A_{0\max} = \sum_{i=1}^{m} \overrightarrow{A}_{i\max} - \sum_{i=m+1}^{n-1} \overleftarrow{A}_{i\min} \qquad (4-2)$$

封闭环的最小极限尺寸 $A_{0\min}$ 等于所有增环的最小极限尺寸 $\overrightarrow{A}_{i\min}$ 之和减去所有减环的最大极限尺寸 $\overleftarrow{A}_{i\max}$ 之和,即

$$A_{0\min} = \sum_{i=1}^{m} \overrightarrow{A}_{i\min} - \sum_{i=m+1}^{n-1} \overleftarrow{A}_{i\max} \qquad (4-3)$$

（3）各环上、下偏差之间的关系。封闭环的上偏差 ESA_0 等于所有增环的上偏差 $ES\overrightarrow{A}_i$ 之和减去所有减环的下偏差 $EI\overleftarrow{A}_i$ 之和,即

$$ESA_0 = \sum_{i=1}^{m} ES\overrightarrow{A}_i - \sum_{i=m+1}^{n-1} EI\overleftarrow{A}_i \qquad (4-4)$$

封闭环的下偏差 EIA_0 等于所有增环的下偏差 $EI\overrightarrow{A}_i$ 之和减去所有减环的上偏差 $ES\overleftarrow{A}_i$ 之和,即

$$EIA_0 = \sum_{i=1}^{m} EI\overrightarrow{A}_i - \sum_{i=m+1}^{n-1} ES\overleftarrow{A}_i \qquad (4-5)$$

（4）封闭环的公差。封闭环的公差 TA_0 等于各组成环的公差 TA_i 之和,即

$$TA_0 = \sum_{i=1}^{m} T\overrightarrow{A}_i - \sum_{i=m+1}^{n-1} T\overleftarrow{A}_i = \sum_{i=1}^{n-1} TA_i \qquad (4-6)$$

由式（4-6）可知,封闭环的公差比任何一个组成环的公差都大。若要减小封闭环的公差,既提高加工精度,而又不增加加工难度,若不减小组成环的公差,那就要尽量减少尺寸链中组成环的环数,这就是尺寸链最短原则。

（5）组成环的平均公差。组成环的平均公差等于封闭环的公差除以组成环的数目所得的商,即

$$T_{av} = \frac{TA_0}{n-1} \qquad (4-7)$$

将式（4-1）、式（4-3）、式（4-5）和式（4-3）改写成表4-2所列的竖式表,计算时较为简单。纵向各列中,最后一行以上各行相加的和;横向各行中,第Ⅳ列为第Ⅱ列与第Ⅲ之差;而最后一列和最后一行则是进行综合验算的依据。注意:将减环的有关的数据填入和算出的结果移出该表时,其基本尺寸前应加"-"号;其上、下偏差对调位置后在变号（"+"变"-","-"变"+"）。对增环、封闭环无此要求。

极值法解算尺寸链的特点是简便、可靠。但在封闭环公差较小,组成环数目较多时,由式（4-7）可知,分摊到各组成环的公差过小,使加工困难,制造成本增加。而实际生产中各组成环都处于极限尺寸的概率很小,故极值法主要用于组成环的环数很少,或组成环数虽多,但

封闭环的公差较大的场合。

表 4 - 2　计算封闭环的竖式表

列号	I	II	III	IV
名称	基本尺寸	上偏差	下偏差	公差
环的名称　　　代号	A	ES	EI	T
增环	$\sum\limits_{i=1}^{m}\overrightarrow{A_i}$	$\sum\limits_{i=1}^{m}ES\overrightarrow{A_i}$	$\sum\limits_{i=1}^{m}EI\overrightarrow{A_i}$	$\sum\limits_{i=1}^{m}T\overrightarrow{A_i}$
减环	$-\sum\limits_{i=m+1}^{n-1}\overleftarrow{A_i}$	$-\sum\limits_{i=m+1}^{n-1}EI\overleftarrow{A_i}$	$-\sum\limits_{i=m+1}^{n-1}ES\overleftarrow{A_i}$	$\sum\limits_{i=m+1}^{n-1}T\overleftarrow{A_i}$
封闭环	A_0	ESA_0	EIA_0	TA_0

2. 概率法

在大批大量生产中,采用调整法加工时,一个尺寸链中各尺寸都可看成独立的随机变量,而且实践证明,各尺寸处于公差带中间,即符合正态分布。

(1)封闭环的公差。若各组成环的误差都按正态分布,则其封闭环的误差也是正态分布。则封闭环的公差为

$$TA_0 = \sqrt{\sum_{i=1}^{n-1}T_i^2 A_i} \tag{4-8}$$

假设各组成环的公差相等,且等于 T_{av},则可以从上式得出各组成环的平均公差:

$$T_{av} = \frac{TA_0}{\sqrt{n-1}} = \frac{\sqrt{n-1}}{n-1}TA_0 \tag{4-9}$$

(2)各组成环的中间偏差。当各组成环的尺寸呈正态分布,且分布中心与公差带中心重合时,各环的平均偏差等于中间偏差。

$$\Delta_i = \frac{ESA_i + EIA_i}{2} \tag{4-10}$$

式中: Δ_i 为组成环和封闭环的中间偏差。

(3)封闭环的中间偏差。

$$\Delta_0 = \sum_{i=1}^{m}\overrightarrow{\Delta_i} - \sum_{i=m+1}^{n-1}\overleftarrow{\Delta_i} \tag{4-11}$$

式中: Δ_0 为组成环和封闭环的中间偏差。

(4)用中间偏差、公差表示极限偏差。

组成环的极限偏差:

$$ESA_i = \Delta_i + \frac{TA_i}{2} \tag{4-12}$$

$$EIA_i = \Delta_i - \frac{TA_i}{2} \tag{4-13}$$

封闭环的极限偏差:

$$ESA_0 = \Delta_0 + \frac{TA_0}{2} \tag{4-14}$$

$$EIA_0 = \Delta_0 - \frac{TA_0}{2} \qquad (4-15)$$

2.3 工艺尺寸链的应用

限于篇幅,这里只介绍在工艺尺寸链中应用较多的极值解法,有关概率解法的应用在下一节里再详细介绍。

1. 基准不重合时的尺寸换算

1) 定位基准与设计基准不重合时的尺寸换算

例 4-1 图 4-5 所示为一设计图样的简图,图(b)为相应的零件尺寸链。A、B 两平面已在上一工序中加工好,且保证了工序尺寸为 $50_{-0.16}^{0}$mm 的要求。本工序中采用 B 面定位加工 C 面,调整机床时需按尺寸 A_2 进行(图 4-5(c))。C 面的设计基准是 A 面,与其定位基准 B 面不重合,故需进行尺寸换算。

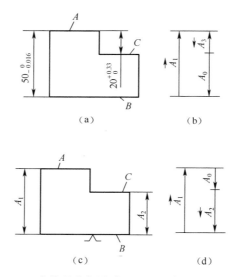

图 4-5 定位基准与设计基准不重合时的尺寸换算

(1) 确定封闭环。设计尺寸 $20_{0}^{+0.33}$mm 是本工序加工后间接保证的,故封闭环为 A_0。

(2) 查明组成环。根据组成环的定义,尺寸 A_1 和 A_2 均对封闭环产生影响,故 A_1 和 A_2 为该尺寸链的组成环。

(3) 绘制尺寸链图及判定增、减环。工艺尺寸链如图 4-5(d)所示,其中 A_1 为增环,A_2 为减环。

(4) 计算工序尺寸及其偏差。

由
$$A_0 = \overrightarrow{A_1} - \overleftarrow{A_2}$$

得
$$\overleftarrow{A_2} = \overrightarrow{A_1} - A_0 = (50-20)\,\text{mm} = 30\,\text{mm}$$

由
$$EIA_0 = EI\overrightarrow{A_1} - ES\overleftarrow{A_2}$$

得
$$ES\overleftarrow{A_2} = EI\overrightarrow{A_1} - EIA_0 = (-0.16-0)\,\text{mm} = -0.16\,\text{mm}$$

由 $$ESA_0 = ES\overrightarrow{A_1} - EI\overleftarrow{A_2}$$

得 $$EI\overleftarrow{A_2} = ES\overrightarrow{A_1} - ESA_0 = (0 - 0.33)\,\text{mm} = -0.33\text{mm}$$

所求工序尺寸 $A_2 = 20^{-0.16}_{-0.33}\text{mm}$。

（5）验算。根据题意及尺寸链可知 $T\overrightarrow{A_1} = 0.16\text{mm}$，$TA_0 = 0.33\text{mm}$，由计算知 $T\overleftarrow{A_2} = 0.17\text{mm}$，因

$$TA_0 = T\overrightarrow{A_1} + T\overleftarrow{A_2}$$

故计算正确。

2）测量基准与设计基准不重合时的尺寸换算

例 4-2 如图 4-6 所示零件，C 面的设计基准是 B 面，设计尺寸 A_0。在加工完成后，为方便测量，以 A 面为测量基准，测量尺寸为 A_2。建立尺寸链如图 4-6(b)，其中 A_0 是封闭环，A_2 是增环，A_1 是减环。

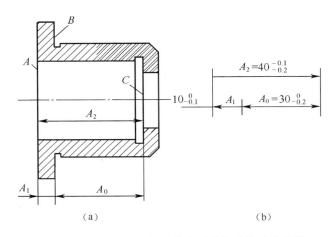

图 4-6　测量基准与设计基准不重合时的尺寸换算

图中 $A_0 = 30^{0}_{-0.2}\text{mm}$，$A_1 = 10^{0}_{-0.1}\text{mm}$。

由 $$A_0 = \overrightarrow{A_2} - \overleftarrow{A_1}$$

得 $$\overrightarrow{A_2} = A_0 + \overleftarrow{A_1} = (30 + 10)\,\text{mm} = 40\text{mm}$$

由 $$ESA_0 = ES\overrightarrow{A_2} - EI\overleftarrow{A_1}$$

得 $$ES\overrightarrow{A_2} = EIA_0 + EI\overleftarrow{A_1} = (0 + (-0.1))\,\text{mm} = -0.1\text{mm}$$

由 $$EIA_0 = EI\overrightarrow{A_2} - ES\overleftarrow{A_1}$$

得 $$EI\overrightarrow{A_2} = EIA_0 + ES\overleftarrow{A_1} = (-0.2 + 0)\,\text{mm} = -0.2\text{mm}$$

最后得 $$A_2 = 40^{-0.1}_{-0.2}\text{mm}$$

显然，基准不重合时虽然方便了加工和测量，同时使工艺尺寸的精度要求也提高了，但增加了加工的难度，因此在实际生产中应尽量避免基准不重合。

2. 工序基准有加工余量时工艺尺寸链的建立和解算

例 4-3 如图 4-7 所示为孔及键槽加工时的尺寸计算示意图。有关孔及键槽的加工顺

序如下：

镗孔至 $\phi 39.6^{+0.1}_{0}$ mm；

插键槽，工序尺寸为 A；

热处理；

磨孔至 $\phi 40^{+0.05}_{0}$ mm，同时保证 $46^{+0.3}_{0}$ mm。

试确定中间工序尺寸 A 及其公差。

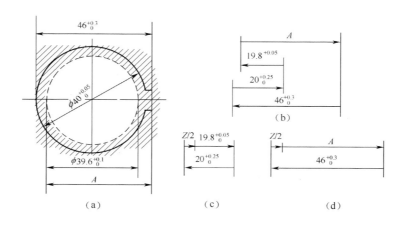

图 4-7　孔及键槽加工的尺寸链

键槽尺寸 $46^{+0.3}_{0}$ 是间接获得尺寸，为封闭环。而 $\phi 39.6^{+0.1}_{0}$ mm 和 $\phi 40^{+0.05}_{0}$ mm 及工序尺寸 A 是直接获得尺寸，为组成环。尺寸链如图 4-7 所示，其中 $\phi 40$ mm 和 A 尺寸是增环，$\phi 39.6$ mm 是减环。

由

$$A_0 = 46\text{mm} = 20\text{mm} + \overrightarrow{A} - 19.8\text{mm}$$

得

$$\overrightarrow{A} = 45.8\text{mm}$$

由

$$ESA_0 = 0.3\text{mm} = 0.025\text{mm} + ES\overrightarrow{A} - 0$$

得

$$ES\overrightarrow{A} = 0.275\text{mm}$$

由

$$EIA_0 = 0 = 0 + EI\overrightarrow{A} - 0.05\text{mm}$$

得

$$EI\overrightarrow{A} = 0.05\text{mm}$$

故插键槽的工序尺寸 A 及其偏差为 $A = 45.8^{+0.275}_{+0.05}$ mm。

若按"入体原则"标注，则为 $A = 45.85^{+0.225}_{0}$ mm。

3. 保证渗碳或渗氮层深度时工艺尺寸链的建立和解算

例 4-4　图 4-8 所示为某轴颈衬套，内孔 $\phi 145^{+0.04}_{0}$ mm 的表面需经渗氮处理，渗氮层深度要求为 $0.3 \sim 0.5$ mm（即单边 $0.3^{+0.2}_{0}$ mm，双边 $0.6^{+0.4}_{0}$ mm）。

其加工顺序是：

（1）初磨孔至 $\phi 144.76^{+0.04}_{0}$ mm，$Ra0.8\mu$m。

（2）渗氮，渗氮的深度为 t。

（3）终磨孔至 $\phi 145^{+0.04}_{0}$ mm，$Ra0.8\mu$m，并保证渗氮层深度 $0.3 \sim 0.5$ mm，试求终磨前渗

层深度 t 及其公差。

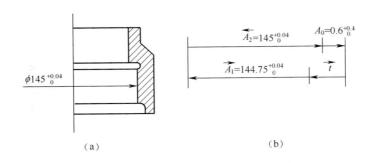

图 4-8　保证渗氮深度的尺寸计算

由图 4-8(b)可知,工序尺寸 A_1、A_2、t 是组成环,而渗氮层 $0.6^{+0.4}_{0}$mm 是加工间接保证的设计尺寸,是封闭环,求解 t 的步骤如下:

由
$$A_0 = \overrightarrow{A_1} + \overrightarrow{t} - \overleftarrow{A_2}$$

得
$$t = (0.6 + 145 - 144.76)\text{mm} = 0.84\text{mm}$$

由
$$ESA_0 = ES\overrightarrow{A_1} + ES\overrightarrow{t} - EI\overleftarrow{A_2}$$

得
$$\overrightarrow{ESt} = (0.4 + 0 - 0.04)\text{mm} = 0.36\text{mm}$$

由
$$EIA_0 = EI\overrightarrow{A_1} + EI\overrightarrow{t} - EI\overleftarrow{A_2}$$

得
$$EI\overrightarrow{t} = (0 + 0.04 - 0)\text{mm} = 0.04\text{mm}$$

由
$$t = 0.84^{+0.36}_{+0.04}\text{mm} = 0.88^{+0.32}_{0}\text{mm}$$

$$t/2 = 0.44^{+0.16}_{0}\text{mm}$$

即渗氮工序的渗氮层深度为 $0.44 \sim 0.6$mm。

■ 任务实施

由学生完成。

■ 评　价

老师点评。

任务三　套类零件加工工艺规程的编制

■ 任务实施

对图 4-1 的套类零件进行机械加工工艺规程的编制,见表 4-3。

表 4-3 套零件机械加工工艺

徐州工业职业技术学院	机械加工工艺过程卡片		产品型号		零件图号			共1页
			产品名称		零件名称			第1页
材料牌号 Q235	毛坯种类 棒料	毛坯外形尺寸 φ86×65			每毛坯件数 1	套	每台件数 1	备注

工序号	工序名称	工序内容	车间	工段	设备	工艺装备	工时 准终	工时 单件
10	下料	下料 φ86×65	锻造车间	下料	锯床			
20	车	1. 粗车右端面及右端外圆 钻孔； 2. 粗车左端外圆及端面	加工车间	车	车床			
30	车	1. 半精车 φ50、φ40 两内孔及内台阶面（主要为 φ60 外圆与外台阶面加工准备精基准）； 2. 半精车左端外圆及台阶面	加工车间	车	车床			
40	车	1. 精镗 φ50、φ40 两内孔及内台阶面； 2. 精车左端外圆及台阶面	加工车间	车	车床	车床夹具		
50	钳	去毛刺						
60	检	检验						

			设计（日期）	校对（日期）	审核（日期）	标准化（日期）	会签（日期）
标记	处数	更改文件号 签字 日期	标记	处数	更改文件号	签字	日期

思 考 题

1. 简述影响薄壁零件加工精度的因素。
2. 简述深孔加工的方法。
3. 尺寸链的定义是什么？
4. 简述尺寸链的组成。
5. 什么是封闭环、组成环、增环、减环？
6. 尺寸链的计算方法有哪些？
7. 在铣床上采用调整法对图 4-9 轴类零件进行铣削加工,在加工中选取大端端面轴向定位,试对其轴向尺寸进行换算。

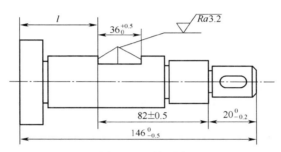

图 4-9　题 7 图

8. 如图 4-10 所示的零件,先以左端外圆定位在车床上加工右端面及 $\phi 65\text{mm}$ 外圆至图样要求尺寸,$\phi 30\text{mm}$ 内孔镗至 50H8 并保证孔深尺寸 L,然后再调头以已加工的右端面及外圆定位加工其他表面至图样要求尺寸,试计算在调头前镗孔孔深 L 的尺寸及其公差。

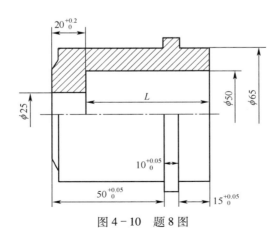

图 4-10　题 8 图

9. 图 4-11 零件为液压缸的缸筒,试编制机械加工工艺。

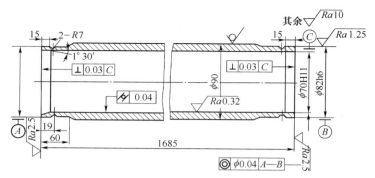

图 4-11　题 9 图

5 项目五 齿轮零件的加工工艺规程的编制

项目描述

图 5-1 所示为齿轮零件图,齿轮的材料为 45 钢,齿面硬度 50~55HRC,制订机械加工工艺。

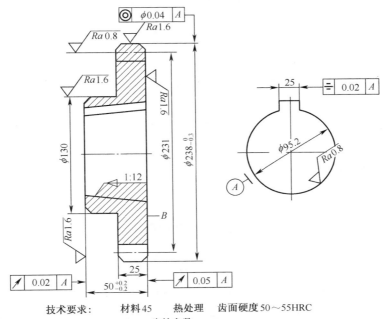

技术要求: 材料45 热处理 齿面硬度 50~55HRC

齿轮参数

模数	齿数	齿形角	变位系数	精度等级	公法线长度变动公差	径向综合公差	一齿径向综合公差	齿向公差	公法线平均长度
m	z	α	x		F_w	F_z''	F_i''	F_β	W
3.5	66	20°	0	766KM	0.036	0.08	0.16	0.009	$80.72_{-0.19}^{-0.14}$

图 5-1 齿轮零件图

技能目标

能根据齿轮零件的加工要求,编制齿轮零件的加工工艺规程。

知识目标

掌握齿轮零件加工工艺规程的编制;成型法和展成法加工齿轮的适用范围。理解铣齿、滚齿、插齿、磨齿、珩齿、剃齿和研齿的加工原理。了解齿轮加工设备的结构和原理。

任务一　圆柱齿轮结构和精度的分析

■任务描述

分析齿轮的结构和精度。

■任务分析

根据齿轮的加工要求,对加工精度进行分析。

■相关知识

编制齿轮零件的机械加工工艺规程,需要考虑以下几节中所讲的因素。

1.1　圆柱齿轮的结构特点

(1)圆柱齿轮分为齿圈和轮体。
(2)圆柱齿轮有一个或多个齿圈。

1.2　圆柱齿轮传动的精度要求

(1)传递运动的准确性。作为传动零件的齿轮,要求它能准确地传递运动,即保证主动轮转过一定角度,从动轮按传动比关系准确地转过一个相应的角度。这就要求齿轮在每转一转的过程中,转角误差的最大值不能超过一定的范围,即齿轮精度应符合第Ⅰ公差组中各项要求。

(2)传递运动的平稳性。在传动运动过程中,特别是高速转动的齿轮,不希望出现冲击、振动和噪声,这就要求齿轮工作平稳。因此,必须限制齿轮转动瞬时传动比的变化,也就是要限制较小范围内的转角误差,即齿轮精度符合第Ⅱ公差组中各项要求。

(3)载荷分布的均匀性。齿轮在传递动力时,为了不致因接触不均匀使接触应力过大,引起齿面过早磨损,就要求齿轮工作时齿面接触均匀,并保证有一定的接触面积和要求的接触位置,应符合第Ⅲ公差组中各项要求。

(4)传动侧隙。在齿轮传动中,互相啮合的一对轮齿的非工作面之间应留有一定的间隙,以便贮存润滑油并使工作齿面形成油膜,减少磨损;同时齿侧间隙还可以补偿由于温度、弹性变形以及齿轮制造和装配所引起的间隙减小,防止卡死。但是齿侧间隙也不能过大,对于要求正反转的传动齿轮,侧隙过大就会引起换向冲击,产生噪声;对于正反转的分度齿轮,侧隙过大就会产生过大的"空程",使分度精度降低。可见齿轮的工作条件不同,要求的齿侧间隙也不同。

以上几个方面要求,根据齿轮传动装置的用途和工件条件各项要求可能有所不同。

1.3 精度等级与公差组

（1）精度等级分 12 级。根据齿轮传动的工作条件对精度的不同要求,我国制订并颁布了国家标准《渐开线圆柱齿轮精度 GB 10095—2001》,对齿轮和齿轮副规定了 12 个精度等级,1 级精度最高,12 级精度最低。

1 级和 2 级是有待发展的精度等级;3~5 级为高精度级;6~8 级为中等精度等级;9~12 级为低精度级。

（2）公差组分为三个公差级。按齿轮控制的各项误差对传动性能的主要影响,将齿轮的各项公差与极限偏差分成三个公差组:

第 I 公差组主要控制齿轮在一转内回转角的全部误差,它主要影响传递运动准确性;

第 II 公差组主要控制齿轮在一个齿距范围内的转角误差,它主要影响传动的工作平稳性;

第 III 公差组主要控制具体化的接触痕迹,它影响齿轮受载后载荷分布的均匀性。

（3）齿轮副齿侧间隙。独立于齿轮精度外,它是用齿厚极限偏差来控制的,标准规定了 14 种齿厚极限偏差,代号分别为 C、D、E、F、G、H、J、K、L、M、N、P、R、S,从 D 起其偏差值依次递增。

■任务实施

由学生完成。

■评　　价

老师点评。

任务二　圆柱齿轮热处理方法的选择

■任务描述

根据零件的热处理要求,选择热处理方法。

■任务分析

齿面硬度为 50~55HRC,通过何种热处理方法来保证热处理要求?

■相关知识

选择圆柱齿轮零件的热处理方法,需要考虑以下几节中所讲的因素。

2.1 材料的选择

齿轮的材料常用 45、20CrMnTi、38CrMoAl 和铸铁及铸钢等。

齿轮材料的选择对齿轮的加工性能和使用寿命都有直接的影响。

一般讲,对于低速、重载的传力齿轮,有冲击载荷的传力齿轮的齿面受压产生塑性变形或磨损,且轮齿容易折断,应选用机械强度、硬度等综合力学性能好的材料(如 20CrMnTi),经渗碳淬火,芯部具有良好的韧性,齿面硬度可达 56~62HRC;线速度高的传力齿轮,齿面易产生疲劳点蚀,所以齿面硬度要高,可用 38CrMoAlA 渗氮钢,这种材料经渗氮处理后表面可得到一层硬度很高的渗氮层,而且热处理变形小;非传力齿轮可以用非淬火钢、铸铁、夹布胶木或尼龙等材料。

2.2 齿轮毛坯

齿轮的毛坯形式主要有棒料、锻件和铸件。棒料用于小尺寸、结构简单且对强度要求低的齿轮。当齿轮要求强度高、耐磨和耐冲击时,多用锻件,直径大于 400~600mm 的齿轮,常用铸造毛坯。为了减少机械加工量,对大尺寸、低精度齿轮,可以直接铸出轮齿;对于小尺寸、形状复杂的齿轮,可用精密铸造、压力铸造、精密锻造、粉末冶金、热轧和冷挤等新工艺制造出具有轮齿的齿坯,以提高劳动生产率、节约原材料。

2.3 齿轮的热处理

齿轮加工中根据不同的目的,安排两种热处理工序。

(1)毛坯热处理。在齿坯加工前后安排预先热处理正火或调质,改善材料的可切削性和提高综合力学性能。正火或调质,为了消除锻造和粗加工造成的残余应力、改善齿轮材料内部的金相组织和切削加工性能。

(2)齿面热处理。齿面热处理的方法有:渗碳淬火、表面淬火、碳氮共渗。

齿形加工后,为提高齿面的硬度和耐磨性,常进行渗碳淬火、高频感应加热淬火、碳氮共渗和渗氮等热处理工序。为了提高齿面硬度、增加齿轮的承载能力和耐磨性而进行的齿面高频淬火、渗碳淬火、氮碳共渗和渗氮等热处理工序,一般安排在滚齿、插齿、剃齿之后,珩齿、磨齿之前。

▌**任务实施**

由学生完成。

▌**评　价**

老师点评。

任务三　齿形加工方法的选择

■ 任务描述

根据零件的加工要求，选择合适的齿形加工方法。

■ 任务分析

齿轮为圆柱直齿，可选择滚齿或插齿。

■ 相关知识

用切削加工的方法加工齿轮齿形，若按加工原理的不同，可以分为两大类：一是成型法（也称仿形法），是指用与被切齿轮齿间形状相符的成型刀具，直接切出齿形的加工方法，如铣齿、成型法磨齿等。二是展成法（也称范成法或包络法），是指利用齿轮刀具与被切齿轮的啮合运动（或称展成运动），切出齿形的加工方法，如插齿、滚齿、剃齿和展成法磨齿等。表 5-1 所列为齿轮加工方法。

表 5-1　齿轮加工方法

加工方法		精度等级	齿面的表面粗糙度 Ra	适用范围
成型法铣齿		9 级以下	6.3~3.2	单件小批量生产中加工直齿和螺旋齿轮及齿条
展成法	滚齿	8~7	3.2~1.6	各种批量生产中加工直齿、斜齿外啮合圆柱齿轮和蜗轮
	插齿	8~7	1.6	各种批量生产中加工内圆柱齿轮、双联齿轮、扇形齿轮、短齿条等。但插削斜齿只适用于大批量生产
	剃齿	7~6	0.8~0.4	大批量生产中滚齿或插齿后未经淬火的齿轮精加工
	珩齿	7~6	1.6~0.4	大批量生产中高频淬火后齿形的精加工
	磨齿	6~3	0.8~0.2	单件小批量生产中淬硬或不淬硬齿形的精加工
	研齿		0.4~0.2	淬硬齿轮的齿形精加工，可有效地减少齿面的 Ra 值

3.1　铣　齿

铣齿就是利用成型齿轮铣刀，在万能铣床上加工齿轮齿形的方法。

加工时，工件安装在分度头上，用盘形齿轮铣刀（$m<10~16$ 时）或指形齿轮铣刀（一般 $m>10$），对齿轮的齿间进行铣削，当加工完一个齿间后，进行分度，再铣下一个齿间。图 5-2 所示为成型法加工齿轮原理图。

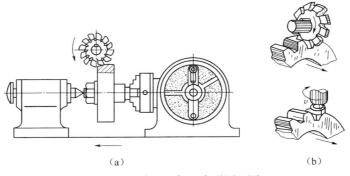

（a）　　　　　　　　　　　　　（b）

图 5－2　成型法加工齿形原理图

3.2　滚　　齿

1. 滚齿加工原理与工艺特点

　　滚齿加工是按照展成法的原理来加工齿轮的。用齿轮滚刀在滚齿机上加工齿轮的轮齿，它是按一对螺旋齿轮相啮合的原理进行加工的。用滚刀来加工齿轮相当于一对交错轴斜齿轮啮合。在这对啮合的齿轮传动中，一个齿轮的齿数很少，只有一个或几个，螺旋角很大，这就演变成了一个蜗杆，若这个蜗杆用高速钢等刀具材料制成，并在其螺纹的垂直方向开出若干个容屑槽，形成刀齿及切削刃，它就变成了齿轮滚刀。在齿轮滚刀螺旋线法向剖面内各刀齿成了一根齿条，当滚刀连续转动时，相当于一根无限长的齿条沿刀具轴向连续移动。因此在滚齿过程中，在滚刀按给定的切削速度作旋转运动时，齿坯则按齿轮啮合关系转动（即当滚刀转一圈，相当于齿条移动一个或几个齿距，齿坯也相应转过一个或几个齿距），在齿坯上切出齿槽，形成渐开线齿面。

2. 滚齿的基本运动

　　当滚刀旋转时，其螺旋线法向的切削刃就相当于一个齿条在连续地移动。当齿条的移动速度和齿轮分度圆上的圆周速度相等，即相当于被切齿轮的分度圆沿齿条分度线作无滑动的纯滚动时，根据齿轮啮合原理即可在被切齿轮上切出渐开线齿形，滚刀再作垂直进给运动，如图 5－3 所示，即能完成整个齿形的加工。因此，滚齿时必须使滚刀的转速和齿坯的转速之间严格地保持如下关系：

$$\frac{n_0}{n} = \frac{z}{k}$$

式中　n_0——滚刀转速，r/min；

　　　　n——工件转速，r/min；

　　　　z——工件齿数；

　　　　k——滚刀的头数。

　　滚齿时除了滚刀的旋转运动（主运动）、滚刀与齿坯之间的展成运动（也就是连续分齿运动）外，滚刀还需有沿工件轴向（齿宽方向）的进给运动，这三个运动构成了滚齿的基本运动，如图 5－3 所示。

3. 滚齿的精度

　　滚刀的精度等级为 AA 级、A 级、B 级和 C 级，AA 级精度最高。滚齿时使用不同精度的滚

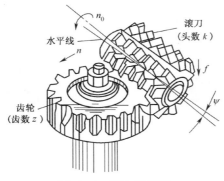

图 5-3 滚齿原理图

刀,可分别加工出精度为 IT7、IT8、IT9、IT10 的齿轮。滚齿时,为了提高齿面的加工精度和质量,应将粗、精滚齿加工分开。精滚齿的加工余量为 0.5~1mm,精滚齿时应采取较高的切削速度和较小的进给量。

4. 滚齿的工装及生产率

目前,生产中广泛采用的是高速钢滚刀,切削速度一般为 30m/min 左右,进给量为 1~3mm/r。超硬高速钢滚刀出现后,切削速度提高到了 60~70m/min;滚刀刀齿采用硬质合金后,其切削速度又提高到了 80~200m/min,使滚齿加工的生产率得到了大幅度提高。此外,硬质合金滚刀对淬火后的硬齿面齿轮还可进行精加工或半精加工。

滚齿既可以用于齿形的粗加工,也可以用于精加工。加工精度等级为 IT7 以上的齿轮时,滚齿通常作为剃齿或磨齿等齿形精加工前的粗加工和半精加工工序。

滚齿加工所使用的滚刀和滚齿机结构比较简单,易于制造,加工时是连续切削的,具有质量好,效率高的优点,因此,在生产中广泛应用。

5. 提高滚齿生产率的途径

(1)提高滚齿速度。

(2)采用大直径滚刀和多头滚刀。

(3)改进滚齿加工方法。

3.3 插 齿

1. 插齿原理及运动

1)插齿原理

插齿属于展成法加工,用插齿刀在插齿机上加工齿轮的齿形,它是按一对圆柱齿轮相啮合的原理进行加工的。如图 5-4 所示,相啮合的一对圆柱齿轮,若其中一个是工件,另一个用高速钢制成,并于淬火后轮齿上磨出前角和后角,形成切削刃,再具有必要的切削运动,即可在工件上切出齿形来,后者就是加工齿轮用的插齿刀。

2)插齿运动

插齿时的主要运动有:主运动、展成运动、径向进给运动和让刀运动,如图 5-5 所示。

(1)主运动。插齿刀向下为切削行程,向上为空行程,其上下往复运动总称主运动。切削速度以插齿刀每分钟往复行程次数来表示。

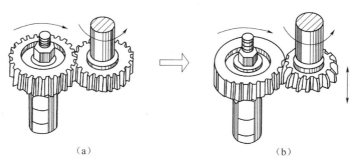

（a）　　　　　　　　　　　（b）

图 5-4　插齿原理图

（2）展成运动。插齿刀与齿坯之间必须保持一对齿轮正确的啮合关系，即传动比为

$$i = n/n_0 = z_0/z$$

式中　　n、n_0——齿坯、刀具的转速；

　　　　　z_0、z——刀具、齿坯的齿数。

插齿刀每往复运动一次，齿坯与刀具在分度圆上所转过的弧长为加工时的圆周进给量。齿坯旋转一周，插齿刀的各个刀齿便能逐渐地将工件的各个齿切出来。

（3）径向进给运动。插齿时，齿坯上的轮齿是逐渐被切至全齿深的，因此插齿刀应有径向进给，等到切至全齿深后才不再径向进给。插齿刀的径向进给运动由凸轮机构来控制。

（4）让刀运动。为避免刀具返回行程时擦伤已加工齿面和减少刀具的磨损，在插齿刀向上运动时，要使工作台带动工件有一个径向让刀运动。但在插齿刀向下作切削运动时，工作台又能很快回到原来的位置，以便使切削工作继续进行。

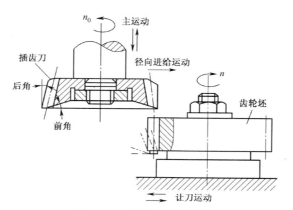

图 5-5　插齿运动原理图

2. 插齿的加工范围

插齿不仅能加工单齿圈圆柱齿轮，而且还能加工间距较小的双联或多联齿轮、内齿轮及齿条等。它的加工范围比铣齿和滚齿要广。插齿时还能控制圆周进给量，可在 0.2～0.5mm/双行程范围内选用，较小值用于精加工，较大值用于粗加工。

3. 插齿的加工精度

插刀精度分为 AA 级、A 级和 B 级，插齿时使用不同的刀具可分别加工出 IT8～IT6 级精度的齿轮，齿轮表面粗糙度值 Ra 为 1.6～0.4μm。

4. 插齿、滚齿和铣齿的比较

（1）插齿和滚齿的精度基本相同，且都比铣齿高。插齿刀的制造、刃磨及检验均比滚刀方便，容易制造得较精确，但插齿机的分齿传动链比滚齿机复杂，增加了传动误差。综合两方面，插齿和滚齿的精度基本相同。

由于插齿机和滚齿机的结构与传动机构都是按加工齿轮的要求而专门设计和制造的，分齿运动的精度高于万能分度头的分齿精度。插齿刀和齿轮滚刀的精度也比齿轮铣刀的精度高，不存在像齿轮铣刀那样因分组而带来的齿形误差。因此，插齿和滚齿的精度都比铣齿高。

一般情况下，插齿和滚齿可获得 8~7 级精度的齿轮，若采用精密插齿或滚齿，可以得到 6 级精度的齿轮，而铣齿仅能达到 9 级精度。

（2）插齿齿面的表面粗糙度 Ra 值较小。插齿时，插齿刀沿齿宽连续地切下切屑，而在滚齿和铣齿时，轮齿齿宽是由刀具多次断续切削而成，并且在插齿过程中，包络齿形的切线数量比较多，所以插齿的齿面表面粗糙度 Ra 值较小。

（3）插齿的生产率低于滚齿而高于铣齿。插齿的主运动为往复直线运动，插齿刀有空行程，所以插齿的生产率低于滚齿。此外，插齿和滚齿的分齿运动是在切削过程中连续进行的，省去了铣齿时的单独分度时间，所以插齿和滚齿的生产率都比铣齿高。

（4）插齿刀和齿轮滚刀加工齿轮齿数范围较大。插齿和滚齿都是按展成原理进行加工的，同一模数的插齿刀或齿轮滚刀，可以加工模数相同而齿数不同的齿轮，不像铣齿那样，每个刀号的铣刀，适于加工的齿轮齿数范围较小。在齿轮齿形的加工中，滚齿应用最为广泛，它不但能加工直齿圆柱齿轮，还可以加工螺旋齿轮、蜗轮等，但一般不能加工内齿轮和相距很近的多联齿轮。插齿的应用也比较广，它可以加工直齿和螺旋齿圆柱齿轮，但生产率没有滚齿高，多用于加工用滚刀难以加工的内齿轮、相距较近的多联齿轮或带有台肩的齿轮等。尽管滚齿和插齿所使用的刀具及机床比铣齿复杂、成本高，但由于加工质量好，生产率高，在成批和大量生产中仍可收到很好的经济效果。有时在单件小批生产中，为保证加工质量，也常常采用插齿或滚齿加工。

3.4　剃　　齿

剃齿是利用一对交错轴斜齿轮啮合时齿面产生相对滑移的原理，在剃齿机上"自由啮合"的展成加工方法。使用剃齿刀从被加工齿轮的齿面上剃去一层很薄金属的精加工方法。剃削直齿圆柱齿轮时，要用斜齿剃齿刀，使剃齿刀和被加工齿轮的轴线成 10°~20° 交叉角。有了轴交叉角，在啮合运动中齿面上便有相对滑移存在，这相对滑移就是剃齿时的切削运动。

剃齿刀如图 5-6(a)所示，其外形很像斜齿圆柱齿轮，齿形精度很高，在轮齿两侧渐开线方向开有很多小槽，以形成切削刃，材料一般为高速钢，经淬火后成为剃齿刀。

剃齿刀安装在剃齿机的主轴上，其圆周速度为 v_0，工件安装在机床工作台的心轴上，与剃齿刀保持啮合，并由剃齿刀带动旋转，二者间是一种"自由啮合"。为了使剃齿刀和工件的齿向一致，应使剃齿刀的轴线偏斜一角度 β_0，其数值等于剃齿刀的螺旋角。

剃齿刀的圆周速度 v_0 分解为两个分速度：一个是沿工件圆周切线方向的分速度 v_w，它带动工件旋转，刀具与工件间不像插齿、滚齿那样靠同床传动链强制保持啮合运动，这就是"自由啮合"含义所在；另一个是沿齿轮工件轴线的分速度 v，即剃齿的切削速度，它使啮合齿面间产生相对滑动。正是这种相对滑动，使剃齿刀从工件上切下头发丝状的极细切屑，剃齿由此而

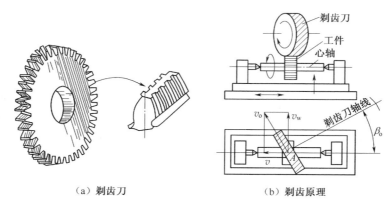

(a) 剃齿刀　　　　　　　　(b) 剃齿原理

图 5-6　剃齿运动原理图

得名,从而提高齿形精度和降低齿面粗糙度值。

为剃出齿宽,工作台带动工件做往复直线进给。在工作台每一往复行程终了时,剃齿刀对工件还要做径向进给(0.02mm/往复行程~0.04mm/往复行程),以达到所需的齿厚。剃齿过程中,剃齿刀还要时而正转,时而反转,以剃削轮齿的两个侧面。

1. 加工范围及生产率

剃齿的加工范围较广,可加工内、外啮合的直齿圆柱齿轮和斜齿圆柱齿轮、多联齿轮等。剃齿的生产率很高,加工一个中等模数齿轮通常只需 2~4min。

2. 加工精度

由于剃齿能修正齿圈径向跳动误差、齿距误差、齿形误差和齿向误差等。因此,经过剃齿的齿轮的工作平稳性精度和接触精度会有较大的提高,一般能提高一级;同时可获得精细的表面,其表面粗糙度值 Ra 可达 $0.8~0.4\mu m$,但齿轮的运动精度提高不多。

剃齿前的齿坯,除运动精度外,其他精度和表面粗糙度只能比剃齿后低一级。剃齿余量的大小要适当。因为余量不足时,剃齿前的齿轮的误差和齿面缺陷就不能经过剃齿全部去除;余量过大时,剃齿效率低,刀具磨损快,剃齿质量反而下降。剃齿余量的大小,可参考表 5-2,并根据剃齿前的齿轮精度状况尽可能选取较小的数值。

表 5-2　剃齿余量

模数/mm	1~1.75	2~3	3.25~4	4~5	5.5~6
剃齿余量/mm	0.07	0.08	0.09	0.10	0.11

剃齿加工采用的是自由啮合的方法,并不需要严格的传动链,大大简化了剃齿机的机构,调整也简便,刀具寿命长,因此,剃齿工艺在成批和大量生产中被广泛应用。

剃齿刀分通用和专用两类。无特殊要求时,应尽量选用通用剃齿刀。剃齿刀的制造精度分 A、B、C 三级,可分别加工出 IT8~IT6 级精度的齿轮。剃齿刀的螺旋角有 5°、10° 和 15° 三种,其中 5° 和 15° 两种应用较广,15° 的多用于加工直齿圆柱齿轮,5° 的多用于加工斜齿圆柱齿轮和多联齿轮中较小的齿轮。

3.5　珩　　齿

珩齿是在珩齿机上用珩磨轮对淬火后齿轮进行光整加工的方法。珩齿的主要作用是去除淬火后轮齿上的氧化皮及少量的热变形,以降低齿面粗糙度 Ra 值。

1. 珩齿原理

珩磨是一种齿面光整加工的方法,其工作原理与剃齿相同,都是应用交错轴斜齿轮啮合原理进行加工的,达到减小表面粗糙度 Ra 值和校正齿轮部分误差的目的,所不同的是以珩磨轮代替了剃齿刀。

珩磨轮是将磨料和粘结剂等原料混合后,在轮芯(铸铁或钢材)上浇铸而成的螺旋齿轮,珩磨齿面上不做出容屑槽,只是靠磨粒本身进行研削加工。

磨料一般为白色氧化铝,有时也用黑色碳化硅。粒度在 $80^{\#} \sim 120^{\#}$ 之间。珩齿时,珩磨轮高速旋转($1000 \sim 2000 \text{r/min}$),同时沿齿向和渐开线方向产生滑动进行切削。

2. 珩齿特点

珩齿时,珩磨轮与被加工齿轮的轮齿之间无侧隙,紧密啮合,在一定的压力作用下,由珩磨轮带动被加工齿轮正反向转动,同时被加工齿轮沿轴向往复运动。被加工齿轮即工作台每往复一次,从而加工出齿轮的全长和两侧面。

珩齿开始时齿面压力较大,随后压力逐渐减小,接近消失时珩齿加工就结束。珩齿余量一般很小,通常为 $0.01 \sim 0.02 \text{mm}$。实际上也可不留余量,剃齿时只要达到齿厚尺寸上限即可以加以珩齿。

珩磨轮齿面上分布着许多磨粒,各磨粒之间以粘结剂(环氧树脂)相隔,粘结剂的弹性大,珩磨轮本身的误差不会反映到被珩磨齿轮上去,因而珩磨轮的精度就不必要求很高。经浇铸成形后的 8 级以下精度的珩磨轮,就可以直接使用。因此珩齿过程的本质就是低速磨削、研磨和抛光的综合。珩齿过程具有磨、剃、抛光等综合作用,刀痕复杂、细密,所以齿面粗糙度 Ra 值可达 $0.8 \sim 0.2 \mu\text{m}$。但珩齿对齿形和齿向精度改善不大,也不能提高分齿精度。因珩磨轮转速一般在 1000r/min 以上,珩齿余量小,约为 $0.01 \sim 0.02 \text{mm}$,且多为一次切除,生产率很高,珩磨一个齿轮约 1min。珩齿加工精度可达 IT6 级,并能有效地减小齿面表面粗糙度值,Ra 为 $0.8 \sim 0.4 \mu\text{m}$,减小齿圈径向跳动,还能在一定程度上纠正齿向和齿形的局部误差。因此,珩齿对于提高齿轮工作的平稳性、改善接触精度和减少噪声等极为有利,目前在生产中正逐渐以珩齿代替研齿。

3.6 磨 齿

磨齿是在磨齿机上用砂轮对淬火或未淬火的轮齿进行精加工的一种常用方法。磨齿是精加工精密齿轮,尤其是加工淬硬精密齿轮的最常用方法,经过磨齿精度为 IT6~IT3 级,齿面粗糙度值 Ra 为 $0.8 \sim 0.2 \mu\text{m}$,按其原理磨齿可分为成型法磨齿(图 5 - 7)和展成法磨齿两种。

1. 成型法磨齿

成型法磨齿和成型法铣齿原理相同,其砂轮应修整成与被磨削齿轮的齿槽相吻合的渐开线齿形。用此砂轮对已经滚齿或插齿的齿轮齿槽逐个进行磨削。

由于成型砂轮修整不仅复杂,且经渐开线砂轮修整器修整的砂轮廓形具有一定误差,所以成型法磨齿精度较低,精度可达 6 级。但成型法磨齿生产率较展成法磨齿高近 10 倍。另外,成型法磨齿可在花键磨床或工具磨床上进行,设备费用较低。

成型法磨齿余量一般为 $0.1 \sim 0.4 \text{mm}$。

2. 展成法磨齿

生产中常用的展成法有锥面砂轮磨齿和双碟形砂轮磨齿两种方法。

1）锥面砂轮磨齿

如图5-8所示，将砂轮的磨削部分修整为锥面，以构成假想的齿条齿面。

其原理是使砂轮与被磨齿轮强制保持齿条和齿轮的啮合运动关系，且使被磨齿轮沿假想的固定齿条作往复纯滚动的方式，边转动，边移动，砂轮的磨削部分即可包络渐开线齿形。

2）双碟形砂轮磨齿

双碟形砂轮磨齿原理（图5-9）与锥形砂轮磨齿相同。两个碟形砂轮2倾斜成一定角度，使其端面构成假想齿条的两个齿外侧面（或一个齿的两个侧面）。工作时，两个砂轮在一次分齿后，可同时磨削被磨齿轮一两个不同齿槽的不同齿面（或同一个齿槽的两个侧面）。此种方法磨齿是被磨齿轮沿其轴向往复进给以磨出齿宽，其他的运动与锥形砂轮磨具相同。

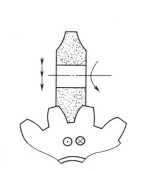

图5-7 成型法磨齿原理图

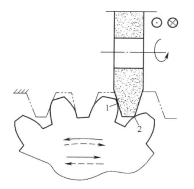

图5-8 锥面砂轮磨齿原理图
1—工件；2—砂轮。

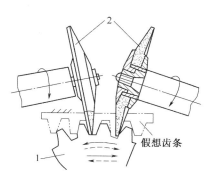

图5-9 双碟形砂轮磨齿原理图
1—工件；2—蝶形砂轮。

3.7 研 齿

研齿是用研磨轮在研齿机上对齿轮进行光整加工的方法，加工原理是使工件与轻微制动的研磨轮作无间隙的自由啮合（图5-10）。并在啮合的齿面间加工研磨剂，利用齿面的相对滑动，从被研齿轮的齿面上切除一层极薄的金属，达到减小表面粗糙度 Ra 值和校正齿轮部分误差的目的。

工件放在三个研磨轮之间，同时与三个研磨轮啮合。

研磨直齿圆柱齿轮时，三个研磨轮中，一个是直齿圆柱齿轮，另两个是螺旋角相反的斜齿圆柱齿轮。

研齿时，工件带动研磨轮旋转，并沿轴向作快速往复运动，以便研磨全齿宽上的齿面。研磨一定时间后，改变旋转方向，研磨另一齿面。

研齿对齿轮精度的提高作用不大，它能减小齿面的表面粗糙度 Ra 值，同时稍微修正齿形、齿向误差，主要用于淬硬齿面的精加工。

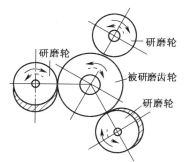

图5-10 研齿原理图

■ 任务实施

由学生完成。

■ 评　价

老师点评。

任务四　齿轮加工机床的选择

■ 任务描述

根据齿轮的加工要求,选择合适的齿轮加工机床。

■ 任务分析

根据齿形加工方法来选择齿轮加工机床。

■ 相关知识

齿轮加工机床是加工各种圆柱齿轮、锥齿轮和其他带齿零件齿部的机床。齿轮加工机床的品种规格繁多,有加工几毫米直径齿轮的小型机床,加工十几米直径齿轮的大型机床,还有大量生产用的高效机床和加工精密齿轮的高精度机床。

齿轮加工机床广泛应用在汽车、拖拉机、机床、工程机械、矿山机械、冶金机械、石油、仪表、飞机和航天器等各种机械制造业中。

1953 年出土了东汉人字齿轮。古代的齿轮是用手工修锉成形的。1540 年,意大利的托里亚诺在制造钟表时,制成一台使用旋转锉刀的切齿装置;1783 年,法国的勒内制成了使用铣刀的齿轮加工机床,并有切削齿条和内齿轮的附件;1820 年前后,英国的怀特制造出第一台既能加工圆柱齿轮又能加工圆锥齿轮的机床。具有这一性能的机床到 19 世纪后半叶又有新发展。

1835 年,英国的惠特沃思获得蜗轮滚齿机的专利;1858 年,席勒取得圆柱齿轮滚齿机的专利;以后经多次改进,至 1897 年德国的普福特制成带差动机构的滚齿机,才圆满解决了加工斜齿轮的问题。在制成齿轮形插齿刀后,美国的费洛斯于 1897 年制成了插齿机。

20 世纪初,由于汽车工业的需要,各种磨齿机相继问世。1930 年左右在美国制成剃齿机;1956 年制成珩齿机。60 年代以后,现代技术在一些先进的圆柱齿轮加工机床上获得应用,比如在大型机床上采用数字显示指示移动量和切齿深度。在滚齿机、插齿机和磨齿机上采用电子伺服系统和数控系统代替机械传动链和交换齿轮,用设有故障诊断功能的可编程序控制器,控制工作循环和变换切削参数,发展了数字控制非圆齿轮插齿机和适应控制滚齿机,在滚齿机上用电子传感器检测传动链运动误差,并自动反馈补偿误差等。

1884 年,美国的比尔格拉姆发明了采用单刨刀按展成法加工的直齿锥齿轮刨齿机,1900年,美国的比尔设计了双刀盘铣削直齿锥齿轮的机床。

由于汽车工业的需要,1905 年在美国制造出带有两把刨刀的直齿锥齿轮刨齿机,又于1913 年制成弧齿锥齿轮铣齿机,1923 年,出现了准渐开线齿锥齿轮铣齿机,20 世纪 30 年代研制成能把直齿锥齿轮一次拉削成形的拉齿机,主要用于汽车差动齿轮的制造。

40 年代,为适应航空工业的需要,发展了弧齿锥齿轮磨齿机。1944 年,瑞士厄利康公司制成延长外摆线齿锥齿轮铣齿机,从 50 年代起,又发展了用双刀体组合式端面铣刀盘,加工延长外摆线齿锥齿轮的铣齿机。

齿轮加工机床主要分为圆柱齿轮加工机床和锥齿轮加工机床两大类。圆柱齿轮加工机床主要用于加工各种圆柱齿轮、齿条、蜗轮。常用的有滚齿机,插齿机、铣齿机、剃齿机等。

滚齿机是用滚刀按展成法粗、精加工直齿、斜齿、人字齿轮和蜗轮等,加工范围广,可达到较高精度或高生产率,见图 5-11。

插齿机是用插齿刀按展成法加工直齿、斜齿齿轮和其他齿形件,主要用于加工多联齿轮和内齿轮,见图 5-12。

图 5-11　滚齿机

图 5-12　插齿机

铣齿机是用成型铣刀按分度法加工,主要用于加工特殊齿形的仪表齿轮。剃齿机是用齿轮式剃齿刀精加工齿轮的一种高效机床。磨齿机是用砂轮,精加工淬硬圆柱齿轮或齿轮刀具齿面的高精度机床。珩齿机是利用珩轮与被加工齿轮的自由啮合,消除淬硬齿轮毛刺和其他齿面缺陷的机床。挤齿机是利用高硬度无切削刃的挤轮与工件的自由啮合,将齿面上的微小不平碾光,以提高精度和光洁程度的机床。齿轮倒角机是对内外啮合的滑移齿轮的齿端部倒圆的机床,是生产齿轮变速箱和其他齿轮移换机构不可缺少的加工设备。圆柱齿轮加工机床还包括齿轮热轧机和齿轮冷轧机等。

锥齿加工机床主要用于加工直齿、斜齿、弧齿和延长外摆线齿等锥齿轮的齿部。

直齿锥齿轮刨齿机是以成对刨齿刀按展成法粗、精加工直齿锥齿轮的机床,有的机床还能刨制斜齿锥齿轮,在中小批量生产中应用最广。

双刀盘直齿锥齿轮铣齿机使用两把刀齿交错的铣刀盘,按展成法铣削同一齿槽中的左右两齿面,生产效率较高,适用于成批生产。由于铣刀盘与工件无齿长方向的相对运动,铣出的齿槽底部呈圆弧形,加工模数和齿宽均受到限制。这种机床也可配以自动上下料装置,实现单机自动化。

直齿锥齿轮拉铣机是在一把大直径的拉铣刀盘的一转中,从实体轮坯上用成型法切出一个齿槽的机床。它是锥齿轮切削加工机床中生产率最高的机床,由于刀具复杂,价格昂贵,而且每种工件都需要专用刀盘,只适用于大批大量生产。机床一般都带有自动上下料装置。

弧齿锥齿轮铣齿机以弧齿锥齿轮铣刀盘,按展成法粗、精加工弧齿锥齿轮和准双曲面齿轮的机床,有精切机、粗切机和拉齿机等变型。

弧齿锥齿轮磨齿机是用于磨削淬硬的弧齿锥齿轮,以提高精度和光洁程度的机床,其结构与弧齿锥齿轮铣齿机相似,但以砂轮代替铣刀盘,并装有砂轮修整器,也可磨削准双曲面齿轮。

延长外摆线齿锥齿轮铣齿机是利用延长外摆线齿锥齿轮铣刀盘,或双刀体组合式端面铣刀盘,按展成法连续分度切齿的机床。切齿时,摇台铣刀盘和工件均作连续旋转运动,同时摇台作进给运动,加工一个工件摇台往复一次。铣刀盘和工件的连续旋转使工件获得一定齿数的连续分度,并形成齿长曲线。摇台的旋转和工件的附加运动结合起来,产生展成运动,使工件获得齿形曲线。

准渐开线齿锥齿轮铣齿机是用锥度滚刀,按展成法连续分度切齿的机床。切齿时,锥度滚刀首先以大端切削,然后以它较小直径的一端切削,为保证整个切削过程中切削速度一致,机床靠无级变速装置控制滚刀转速,在切齿时,摇台、滚刀和工件均作连续旋转运动,加工一个工件,摇台往复一次。摇台和工件的旋转通过差动机构产生展成运动,使工件获得沿齿长为等高的齿形曲线。

锥齿轮加工机床的配套设备有磨削铣刀盘和拉刀盘刀刃的磨刀机,配研成对锥齿轮的研齿机,检验成对锥齿轮啮合接触情况的锥齿轮滚动检查机和防止齿部热处理变形的淬火压床等。

■任务实施

由学生完成。

■评　　价

老师点评。

任务五　圆柱齿轮的机械加工工艺过程及工艺分析

■任务描述

根据齿轮零件的加工要求,拟定齿轮加工的工艺过程。

拟定齿轮加工的工艺过程,要选择定位基准,划分加工阶段,确定工艺路线。

5.1 圆柱齿轮的机械加工工艺过程

毛坯制造→齿坯热处理→齿坯加工→齿形加工→齿圈热处理→齿轮定位表面精加工→齿圈的精整加工。

5.2 圆柱齿轮的机械加工工艺分析

1. 定位基准的选择

齿轮加工时的定位基准应尽可能与设计基准相一致,以避免由于基准不重合而产生的误差,要符合"基准重合"原则。在齿轮加工的整个过程中(如滚、剃、珩、磨等)也应尽量采用相同的定位基准,即选用"基准统一"的原则。

对于小直径轴齿轮,可采用两端中心孔或锥体作为定位基准符合"基准统一"原则;对于大直径的轴齿轮,通常用轴径和一个较大的端面组合定位,符合"基准重合"原则;带孔齿轮则以孔和一个端面组合定位,既符合"基准重合"原则,又符合"基准统一"原则。

2. 齿坯加工

齿形加工前的齿轮加工称为齿坯加工。齿坯的外圆、端面或孔经常作为齿形加工、测量和装配的基准,所以齿坯的精度对于整个齿轮的精度有着重要的影响。另外,齿坯加工在齿轮加工总工时中占有较大的比例,因而齿坯加工在整个齿轮加工中占有重要的地位。

齿轮在加工、检验和装夹时的径向基准面和轴向基准面应尽量一致。多数情况下,常以齿轮孔和端面为齿形加工的基准面,所以齿坯精度中主要是对齿轮孔的尺寸精度和形状精度、孔和端面的位置精度有较高的要求;当外圆作为测量基准或定位、找正基准时,对齿坯外圆也有较高的要求。具体要求如表5-3所列。

表5-3 齿坯尺寸和形状公差

齿轮精度等级	5	6	7	8
孔的尺寸和形状公差	IT5	IT6	IT7	
轴的尺寸和形状公差	IT5		IT6	
外圆直径尺寸和形状公差	IT7	IT8		

注:1. 当齿轮的三个公差组的精度等级不同时,按最高等级确定公差值;
　　2. 当外圆不作测齿厚的基准面时,尺寸公差按IT11给定,但不大于0.1mm;
　　3. 当以外圆作基准面时,本表就指外圆的径向圆跳动

3. 齿形加工

齿圈上的齿形加工是整个齿轮加工的核心。尽管齿轮加工有许多工序,但都是为齿形加工服务的,其目的在于最终获得符合精度要求的齿轮。

齿形加工方案的选择,主要取决于齿轮的精度等级、结构形状、生产类型和齿轮的热处理方法及生产工厂的现有条件,对于不同精度的齿轮,常用的齿形加工方案如下。

(1)8级精度以下的齿轮。调质齿轮用滚齿或插齿就能满足要求。对于淬硬齿轮可采用滚(插)齿—剃齿或冷挤—齿端加工—淬火—校正孔的加工方案。根据不同的热处理方式,在淬火前齿形加工精度应提高一级以上。

(2)6~7级精度齿轮。对于淬硬齿面的齿轮可采用滚(插)齿—齿端加工—表面淬火—校正基准—磨齿(蜗杆砂轮磨齿),该方案加工精度稳定;也可采用滚(插)—剃齿或冷挤—表面淬火—校正基准—内啮合珩齿的加工方案,这种方案加工精度稳定,生产率高。

(3)5级以上精度的齿轮。一般采用粗滚齿—精滚齿—齿端加工—表面淬火—校正基准—粗磨齿—精磨齿的加工方案。磨齿是目前齿形加工中精度最高、表面粗糙度值最小的加工方法,最高精度可达3~4级。

4. 齿端加工

齿轮的齿端加工方式有:倒圆、倒尖、倒棱和去毛刺。经倒圆、倒尖、倒棱后的齿轮,沿轴向移动时容易进入啮合,齿端倒圆应用最多。

5. 精基准的修整

齿轮淬火后其孔常发生变形,孔直径可缩小 0.01~0.05mm。为确保齿形精加工质量,必须对基准孔予以修整。修整的方法,一般采用磨孔或推孔。对于成批或大批大量生产的未淬硬的外径定心的花键孔及圆柱孔齿轮,常采用推孔。推孔生产率高,并可用加长推刀前导引部分来保证推孔的精度。对于以小径定心的花键孔或已淬硬的齿轮,以磨孔为好,可稳定地保证精度,磨孔应以齿面定位,符合互为基准原则。

■ 任务实施

由学生完成。

■ 评　　价

老师点评。

任务六　齿轮零件的加工工艺的编制

■ 任务实施

根据零件图的要求,制订如表5-4所列的圆柱齿轮机械加工工艺规程。

表 5-4　圆柱齿轮机械加工工艺规程

徐州工业职业技术学院	机械加工工艺过程卡片	产品型号		零件图号		共 2 页	第 1 页
		产品名称		零件名称	齿轮		
材料牌号	45	毛坯种类	锻件	毛坯外形尺寸		每毛坯件数	每台件数	备注

工序号	工序名称	工序内容	车间	工段	设备	工艺装备	工时(准终/单件)	备注
10	锻	锻造齿轮毛坯	锻		空气锤			
20	热处理	正火处理			箱式电阻炉			
30	车	粗车各部,均留 2～3mm 余量	加工	车	车床			
40	热处理	调质处理 217～255HBS			箱式电阻炉			
50	车	精车各部,内孔至锥孔塞规刻线外露 6～8mm,其余达到图样要求	加工	车	车床			
60	滚齿	加工齿形,公法线长度留余量 0.3mm	加工	滚齿	滚齿机			
70	倒角	将齿轮进行倒角	加工	滚齿	倒角机			
80	刨	插键槽达到图样要求	加工	刨	插床			
					设计(日期)	校对(日期)	审核(日期)	标准化(日期)	会签(日期)
标记	处数	更改文件号	签字	日期	标记	处数	更改文件号	签字	日期

徐州工业职业技术学院	机械加工工艺过程卡片		产品型号		零件图号		共2页
			产品名称		零件名称	齿轮	第2页
材料牌号 45	毛坯种类 锻件	毛坯外形尺寸		每毛坯件数	每台件数		备注
工序号	工序名称	工序内容	车间	工段	设备	工艺装备	工时 准终 单件
90	剃齿	剃齿	加工	剃齿	剃齿机		
100	热处理	高频感应淬火，齿面硬度达到50~55HRC			高频感应炉		
110	磨	磨内锥孔，至锥孔塞规小端平	加工	车	内圆磨床		
120	珩齿	珩齿达剃图样要求	加工	珩齿	珩齿机		
130	检验	检查各部分尺寸					
			设计（日期）	校对（日期）	审核（日期）	标准化（日期）	会签（日期）
标记	处数	更改文件号	签字	日期			
标记	处数	更改文件号	签字	日期			

思 考 题

1. 简述圆柱齿轮传动的精度要求。
2. 齿轮的热处理方法有哪些? 各适合于什么场合?
3. 齿面热处理方法有哪些? 如何选择?
4. 在不同生产类型条件下,齿坯加工是怎样进行的?
5. 齿形加工方法有哪些? 选择齿形加工方案的依据是什么?
6. 简述滚齿加工原理与工艺特点。
7. 插齿加工时的主要运动有哪些? 什么运动可加工出整个齿宽?
8. 试比较滚齿和插齿加工原理、工艺特点及适用场合。
9. 试分析珩齿和磨齿有什么异同点。
10. 简述圆柱齿轮的机械加工工艺过程。
11. 图 5 - 13 是齿轮零件图,材料为 HT200,编制机械加工工艺规程。

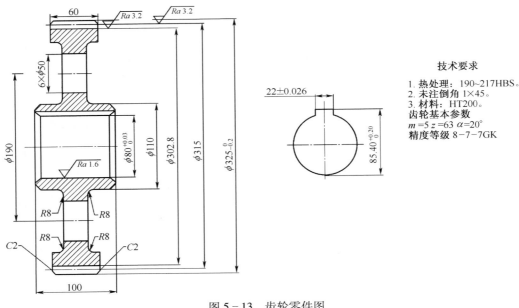

技术要求

1. 热处理:190~217HBS。
2. 未注倒角 1×45°。
3. 材料:HT200。

齿轮基本参数

$m = 5$ $z = 63$ $\alpha = 20°$

精度等级 8 - 7 - 7GK

图 5 - 13　齿轮零件图

12. 图 5-14 是齿轮轴零件图,材料为 40Cr,编制机械加工工艺规程。

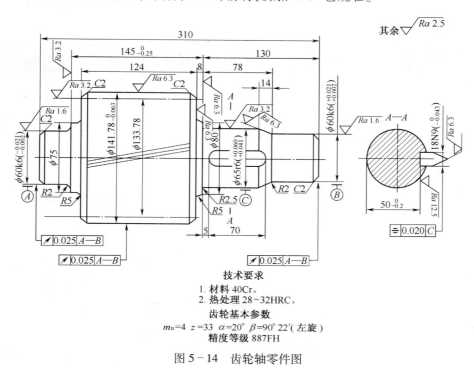

技术要求

1. 材料 40Cr。
2. 热处理 28~32HRC。

齿轮基本参数

$m_n=4$ $z=33$ $\alpha=20°$ $\beta=90°22'$(左旋)

精度等级 887FH

图 5-14 齿轮轴零件图

6 项目六 箱体零件的加工工艺规程的编制

■ 项目描述

编制减速机箱体的机械加工工艺规程。

图 6-1 是一个减速器的箱体的部件图,材料为 HT200,编制机械加工工艺规程。

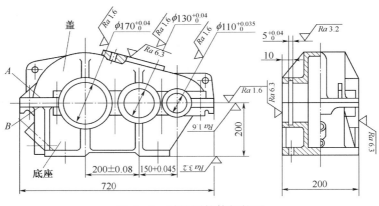

图 6-1 减速器箱体部件图

■ 技能目标

能根据减速器箱体的加工要求,编制机械加工工艺规程。

■ 知识目标

掌握箱体零件的加工工艺规程的编制;镗床、刨床的工艺范围;镗削加工方法;刨削加工方法;箱体平面的加工方法;箱体孔系的加工方法;箱体的检验。了解箱体零件的结构与功用,箱体零件的结构工艺性。

任务一 箱体零件的功用和结构分析

■ 任务描述

对箱体的结构进行分析。

分析箱体的结构、加工精度和表面粗糙度要求。

1.1　箱体的功用和结构特点

箱体类零件是机器的基础件之一,它将轴、套、传动轮等零件组装在一起,使各零件保持正确的位置关系,以满足机器或部件的工作性能要求。

箱体零件结构一般比较复杂,由许多精度较高的支承孔和平面,还有许多精度较低的紧固孔、油孔和油槽等。箱体不仅加工部位较多,而且加工难度也较大。

1.2　箱体的技术要求

箱体的技术要求如下:

(1) 支承孔的精度和表面粗糙度。一般支承孔的公差等级为 IT8～IT7,粗糙度 $Ra = 1.6$～$0.8\mu m$,圆度公差控制在尺寸公差之内;精密支承孔的公差等级为 IT6,$Ra = 0.8$～$0.4\mu m$,圆度公差为 0.005～$0.01mm$。

(2) 支承孔之间的位置精度。支承孔之间的孔距尺寸公差为 0.03～$0.12mm$,同一轴线孔的同轴度公差为 0.01～$0.04mm$,各平行孔轴线的平行度公差在全长上可取 0.03～$0.08mm$。

(3) 主要平面的精度和表面粗糙度。平面度公差一般为 0.03～$0.1mm$,$Ra = 3.2$～$0.8\mu m$。

(4) 支承孔与主要平面之间的位置精度。这项要求一般根据具体情况确定。例如车床主轴箱支承孔轴线与底面之间的距离尺寸为未注公差尺寸,但在加工过程中应保证主轴孔与尾架孔等高;而主轴孔轴线与底面的平行度公差为 $0.1mm/600mm$。

一般说来,箱体零件需要加工的部位较多,且加工难度也较大,因此,精度要求较高的孔、孔系和基准平面构成了箱体类零件的主要加工表面。

平面是箱体、机座、机床床身和工作台类零件的主要表面。根据其作用不同平面可分为以下几种:

(1) 非接合平面。这种平面不与任何零件相配合,一般无加工精度要求,只有当表面为了增加抗腐蚀和美观时才进行加工,属于低精度平面。

(2) 接合平面。这种平面多数用于零部件的连接面,如车床的主轴箱、进给箱与床身的连接平面,一般对精度和表面质量的要求均较高。

(3) 导向平面。如各类机床的导轨面,这种平面的精度和表面质量要求极高。

1.3　箱体的材料、毛坯和热处理

由于灰铸铁具有一系列技术上(如耐磨性、铸造性、可加工性以及减振性都比较好)和经济上(材材来源易、成本低)的优点,常作为箱体类零件的材料。根据需要可选用 HT100 至 HT400 各种牌号的灰铸铁,常用牌号为 HT200(如 CA6140 床头箱箱体材料便是)。选用箱体材料要根据具体条件和需要。例如,坐标镗床主轴箱选用耐磨铸铁,某些负荷较大的箱体,可采用铸钢件,只有单件生产或某些简易机床的箱体,为了缩短毛坯制造周期可采用钢材焊接结构。

为了尽量减少铸件内应力对以后加工质量的影响,零件浇铸后应设退火工序,然后按有关铸件技术条件验收。

■ 任务实施

由学生完成。

■ 评　　价

老师点评。

任务二　箱体零件机械加工工艺过程及工艺分析

■ 任务描述

对箱体零件进行机械加工工艺过程及工艺分析。

■ 任务分析

分析箱体零件的加工工艺,确定热处理方法、定位基准和箱体孔的加工方法。

■ 相关知识

2.1　箱体零件机械加工工艺过程

箱体零件的工艺过程为:铸造毛坯—退火—划线—粗加工主要平面—粗加工支承孔—时效—划线—精加工主要平面—精加工支承孔—加工其他次要表面—检验。

2.2　箱体零件机械加工工艺过程分析

1. 定位基准的选择

1）粗基准的选择

粗基准的作用主要是决定不加工面与加工面的位置关系,以及保证加工面的余量均匀。箱体零件上一般有一个(或几个)主要的大孔,为了保证孔的加工余量均匀,应以该毛坯孔为粗基准(如主轴箱上的主轴孔)。箱体零件上的不加工面主要考虑内腔表面,它和加工面之间的距离尺寸有一定的要求,因为箱体中往往装有齿轮等传动件,它们与不加工的内壁之间的间隙较小,如果加工出的轴承孔端面与箱体内壁之间的距离尺寸相差太大,就有可能使齿轮安装时与箱体内壁相碰。从这一要求出发,应选内壁为粗基准。但这将使夹具结构十分复杂,甚至不能实现。考虑到铸造时内壁与主要孔都是同一个泥心浇注的,因此实际生产中常以孔为主要粗基准,限制四个自由度,而辅之以内腔或其他毛坯孔为次要基准面,以达到完全定位的目的。

2)精基准的选择

分离式箱体的对合面与底面(装配基面)有一定的尺寸精度和相互位置精度要求;轴承孔轴线应在对合面上,与底面也有一定的尺寸精度和相互位置精度要求。为了保证以上几项要求,加工底座的对合面时,应以底面为精基准,使对合面加工时的定位基准与设计基准重合;箱体合装后加工轴承孔时,仍以底面为主要定位基准,并与底面上的两定位孔组成典型的"一面两孔"定位方式。这样,轴承孔的加工,其定位基准既符合"基准统一"原则,也符合"基准重合"原则,有利于保证轴承孔轴线与对合面的重合度及与装配基面的尺寸精度和平行度。

2. 加工顺序的安排和设备的选择

1)先面后孔原则

箱体类零件的加工顺序均为先加工面,以加工好的平面定位,再来加工孔。

因为主要平面是箱体往机器上的装配基准,先加工主要平面后加工支承孔,使定位基准与设计基准和装配基准重合,从而消除因基准不重合而引起的误差。另外,先以孔为粗基准加工平面,再以平面为精基准加工孔,这样,可为孔的加工提供稳定可靠的定位基准,并且加工平面时切去了铸件的硬皮和凹凸不平,对后序孔的加工有利,可减少钻头引偏和崩刃现象,对刀调整也比较方便。

2)粗、精分开,先粗后精原则

粗、精加工分开的原则:对于刚性差、批量较大、要求精度较高的箱体,一般要粗、精加工分开进行,即在主要平面和各支承孔的粗加工之后再进行主要平面和各支承孔的精加工。这样,可以消除由粗加工所造成的内应力、切削力、切削热、夹紧力对加工精度的影响,并且有利于合理地选用设备等。

粗、精加工分开进行,会使机床、夹具的数量及工件安装次数增加,而使成本提高,所以对单件、小批生产、精度要求不高的箱体,常常将粗、精加工合并在一道工序进行,但必须采取相应措施,以减少加工过程中的变形。例如粗加工后松开工件,让工件充分冷却,然后用较小的夹紧力、以较小的切削用量,多次走刀进行精加工。

3)合理安排时效处理

为了消除铸造后铸件中的内应力,在毛坯铸造后安排一次人工时效处理,有时甚至在半精加工之后还要安排一次时效处理,以便消除残留的铸造内应力和切削加工时产生的内应力。对于特别精密的箱体,在机械加工过程中还应安排较长时间的自然时效(如坐标镗床主轴箱箱体)。箱体人工时效的方法,除加热保温外,也可采用振动时效。

4)所用设备依批量不同而异

单件小批量生产一般都在通用机床上进行,除个别必须用专用夹具才能保证质量的工序(如孔系加工)外,一般不用专用夹具,而大批量箱体的加工则广泛采用专用机床,如多轴龙门铣床、组合磨床等,各主要孔的加工采用多工位组合机床、专用镗床等,专用夹具用得也很多,这就大大地提高了生产率。

■ 任务实施

由学生完成。

■ 评　价

老师点评。

任务三　孔系加工方法的选择

■ 任务描述

选择箱体的同轴孔、平行孔及其端面的加工方法。

■ 任务分析

箱体零件上既有同轴孔又有平行孔,确定其加工方法。

■ 相关知识

3.1　箱体孔的分类

1. 基本孔

箱体的基本孔,可分为通孔、阶梯孔、不通孔、交叉孔等几类。最常见为通孔,在通孔内又以长径比 $L/D \leqslant 1\sim1.5$ 的短圆柱孔工艺性为最好(箱体孔壁上多为这种孔)。阶梯孔的工艺性与"孔径比"有关,孔径相差越小则工艺性越好,孔径相差越大,且其中最小孔径又很小,则工艺性很差。相贯通的交叉孔的工艺性也较差,如图 6-2(a)所示。不通孔的工艺性最差,如图 6-2(b)所示。

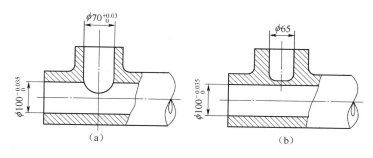

图 6-2　相贯通的交叉孔的工艺性

2. 孔系分类

箱体上一系列有相互位置要求的孔称为孔系。

孔系可分为平行孔系、同轴孔系和交叉孔系,参见图6-3。

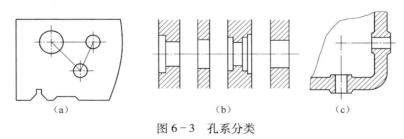

（a）　　　　　　　　　（b）　　　　　　　　　（c）

图6-3　孔系分类

3.2　孔　系　加　工

1. 平行孔系的加工

1）找正法

找正法是工人在通用机床利用辅助工具找正要加工孔的正确位置的加工方法。这种方法加工效率低,一般只适用于单件小批生产。

（1）划线法加工。先在已加工过的工件表面上精确地划出各孔加工线,并用中心冲在各孔的中心处冲出中心孔,然后在车床、钻床或镗床上按照划线逐个找正和加工(图6-4)。

（2）心轴和量规找正法加工。普通镗床、铣床等通用机床上,借助一些辅助装置来找正每个被加工孔的正确位置。

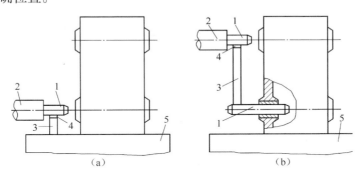

（a）　　　　　　　　　　　　　　（b）

图6-4　用心轴和量规找正加工

1—心轴;2—镗床主轴;3—量块;4—厚薄规;5—镗床工作台。

（3）样板找正加工。如图6-5所示,用10~20mm厚的钢板制成样板1,装在垂直于各孔的端面上(或固定于机床工作台上),样板上的孔距精度较箱体孔系的孔距精度高,样板上的孔径较工件的孔径大。

2）镗模法

镗杆与机床主轴多采用浮动连接,机床精度对孔系加工精度影响较小,孔距精度主要取决于镗模,因而可以在精度较低的机床上加工出精度较高的孔系。同时,镗杆刚度大大地提高,有利于采用多刀同时切削;定位夹紧迅速,不需找正,生产效率高。因此不仅在中批生产中普遍采用镗模技术加工孔系,就是在小批生产中,对一些结构复杂、加工量大的箱体孔系,采用镗

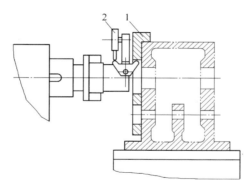

图 6-5　样板找正法

1—样板；2—百分表找正器。

模加工也是合算的。

　　另外，由于镗模上自身的制造误差和导套与镗杆的配合间隙对孔系加工精度有一定影响，所以，该方法不可能达到很高的加工精度。一般孔径尺寸精度为 IT7 左右，表面粗糙度值 Ra 为 $1.6 \sim 0.8 \mu m$；孔与孔的同轴度和平行度，当从一头开始加工，可达 $0.02 \sim 0.03 mm$，从两头加工可达 $0.04 \sim 0.05 mm$；孔距精度一般为 $\pm 0.05 mm$ 左右。对于大型箱体零件来说，由于镗模的尺寸庞大笨重，给制造和使用带来了困难，故很少采用。

　　用镗模加工孔系（图 6-6），既可以在通用机床上加工，也可以在专用机床或组合机床上加工。

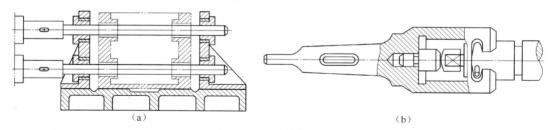

（a）　　　　　　　　　　　　　　　　　　（b）

图 6-6　用镗模加工孔系

　　3）坐标法

　　坐标法镗孔是在普通卧式镗床、坐标镗床或数控镗铣床等设备上，借助于精密测量装置，调整机床主轴与工件间在水平和垂直方向的相对位置，来保证孔心距精度的一种镗孔方法。

　　采用坐标法加工孔系，需将加工孔系的孔中心距尺寸换算成两个互相垂直的坐标尺寸，然后按此坐标尺寸精确地调整机床主轴与工件的相对位置，通过坐标镗削或坐标磨削来保证孔距的相互位置精度。坐标法镗孔的孔距精度取决于坐标的移动精度，也就是取决于机床坐标测量装置的精度。

　　采用坐标法加工孔系时，要特别注意选择基准孔和镗孔顺序，否则，坐标尺寸累积误差会影响孔距精度。基准孔应尽量选择本身尺寸精度高、表面粗糙度值小的孔（一般为主轴孔），这样在加工过程中，便于校验其坐标尺寸。孔心距精度要求较高的两孔应连在一起加工；加工时，应尽量使工作台朝同一方向移动，因为工作台多次往复，其间隙会产生误差，影响坐标精度。

　　现在国内外许多机床厂，已经直接用坐标镗床或加工中心机床来加工一般机床箱体。这样就可以加快生产周期，适应机械行业多品种小批量生产的需要。

2. 同轴孔系的加工

成批生产中箱体同轴孔系的同轴度几乎都由镗模保证。在中批以上生产中,一般采用镗模加工同轴孔系,其同轴度由镗模保证;当采用精密刚性主轴组合机床从两头同时加工同轴线的各孔时,其同轴度则由机床保证,可达 0.01mm。

大批量生产中,可采用组合机床从箱体两边同时加工,孔系的同轴度由机床两端主轴间的同轴精度保证;

单件小批生产中,其同轴度可用下面几种方法来保证:

(1) 利用已加工孔作为支承导向(图 6-7)。这种方法只适于加工箱壁较近的孔系。

(2) 利用铣镗床后立柱上的导向套支承导向。

镗杆由两端支承,刚性好。但此法调整麻烦,镗杆很长,故只适于大型箱体加工。

(3) 采用调头镗。当箱体孔壁相距较远时,可采用调头镗,工件在一次装夹下,镗好一面孔后,将镗床工作台回转 180°,调整工作台位置,使已加工孔与镗床主轴同轴,然后加工另一面上的孔。

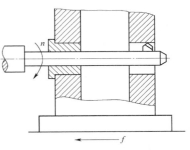

图 6-7 利用已加工孔导向

3. 交叉孔系的加工

交叉孔系的主要技术条件为控制各孔的垂直度。在普通镗床上主要靠机床工作台上的 90°对准装置。90°对准装置是挡铁装置,结构简单,对准精度低(T68 铣镗床的出厂精度为 0.04mm/900mm,相当于 8″)。目前国内有些铣镗床如 TM617,采用了端面齿定位装置,90°定位精度达 5″。每次对准,需要凭经验保证挡块接触松紧程度一致,否则不能保证对准精度。所以,有时采用光学瞄准装置,还有的用光学瞄准仪。

4. 孔系加工的自动化

由于箱体孔系的精度要求高,加工量大,实现加工自动化对提高产品质量和劳动生产率都有重要意义。随着生产批量的不同,实现自动化的途径也不同。大批生产箱体,广泛使用组合机床和自动线加工,不但生产率高,而且利于降低成本和稳定产品质量。单件小批生产箱体,大多数采用万能机床,产品的加工质量主要取决于机床操作者的技术熟练程度。但加工具有较多加工表面的复杂箱体时,如果仍用万能机床加工,则工序分散,占用设备多,要求有技术熟练的操作者,生产周期长,生产效率低,成本高。为了解决这个问题,可以采用适于单件小批生产的自动化多工序数控机床。这样,可用最少的加工装夹次数,由机床的数控系统自动地更换刀具,连续地对工件的各个加工表面自动地完成铣、钻、扩、镗(铰)及攻螺纹等工序。所以对于单件小批、多品种的箱体孔系加工,这是一种较为理想的设备。

3.3　箱体上的平面加工

箱体平面的粗加工和半精加工,主要采用刨削、铣削和磨削。铣削的生产率一般比刨削高,在成批和大量生产中,多采用铣削。当生产批量较大时,还可以采用各种专用的组合铣床对箱体各平面进行多刀、多面的同时铣削。对于尺寸较大的箱体,也可以在龙门铣床上进行组合铣削,以便有效地提高箱体平面加工的生产效率。箱体平面的精加工,在单件小批生产时,除一些高精度的箱体仍需手工刮研以外,一般多以精刨代刮。当生产批量大而精度要求又高时,多采用磨削。为了提高生产效率和平面间的相互位置精度,还可采用专用磨床进行组合磨削。

对于孔的端面,还可以在镗床上进行加工,见图6-8。

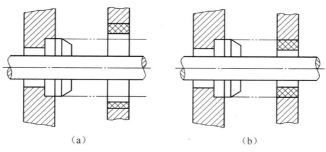

（a）   （b）

图6-8　箱体孔内端面的结构工艺性

■任务实施

由学生完成。

■评　　价

老师点评。

任务四　箱体加工机床的选择

■任务描述

加工箱体的孔和平面,选择合适的机床。

■任务分析

箱体零件中需要加工孔和平面,根据孔和平面的加工精度要求,选择加工机床。

■相关知识

4.1　刨　　床

刨床是用刨刀对工件的平面、沟槽或成型表面进行刨削的直线运动机床。刨床是使刀具和工件之间产生相对的直线往复运动来达到刨削工件表面的目的。往复运动是刨床上的主运动。机床除了有主运动以外,还有辅助运动,也叫进刀运动,刨床的进刀运动是工作台(或刨刀)的间歇移动。使用刨床加工,刀具较简单,但生产率较低(加工长而窄的平面除外),因而主要用于单件、小批量生产及机修车间，在大批量生产中往往被铣床所代替。

在刨床上可以刨削水平面、垂直面、斜面、曲面、台阶面、燕尾形工件、T 形槽、V 形槽，也可以刨削孔、齿轮和齿条等。如果对刨床进行适当的改装，那么，刨床的适应范围还可以扩大。

滑枕带着刨刀，作直线往复运动，因滑枕前端的刀架形似牛头，故又名牛头刨床，如图 6-9 所示。中小型牛头刨床的主运动，大多采用曲柄摇杆机构传动，故滑枕的移动速度是不均匀的。大型牛头刨床多采用液压传动，滑枕基本上是匀速运动，滑枕的返回行程速度大于工作行程速度。由于采用单刃刨刀加工，且在滑枕回程时不切削，牛头刨床的生产率较低。机床的主参数是最大刨削长度，刀架可在垂直面内回转一个角度，并可手动进给，工作台带着工件作间歇的横向或垂直进给运动。

工件由平口钳夹紧并安装在工作台上，工作台 1 可随横梁 8 上下升降，沿横梁 8 的导轨横向进给。刀架 2 随滑枕 3 作往复运动，可手动垂直进给，也可绕水平轴摆动来调整刀位，滑枕 3 可沿床身 4 上的导轨往复运动，变速手柄 5 可根据加工工件的需要来调整主运动速度，即滑枕的运动速度，滑枕行程调节手柄 6 可根据工件的长度来调整滑枕往复运动的行程。

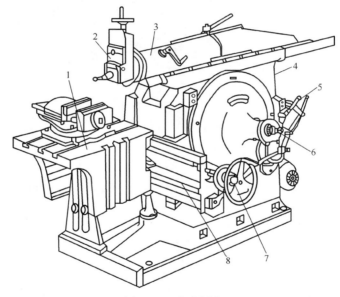

图 6-9　牛头刨床

1—工作台；2—刀架；3—滑枕；4—床身；5—变速手柄；
6—滑枕行程调节手柄；7—工作台前后移动手柄；8—横梁。

4.2　龙　门　刨　床

龙门刨床是用来刨削大型工件的刨床，有些龙门刨床能够加工长度为几米甚至几十米以上的工件。对于中小型工件，它可以在工作台上一次装夹多个工件，还可以用几把刨刀同时刨削，生产率比较高。龙门刨床是利用工作台的直接往复运动和刨刀的间歇移动来进行刨削加工的，按结构形式的不同，龙门刨床又分为单臂龙门刨床和双臂柱龙门刨床两种。

龙门刨床主要加工大型工件或同时加工多个工件。与牛头刨床相比，从结构上看，其形体大,结构复杂,刚性好;从机床运动上看,龙门刨床的主运动是工作台的直线往复运动,而进给运动则是刨刀的横向或垂直间歇运动,这刚好与牛头刨床的运动相反。龙门刨床由直流电动机带动,并可进行无级调速,运动平稳。龙门刨床的所有刀架在水平和垂直方向都可平动。龙门刨床主要用来加工大平面,尤其是长而窄的平面。

龙门刨床的主参数是最大刨削宽度。龙门刨床(图6-10)横梁上的刀架,可在横梁导轨上作横向进给运动,以刨削工件的水平面,立柱上的侧刀架,可沿立柱导轨作垂直进给运动,以刨削垂直面,刀架亦可偏转一定角度以刨削斜面。横梁可沿立柱导轨上下升降,以调整刀具和工件的相对位置,龙门刨床上的工件一般用压板螺栓压紧。

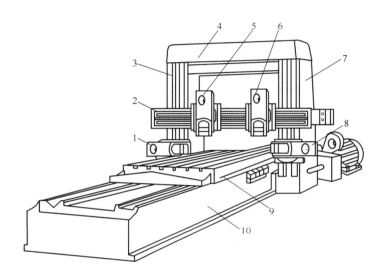

图6-10 龙门刨床
1、8—侧刀架;2—横梁;3、7—立柱;4—顶梁;5、6—立刀架;9—工作台;10—床身。

4.3 镗 床

卧式镗床的结构外形如图6-11所示。它由床身8、主轴箱1、前立柱2、后立柱10、下滑座7、上滑座6和工作台5等部件组成。主轴箱1可沿前立柱2的导轨上下移动。在主轴箱中,装有主轴部件、主运动和进给运动变速机构以及操纵机构。

根据加工情况不同,刀具可以装在镗杆3上或平旋盘4上。加工时,镗杆3旋转完成主运动,并可沿轴向移动完成进给运动;平旋盘只能作旋转主运动。装在后立柱10上的后支架9,用于支承悬伸长度较大的镗杆的悬伸端,以增加刚性。后支架可沿后立柱上的导轨与主轴箱同步升降,以保持其上的支承孔与镗轴在同一轴线上。后立柱可沿床身8的导轨左右移动,以适应镗杆不同长度的需要。工件安装在工作台5上,可与工作台一起随下滑座7或上滑座6作纵向或横向移动。工作台还可绕上滑座的圆导轨在水平平面内转位,以便加工互相成一定角度的平面或孔。

卧式镗床的加工范围如图6-12所示。

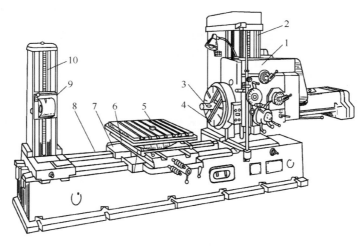

图 6－11　卧式镗床

1—主轴箱；2—前立柱；3—主轴；4—平旋盘；5—工作台；6—上滑座；7—下滑座；8—床身；9—后支架；10—后立柱。

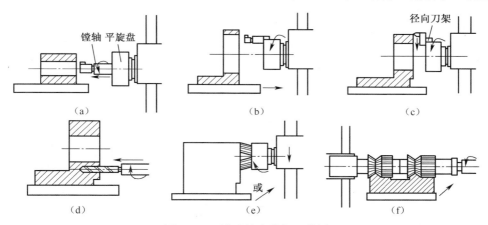

图 6－12　卧式镗床的加工范围

（a）镗轴镗孔；（b）平旋盘镗孔；（c）平旋盘铣平面；（d）钻孔；（e）铣平面；（f）铣成形面。

■ 任务实施

由学生完成。

■ 评　　价

老师点评。

任务五　箱体零件的加工工艺的编制

■ 任务实施

根据零件图的要求，编制如表 6－1 所列的减速机箱体机械加工工艺规程。

表 6-1 减速机箱体机械加工工艺规程

徐州工业职业技术学院	机械加工工艺过程卡片		产品型号		零件图号			共1页	第1页
			产品名称	减速机	零件名称	箱体			
材料牌号	HT200	毛坯种类	铸件	毛坯外形尺寸		每毛坯件数	1	每台件数	1	备注	

工序号	工序名称	工序内容	车间	工段	设备	工艺装备	工时 准终	工时 单件
10	铸	按照图纸要求,考虑箱体的加工余量,将毛坯铸成	铸造					
20	热处理	对铸造毛坯进行人工时效处理(退火)	热处理		箱式电阻炉			
30	油漆	将箱体的内外表面涂上底漆	油漆					
40	钳	划线:考虑箱体孔的加工余量,并尽量均匀,划上、下箱体底面和找正线	装配					
50	铣	按线找正,粗、精铣上、下箱体结合面和下箱体底面	加工	铣	龙门铣床			
60	钳	划线钻上、下箱体结合面的孔,将上、下箱体用螺栓装配成一体,划三对孔的找正线和加工线及各次要和螺孔的加工线	装配		Z3040	划线平台		
70	镗	按线找正,粗、精镗三对孔的端面及孔	加工	镗	T68			
80	钳	加工各面上的次要孔和螺孔,清洗去毛刺	装配					
90	检验	按照图纸要求,检查各部尺寸						

				设计(日期)	校对(日期)	审核(日期)	标准化(日期)	会签(日期)
标记	处数	更改文件号	签字	日期	标记	处数	更改文件号	签字	日期

思　考　题

1. 常用箱体类零件的材料有哪些？采用何种热处理方式？
2. 箱体类零件的加工顺序是如何安排的？
3. 平行孔系加工过程中，如何保证孔系之间的平行度？
4. 刨床的种类有哪些？简述刨床的加工范围。
5. 简述镗床的加工范围。
6. 图 6-13 是车床主轴箱的零件图，材料 **HT200**，编制机械加工工艺。

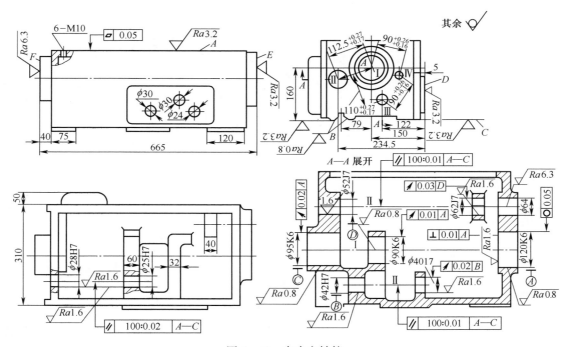

图 6-13　车床主轴箱

7 项目七　减速机的装配工艺规程的编制

■ 项目描述

分析图 7-1 减速机的结构,确定装配工艺过程。

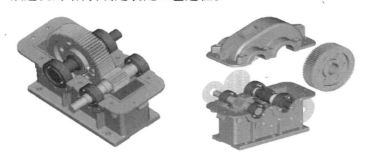

图 7-1　减速机的结构图

■ 技能目标

能根据减速机装配图的技术要求,确定减速机装配工艺过程。

■ 知识目标

掌握装配尺寸链的解法;保证装配精度的基本方法;减速机装配工艺规程的编制。理解减速机产品结构工艺性。

任务一　产品结构装配工艺性的分析

■ 任务描述

图 7-2 为圆柱齿轮减速器和蜗杆减速器,观察其内部结构,熟悉其主要零部件,分析其装配关系。

■ 相关知识

减速器是原动机和工作机之间的独立的闭式传动装置,用来降低转速和增大转矩,以满足工作需要,在某些场合也用来增速,称为增速器。

在目前用于传递动力与运动的机构中,减速器的应用范围相当广泛,从交通工具的船舶、

（a）圆柱齿轮减速器

（b）蜗杆减速器

图 7－2　减速器

汽车、机车,建筑用的重型机具,机械工业所用的加工机具及自动化生产设备,到日常生活中常见的家电,钟表等;从大动力的传输工作,到小负荷、精确的角度传输,几乎在各式机械的传动系统中都可以见到它的踪迹。

1.1　减速器的类型与特点及应用

减速器的类型与特点及应用见下表。

名称		运动简图	特点及应用
单级圆柱齿轮减速器			齿轮可做成直齿、斜齿和人字齿。直齿用于速度较低($V \leqslant 8m/s$)、载荷较轻的传动;斜齿轮用于速度较高的传动,人字齿用于载荷较重的传动中,箱体通常用铸铁做成,单件或小批生产有时采用焊接结构。轴承一般采用滚动轴承,重载或特别高速时采用滑动轴承其他型式的减速器与此类同
两级圆柱齿轮减速器	展开式		结构简单,但齿轮相对于轴承的位置不对称,因此要求轴有较大的刚度。高速级齿轮布置在远离转矩输入端,用于载荷比较平稳的场合。高速级一般做成斜齿,低速级可做成直齿
	分流式		结构复杂,但由于齿轮相对于轴承对称布置,与展开式相比载荷沿齿宽分布均匀、轴承受载较均匀。中间轴危险截面上的转矩只相当于轴所传递转矩的一半。适用于变载荷的场合。高速级一般用斜齿,低速级可用直齿或人字齿
	同轴式		减速器横向尺寸较小,两对齿轮浸入油中深度大致相同。但轴向尺寸和重量较大,且中间轴较长、刚度差,使沿齿宽载荷分布不均匀。高速轴的承载能力难以充分利用

名称		运动简图	特点及应用
单级蜗杆减速器	蜗杆下置式		蜗杆在蜗轮下方啮合处的冷却和润滑都较好,蜗杆轴承润滑也方便,但当蜗杆圆周速度高时,搅油损失大,一般用于蜗杆圆周速度 $V<10m/s$ 的场合
	蜗杆上置式		蜗杆在蜗轮上方,蜗杆的圆周速度可高些,但蜗杆轴承润滑不太方便
两级齿轮—蜗杆减速器			有齿轮传动在高速级和蜗杆传动在高速级两种型式。前者结构紧凑,而后者传动效率高
行星齿轮减速器			与普通圆柱齿轮减速器相比,尺寸小、重量轻,但制造精度要求较高,结构较复杂,在要求结构紧凑的动力传动中应用广泛
摆线针轮减速器			传动比大;传动效率较高;结构紧凑,相对体积小,重量轻;通用于中小功率,适用性广,运转平稳,噪声低。结构复杂,制造精度要求较高,广泛用于动力传动中
谐波齿轮减速器			传动比大,范围宽;在相同条件下可比一般齿轮减速器的元件少一半,体积和重量可减少 $20\% \sim 50\%$;承载能力大;运动精度高;可采用调整波发生器达到无侧隙啮合;运转平稳;噪声低;可通过密封壁传递运动;传动效率高且传动比大时,效率并不显著下降。主要零件柔轮的制造工艺较复杂。主要用于小功率、大传动比或仪表及控制系统中

1.2 典型减速器的结构

减速器种类繁多,但其基本结构有很多相似之处,其基本结构由箱体、轴系零件和附件三部分组成。图 7－3 为单级圆柱齿轮减速器的装配图,现结合该图简要介绍一下减速器的结构。

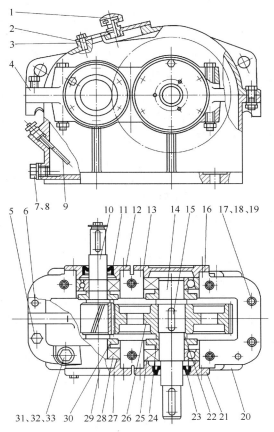

图 7－3　单级圆柱齿轮减速器装配图

1—通气器;2—观察孔盖板;3—纸质密封垫片;4—箱盖;5—启箱螺钉;6—定位销;7—放油螺塞;

8、18、32—垫圈;9—油面指示器;10—齿轮轴;11、23—骨架密封;12、13、21、27—轴承端盖;14—输出轴;

15—平键;16、29—调整垫片;17、31—螺栓;19、33—螺母;20—箱座;

22—轴套;24、30—封油环;25、28—轴承;26—大齿轮。

1. 箱体结构

减速器的箱体用来支承和固定轴系零件,应保证传动件轴线相互位置的正确性,因而轴孔必须精确加工。箱体必须具有足够的强度和刚度,以免引起沿齿轮齿宽上载荷分布不匀。为了增加箱体的刚度,通常在箱体上制出筋板。

为了便于轴系零件的安装和拆卸,箱体通常制成剖分式。剖分面一般取在轴线所在的水平面内(即水平剖分),以便于加工。箱盖(件4)和箱座(件20)之间用螺栓(件17、18、19 和件31、32、33)连接成一整体,为了使轴承座旁的连接螺栓尽量靠近轴承座孔,并增加轴承支座的刚性,应在轴承座旁制出凸台。设计螺栓孔位置时,应注意留出扳手空间。

箱体通常用灰铸铁(HTl50 或 HT200)铸成,对于受冲击载荷的重型减速器也可采用铸钢箱体。单件生产时为了简化工艺、降低成本可采用钢板焊接箱体。

2. 轴系零件

因高速级的小齿轮直径和轴的直径相差不大,将小齿轮与轴制成一体(件10)。大齿轮与轴分开制造,用普通平键(件15)作周向固定。轴上零件用轴肩、轴套(件22)、封油环(件24、30)与轴承端盖(件21、13、12、27)作轴向固定。两轴均采用角接触轴承(件25、28)作支承,承受径向载荷和轴向载荷的联合作用。轴承端盖与箱体座孔外端面之间垫有调整垫片组(件16、29),以调整轴承游隙,保证轴承正常工作。

该减速器中的齿轮传动采用油池浸油润滑,大齿轮的轮齿浸入油池中,在工作中靠大齿轮的旋转把润滑油带到啮合处进行润滑。滚动轴承采用润滑脂润滑,为了防止箱体内的润滑油进入轴承,应在轴承和齿轮之间设置封油环(件24、30)。轴伸出的轴承端盖孔内装有密封元件,图中采用的内包骨架旋转轴唇型密封圈(件11、23),对防止箱内润滑油泄漏以及外界灰尘、异物浸入箱体,具有良好的密封效果。

3. 减速器附件

(1)定位销(件6)。在精加工轴承座孔前,在箱盖和箱座的连接凸缘上配装定位销,以保证箱盖和箱座的装配精度,同时也保证了轴承座孔的精度。两定位圆锥销应设在箱体纵向两侧连接凸缘上,且不宜对称布置,以加强定位效果。

(2)观察孔盖板(件2)。为了检查传动零件的啮合情况,并向箱体内加注润滑油,在箱盖的适当位置设置一观察孔,观察孔多为长方形,观察孔盖板平时用螺钉固定在箱盖上,盖板下垫有纸质密封垫片(件3),以防漏油。

(3)通气器(件1)。通气器用来沟通箱体内、外的气流,箱体内的气压不会因减速器运转时的油温升高而增大,从而提高了箱体分箱面、轴伸端缝隙处的密封性能,通气器多装在箱盖顶部或观察孔盖上,以便箱内的膨胀气体自由溢出。

(4)油面指示器(件9)。为了检查箱体内的油面高度,及时补充润滑油,应在油箱便于观察和油面稳定的部位,装设油面指示器。油面指示器分油标和油尺两类,图中采用的是油尺。

(5)放油螺塞(件7)。换油时,为了排放污油和清洗剂,应在箱体底部、油池最低位置开设放油孔,平时放油孔用油螺塞旋紧,放油螺塞和箱体结合面之间应加防漏垫圈(件8)。

(6)启箱螺钉(件5)。装配减速器时,常常在箱盖和箱座的结合面处涂上水玻璃或密封胶,以增强密封效果,但却给开启箱盖带来困难。为此,在箱盖侧边的凸缘上开设螺纹孔,并拧入启箱螺钉。开启箱盖时,拧动启箱螺钉,迫使箱盖与箱座分离。

(7)起吊装置。为了便于搬运,需在箱体上设置起吊装置。图中箱盖上铸有两个吊耳,用于起吊箱盖,箱座上铸有两个吊钩,用于吊运整台减速器。

1.3 产品结构的装配工艺性

1. 零部件一般装配工艺性要求

(1)产品应划分成若干单独部件或装配单元,在装配时应避免有关组成部分的中间拆卸和再装配。

(2)装配件应有合理的装配基面,以保证它们之间的正确位置。

(3)避免装配时的切削加工和手工修配;应尽量避免装配时采用复杂工艺装备。

(4)便于装配、拆卸和调整;各组成部分的连接方法应尽量保证能用最少的工具快速装拆。

(5)注意工作特点、工艺特点、考虑结构合理性;质量大于20kg的装配单元或其组成部分的结构中,应具有吊装的结构要素。

（6）各种连接结构型式应便于装配工作的机械化和自动化。

2. 零部件自动装配工艺性要求

（1）最大程度地减少零件的数量,有助于减少装配线的设备。因为减少一个零件,就会减少自动装配过程中的一个完整工作站,包括送料器、工作头、传送装置等。

（2）应便于识别、能互换、易抓取、易定向、有良好的装配基准、能以正确的空间位置就位,易于定位。

（3）产品要有一个合适的基础零件作为装配依托,基础零件要有一些在水平面上易于定位的特征。

（4）尽量将产品设计成叠层形式,每一个零件从上方装配;要保证定位,避免机器转体期间在水平力的作用下偏移;还应避免采用昂贵费时的固定操作。

1.4　装配的基本要求

（1）产品应按图样和装配工艺规程进行装配。装到产品上的零件(包括外购件、标准件等)均应符合质量要求。过盈配合和单配的零件,在装配前,对有关尺寸应严格进行复检,并做好配对标记,不应放入图样未规定的垫片和套等。

（2）装配环境应清洁。通常,装配区域内不宜安装切削加工设备。对不可避免的配钻、配铰、刮削等装配工序间的加工,要及时清理切屑,保持场地清洁。

（3）零部件应清理干净(去净毛刺、污垢、锈蚀等)。装配过程中,加工件不应磕、碰、划伤和锈蚀,配合面和外露表面不应有修锉和打磨等痕迹。

（4）装配后的螺栓、螺钉头部和螺母端面,应与被紧固的零件平面均匀接触,不应倾斜和留有间隙。装配在同一部位的螺钉,其长度一般应一致。紧固的螺钉、螺栓和螺母不应有松动;影响精度的螺钉,紧固力应一致。

（5）螺母紧固后,各种止动垫圈应达到止动要求。根据结构需要,可采用在螺纹部分涂低强度的防松胶代替止动垫圈。

（6）移动、转动部件在装配后,运动应平稳、灵活、轻便,无阻滞现象。变位机构应保证准确可靠地定位。

（7）高速旋转的零部件应作平衡试验。

（8）按装配要求选择合适的工艺和装备。对特殊产品要考虑特殊措施。如:在装配精密仪器、轴承、机床时,装配区域除了要严格避免金属切屑及灰尘干扰外,按装配环境要求,需要考虑空调、恒温、恒湿、防尘、隔振等措施。对有很高就位精度要求的重大关键机件,需要具备超慢速的起吊设备。

（9）液压、气动、电气系统的装配应符合国家专项标准规定。

1.5　装配的基本内容

装配是整个机械产品制造过程中的最后一个阶段。装配阶段的主要工作有:清洗,平衡,刮削,各种方式的连接,校正,检验,调整,试验,涂装,包装等。

1. 清洗

（1）清洁度。清洗质量的主要评价指标是产品的清洁度。划分清洁度等级（表 7－1）的依据是零件经清洗后在其表面残留污垢质量的大小，其单位为 mg/cm²（或 g/m²）。

（2）清洗液。清洗时，应正确选择清洗液。金属清洗液，大多数按四种基本组分来配置，这四种基本组分是：助剂（Builder）用 B 表示；含表面活性剂的乳化剂（Emulsion）用 E 表示；溶剂（Solvent）用 S 表示；水（Water）用 W 表示。按上述四种基本组分的不同配置，常用清洗液分类，成分和性能特点见表 7－2。

表 7－1　工件表面清洁度等级

级　别	0	1	2	3	4	5	6	7	8	9	10
残留污垢量 /（mg/cm²）	≥5	2.5	1.6	1.25	1.00	0.75	0.55	0.40	0.25	0.10	0.01

（3）清洗方法。清洗的方法主要取决于污垢的类型和与之相适应的清洗液种类，工件的材料、形状及尺寸、质量大小，生产批量、生产现场的条件等因素。常用的清洗方法有擦洗、浸洗、高压喷射清洗、气相清洗、电解清洗、超声波清洗。

表 7－2　清洗液的分类、成分和性能

分类	代号	成　　分	性　　能
单组分	W	纯净水	对电解液、无机盐和有机盐有很好的溶解力。如灰尘、铁锈、抛光膏和研磨膏的残留物、淬火后的溶盐残留液。但不能去除有机物污垢
	S	石油类：汽油、柴油、煤油。有机类：二甲醇、丙醇。氯化：三氯乙烯、氟里昂 113	常温下对各种油脂、石蜡等有机污物具有很强的清洗作用，缺点为安全性能差、防火防爆要求高、易污染及危害健康、能源耗费大
双组分	BS 和 ES	在 S 型溶液中加入少量的助剂和表面活性剂。其中以三氟三氯乙烷为主要组成的清洗液（氟里昂 TF）应用最广	具有特别强的脱脂和去污能力；不损伤清洗件；不燃、无毒、安全性好；易于回收重复使用；沸点低，气相清洗后迅速蒸发，清洗时间短。常适用于清洗流水线上使用
	BW	属碱性清洗液，在水中加入氢氧化钠、碳酸钠、硅酸钠、磷酸钠等化合物组成	清洗油垢、浮渣、尘粒、积炭等。配置成本低，使用时经加热（70~90℃），清洗后易锈蚀，故须加缓蚀剂
	EW	由一种或数种非离子型表面活性剂的金属清洗剂（<清洗液质量的 5%）和水（>清洗液质量的 95%）配置而成	除了能清洗工作表面的油污外，还能清除前道工序残留在工件表面上的切削液、研磨膏、抛光膏、盐浴残液等。如进行合理配置还可清除积炭和具有缓蚀作用
三组分	BEW	是在 EW 型的基础上加入一定的助剂配制而成，常用的助剂有无机盐类和有机盐类两类	能充分发挥表面活性剂的作用，提高清洗效果，增加清洗液的缓蚀、消泡、调节 pH 值以及增强化学稳定性，抗硬水性等功能
四组分	BESW	由 BEW 型清洗液加水配制，或在 BEW 型的基础上加所需要的助剂（B）配制而成	按所加助剂不同，其去污力、（对污垢的）分散力、消泡性、缓蚀性等可以分别获得提高。具有较好的综合功能

2. 平衡

在生产中常用静平衡法和动平衡法来消除由于质量分布不均匀而造成的旋转体的不平衡。

对于盘类零件一般采用静平衡法消除静力不平衡。而对于长度较大的零件(如电动机转子和机床主轴等)则需采用动平衡法。

平衡的办法有:加重(采用铆、焊、胶结、压装、螺纹联结、喷涂等),去重(采用钻、铣、刨、偏心车削、打磨、抛光、激光熔化等),调节转子上预先设置的可调重块的位置等方法。

3. 联结(连接)

装配工作的完成要依靠大量的连接,常用的连接方式一般有两种:

(1)可拆卸连接。是指相互连接的零件拆卸时不受任何损坏,而且拆卸后还能重新装在一起,如螺纹连接、键连接、弹性环连接、楔连接、榫连接和销钉连接等。

(2)不可拆卸连接。是指相互连接的零件在使用过程中不拆卸,若拆卸将损坏某些零件,如焊接、铆接、胶接、胀接、锁接及过盈连接等。

4. 校正、调整与配作

(1)校正。校正是指在装配过程中对相关零部件的位置进行找正、校平及相应的调整工作,在产品总装和大型机械的基础件装配中应用较多。常用的校正工具有平尺、角尺、水平仪、光学准直仪及相应检具(如心棒和过桥)等。

(2)调整。调整是指在装配过程中对相关零部件相互位置的具体调节工作。它除了配合校正工作去调节零部件的位置精度以外,还用于调节运动副间的间隙,例如轴承间隙、导轨副间隙及齿轮与齿条的啮合间隙等。

(3)配作。配作通常指配钻、配铰、配刮和配磨等,这是装配中附加的一些钳工和机械加工工作,并应与校正、调整工作结合起来进行。只有经过校正、调整,保证相关零件间的正确位置后,才能进行配作。

5. 性能检验

性能检验包括:检测和试验的项目及检验质量指标;检测和试验的方法、条件与环境要求;检测和试验所需的工艺装备的选择或设计;质量问题的分析方法和处理措施。

性能检验是机械产品出厂前的最终检验工作。它是根据产品标准和规定,对其进行全面的检验和试验。

例如金属切削机床验收试验工作的主要步骤和内容有:

(1)检查机床的几何精度。

(2)空运转试验。即在不加负载的情况下,使机床完成设计规定的各种运动。

(3)机床负荷试验。

(4)机床工作精度试验。

6. 涂装

涂装有多种方法,常见的有刷涂、辊涂、浸涂、淋涂、流涂、空气喷涂、静电喷涂、电泳涂覆、无气涂覆、高压无气喷涂、粉末涂装等。涂装是用涂料在金属和非金属基体材料表面形成有机覆层的材料保护技术。涂层光亮美观、色彩鲜艳,可改变基体的颜色,具有装饰的作用。涂层能将基体材料与空气、水、阳光及其他酸、碱、盐、二氧化硫等腐蚀介质隔离,免除化学腐蚀和锈蚀。涂层的硬膜可减轻外界物质对基体材料的摩擦和冲撞,具有一定的机械防护作用。另外,有些特殊的涂层还能降噪、吸振、抗红外线、抗电磁波、反光、导电、绝缘、杀虫、防污等,因此人们把涂装喻为"工业的盔甲"或"工业的外衣"。

■任务实施

由学生完成。

■评　　价

老师点评。

任务二　装配精度的分析

■相关知识

零件的加工精度是保证装配精度的基础。一般情况下,零件的加工精度越高,装配精度也越高。例如,车床主轴定心轴颈的径向跳动这一指标,主要取决于滚动轴承内环上滚道的径向跳动和主轴定心轴颈的径向跳动。因此,要合理地控制这些相关零件的加工精度,才能满足装配精度的要求。

对于某些要求高的装配精度项目,如果完全由零件的加工精度来直接保证,则零件的加工精度将提得很高,从而给零件的加工造成很大的困难,其至用现代的加工方法还无法满足。在实际生产中,希望能按经济加工精度来确定零件的精度要求,使之易于加工,而在装配时采用相应的装配方法和装配工艺措施,使装配出的机械产品仍能达到高的装配精度。这种方法特别适用于精密的机械产品装配工作。

任务三　装配尺寸链的建立

■相关知识

3.1　装配尺寸链的组成和查找

装配尺寸链是产品或部件在装配过程中,由相关零件的有关尺寸(表面或轴线间距离)或相互位置关系(平行度、垂直度或同轴度等)所组成的尺寸链,其特征是呈封闭图形。装配精度(封闭环)是零部件装配后才最后形成的尺寸或位置关系。在装配关系中,对装配精度有直接影响的零部件的尺寸和位置关系,都是装配尺寸链的组成环。如图 7-4(a)所示的装配关系,装配精度要求主轴锥孔中心线和尾座顶尖套锥孔中心线等高,从查找影响此项装配精度的有关尺寸入手,建立以此项装配要求为封闭环的装配尺寸链,如图 7-4(b)所示。A_0 是在装配后才最后形成的尺寸,是装配尺寸链的封闭环,A_2,A_3 是增环,A_1 是减环。

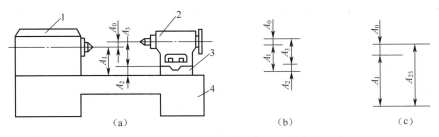

图 7-4　车床主轴线与尾座中心线的等高性要求

1—主轴箱;2—尾座;3—尾座底板;4—床身。

3.2　装配尺寸链的建立方法

装配尺寸链的建立是在装配图的基础上,根据装配精度要求,找出与此项精度有关的零件及相应的有关尺寸,并画出尺寸链图。图 7-5 所示为某减速器的齿轮轴组件装配示意图。齿轮轴 1 在两个滑动轴承 2 和 5 中转动,装配时要求齿轮轴与滑动轴承间的轴向间隙为 0.2~0.7mm,试建立轴向间隙为装配精度的尺寸链。

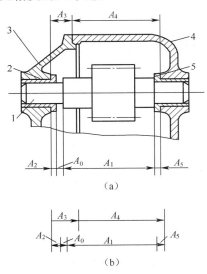

图 7-5　齿轮轴装配示意图

建立装配尺寸链的步骤如下:

(1) 确定封闭环。装配尺寸链的封闭环是装配精度 $A_0 = 0.2 \sim 0.7$mm。

(2) 查找组成环。组成环的查找分两步,首先找出对装配精度有影响的相关零件,然后再在相关零件上找出相关尺寸。

① 查找相关零件。以封闭环两端的那两个零件为起点,以相邻零件装配基准间的联系为线索,分别由近及远地找出装配关系中影响装配精度的零件,直至找到同一个基准零件或同一个基准表面为止。

其间经过的所有零件都是相关零件。本例中封闭环 A_0 两端的零件分别是齿轮轴 1 和左滑动轴承 2,左端:与左端滑动轴承 2 的装配基准相联系的是左箱体 3。右端:与齿轮轴 1 的装配基准相联系的是右滑动轴承5,与右滑动轴承5的装配基准相联系的是右箱体4,最后左、右箱体在其装配基准"止口"处封闭。这样齿轮轴1、左轴承2、左箱体3、右箱体4和右轴承5都是相关零件。

② 确定相关零件上的相关尺寸。每个相关零件上只能选一个长度尺寸作为相关尺寸。即选择相关零件上装配基准间的联系尺寸作为相关尺寸。本例中的尺寸 A_1、A_2,A_3、A_4 和 A_5 都是相关尺寸,它们就是以 A_0 为封闭环的装配尺寸链中的组成环。

(3)画出尺寸链,确定增、减环。将封闭环和所找到的组成环画成如图 7-5(b)所示的尺寸链图。利用画箭头的方法可判断 A_3 和 A_4 是增环,A_1、A_4 和 A_5 是减环。

3.3 装配尺寸链的组成原则

(1)封闭原则。组成环由封闭环两端开始,到基准件后形成封闭的尺寸组。

(2)环数最少原则。装配尺寸链以零件或部件的装配基准为联系确定相关零件,以相关零件上装配基准间的尺寸为相关尺寸,由相关尺寸作为组成环即可满足环数最少原则。这时每个相关零部件上只有一个组成环。

(3)精确原则。当装配精度要求较高时,组成环中除长度尺寸环外,还会有形位公差环和配合间隙环。

任务四　装配方法的选择

■相关知识

生产中达到装配精度的工艺方法有:互换法、选择法、修配法和调整法等四种。具体选择哪种方法来装配,应根据产品的性能要求、结构特点和生产形式、生产条件等来选择。这四种方法既是机器和部件的装配方法,也是装配尺寸链的解算方法。

4.1 互换装配法

机器或部件的所有合格零件,在装配时不经任何选择、调整和修配,装入后就可以使全部或绝大部分的装配对象达到规定的装配精度和技术要求的装配方法称为互换法。

根据零件的互换程度不同,互换法又可分为完全互换法和大数互换法(不完全互换法)。

1. 完全互换法

合格的零件在进入装配时,不经任何选择、调整和修配就可以使装配对象全部达到装配精度的装配方法,称为完全互换法。其实质是用控制零件加工误差来保证装配精度。完全互换装配法是用极值法来解装配尺寸链的,因而极值法计算工艺尺寸链的公式,在这里也可使用。计算时在已知封闭环(装配精度)的公差,分配有关零件(各组成环)公差时,可按"等公差"原则先确定组成环的平均公差 T_{av},即

$$T_{av} = \frac{T_0}{n-1} \qquad (7-1)$$

然后根据各组成环尺寸大小和加工的难易程度,对各组成环的平均公差在平均公差值的基础上作适当调整。

　　例 7-1　图 7-6 所示为车床主轴部件的局部装配图,要求装配后保证轴向间隙 $A_0 = 0.1 \sim 0.35 \text{mm}$。已知各组成环的基本尺寸为：$A_1 = 43 \text{mm}$，$A_2 = 5 \text{mm}$，$A_3 = 30 \text{mm}$，$A_4 = 3_{-0.04}^{\ 0} \text{mm}$，$A_5 = 5 \text{mm}$，$A_4$ 为标准件的尺寸,试按极值法求出各组成环的公差及上、下偏差。

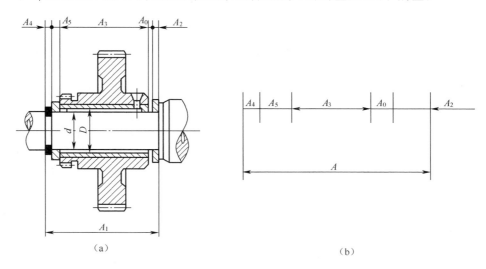

（a）　　　　　　　　　　　　　　　（b）

图 7-6　车床主轴双联齿轮装配图链

　　解：(1) 画出装配尺寸链(图 7-6(b)),检验各环尺寸。

　　尺寸链中的组成环为增环 A_1,减环 A_2,A_3,A_4,A_5。封闭环 A_0 的基本尺寸为

$$A_0 = \overrightarrow{A_1} - (\overleftarrow{A_2} + \overleftarrow{A_3} + \overleftarrow{A_4} + \overleftarrow{A_5})$$
$$= 43 - (5 + 30 + 3 + 5) = 0 (\text{mm})$$

由此可知,各组成环的基本尺寸的已定数值正确。

　　(2) 确定各组成环的公差。

　　首先计算各组成环的平均公差 T_{av}

$$T_{av} = \frac{T_0}{n-1} = \frac{0.35 - 1}{6 - 1} (\text{mm}) = 0.05 (\text{mm})$$

　　现参考 T_{avL} 来确定各组成环的公差：$\overrightarrow{A_1}$ 和 $\overleftarrow{A_3}$ 尺寸大小和加工难易程度大体相当,故取 $TA_1 = TA_3 = 0.06 \text{mm}$；$\overleftarrow{A_2}$ 和 $\overleftarrow{A_5}$ 尺寸大小和加工难易程度相当,故取 $TA_2 = TA_5 = 0.045 \text{mm}$；$A_4$ 为标准件,其公差为已定值 $TA_4 = 0.04 \text{mm}$。

$$\Sigma T_i = (0.06 + 0.045 + 0.06 + 0.045 + 0.04) \text{mm} = 0.25 \text{mm} = TA_0$$

　　从计算可知,各组成环公差之和未超过封闭环公差。封闭环可写成 $A_0 = 0_{+0.10}^{+0.35} \text{mm}$。协调环的公差 TA_3 也可以先不给定,而是通过公式 $\Sigma T_i \leqslant TA_0$ 算出。

　　(3) 确定各组成环的公差带位置。

　　将 A_3 作为协调环,其余组成环的公差均按"入体原则"分布,即 $A_1 = 43_{\ 0}^{+0.06} \text{mm}$，$A_2 = 5_{-0.045}^{\ 0} \text{mm}$，$A_4 = 3_{-0.04}^{\ 0} \text{mm}$，$A_5 = 5_{-0.045}^{\ 0} \text{mm}$。

　　协调环 A_3 的上下偏差计算如下：

$$ESA_0 = \sum_{i=1}^{m} ES\overrightarrow{A_i} - \sum_{i=m+1}^{n-1} EI\overleftarrow{A_i} + 0.35$$

$$= 0.06 - (-0.045 + EIA_3 - 0.045 - 0.04)(\text{mm})$$

$$EIA_3 = -0.16\text{mm}$$

$$ESA_3 = TA_3 + EIA_3 = (0.06 + (-0.16))\text{mm} = -0.10\text{mm}$$

所以 $A_3 = 30^{-0.10}_{-0.16}\text{mm}$

全部计算结果如下：

$A_1 = 43^{+0.06}_{0}\text{mm}$，$A_2 = 5^{0}_{-0.045}\text{mm}$，$A_3 = 30^{-0.10}_{-0.16}\text{mm}$，$A_4 = 3^{0}_{-0.04}\text{mm}$，$A_5 = 5^{0}_{-0.045}\text{mm}$。

2. 大数互换法

完全互换法的装配过程虽然简单，但它是根据增、减环同时出现极值情况下建立封闭环与组成环的关系式，由于组成环分得的制造公差过小常使零件加工过程产生困难。根据数理统计规律可知，首先，在一个稳定的工艺系统中进行大批大量加工时，零件尺寸出现极值的可能性很小，其次在装配时，各零件的尺寸同时为极大、极小的"极值组合"的可能性更小，实际上可以忽略不计。所以完全互换法以提高零件加工精度为代价来换取完全互换装配显然是不经济的。

大数互换（不完全互换法）装配法的实质是将组成环的制造公差适当放大，使零件容易加工，这会使极少数产品的装配精度超出规定要求，所以需在装配时采取适当的工艺措施，以排除个别产品因超出公差而产生废品的可能性。大数互换法用于封闭环精度要求较高而组成环又较多的场合。

例 7-2 已知条件与例 7-1 相同，试用大数互换法确定各组成环的公差及上、下偏差。

解：解题步骤跟极值法相同，首先建立装配尺寸链；然后计算组成环的平均公差 T_{av}，以 T_{av} 作参考，根据各组成环基本尺寸的大小和加工难易程度确定各组成环的公差及其分布。

计算出组成环的平均公差：

$$T_{av} = \frac{TA_0}{\sqrt{n-1}} = \frac{0.25}{\sqrt{6-1}}\text{mm} \approx 0.112\text{mm}$$

根据组成环公差的上述确定原则，确定 $TA_1 = 0.15\text{mm}$，$TA_2 = TA_5 = 0.10\text{mm}$，$A_4$ 为标准件，其公差为定值 $TA_4 = 0.04\text{mm}$。将 A_3 作为协调环，其公差 TA_3 为

$$TA_3 = \sqrt{TA_0^2 - \sum_{i=1}^{n-2} TA_i^2}$$

$$= \sqrt{0.25^2 - (0.15^2 + 0.10^2 + 0.10^2 + 0.04^{2})}\,\text{mm} \approx 0.13\text{mm}$$

最后确定各组成环公差的位置。除协调环 A_3 外，其他组成环按"入体原则"分布，即 $A_1 = 43^{+0.15}_{0}\text{mm}$，$A_2 = A_5 = 5^{0}_{-0.10}\text{mm}$，$A_4 = 3^{0}_{-0.04}\text{mm}$。

计算协调环 A_3 的上下偏差：

各组成环相应的中间偏差为：$\Delta_1 = 0.075\text{mm}$，$\Delta_2 = \Delta_5 = -0.05\text{mm}$，$\Delta_4 = -0.02\text{mm}$；封闭环的中间偏差 $\Delta_0 = 0.225\text{mm}$。

计算协调环的中间偏差 Δ_3：

$$\Delta_0 = \overrightarrow{\Delta_1} - (\overleftarrow{\Delta_2} + \overleftarrow{\Delta_3} + \overleftarrow{\Delta_4} + \overleftarrow{\Delta_5})$$

$$0.225 = 0.075 - (-0.05 + \Delta_3 - 0.02 - 0.05)$$

$$\Delta_3 = -0.03\text{mm}$$

$$ESA_3 = \Delta_3 + \frac{TA_3}{2} = \left(-0.03 + \frac{0.13}{2}\right)\text{mm} = +0.035\text{mm}$$

$$EIA_3 = \Delta_3 - \frac{TA_3}{2} = \left(-0.03 - \frac{0.13}{2} \right) \text{mm} = -0.095\text{mm}$$

所以 $A_3 = 30 {}^{+0.035}_{-0.095}\ \text{mm}$

4.2 分组装配法

在大批大量生产中,当装配精度要求特别高,同时又不便于采用调整装置的部件,若用互换装配法装配,组成环的制造公差过小,加工困难很不经济,此时可以采用分组装配法装配。分组法装配是将各组成环公差增大若干倍(一般为2~4倍),使组成环零件可以按经济精度进行加工,然后再将各组成环按实际尺寸大小分为若干组,各对应组进行装配,同组零件具有互换性,并保证全部装配对象达到规定的装配精度。该方法通常采用极值法计算。

与分组法有着选配共性的装配方法还有直接选配法和复合选配法。前者是由装配工人从许多待装配的零件中,凭检验挑选合格的零件通过试凑进行装配的方法。这种方法的优点是简单,不需将零件事先分组,但装配中工人挑选零件需要较长时间,劳动量大,而且装配质量在很大程度上取决于工人的技术水平,因此不宜用于节拍要求较严的大批大量生产中。这种装配方法没有互换性。复合选配法是上述两种方法的综合,即将零件预先测量分组,装配时再在各对应组内凭工人经验直接选配。这一方法的特点是配合件公差可以不等,装配质量高,且装配速度快,能满足一定的生产节拍要求。

在汽车发动机中,活塞销和活塞销孔的配合要求是很高的,图7-7(a)所示为某厂汽车发动机活塞1与活塞销2的销装配关系,销子和销孔的基本尺寸为 $\phi28$,在冷态装配时要有 $0.0025\sim$ 0.0075mm 的过盈量。若按完全互换法装配,须封闭环公差 $T_0 = 0.0075 - 0.0025 = 0.0050(\text{mm})$ 均等地分配给活塞销 $d(d = \phi28 {}^{0}_{-0.0025}\text{mm})$ 与活塞销孔 $D(D = \phi28 {}^{-0.0050}_{-0.0075}\text{mm})$,制造这样精确的销孔和销子是很困难的,也是不经济的。生产上常采用将销孔与销轴的制造公差放大,而在装配时用分组法装配来保证上述装配精度要求,方法如下。

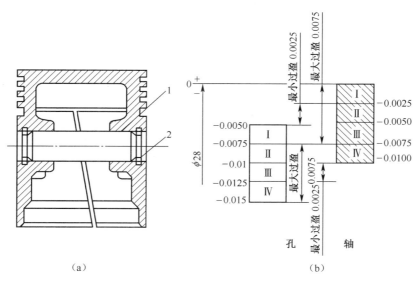

(a)   (b)

图7-7 活塞销与活塞的装配关系

1—活塞;2—活塞销。

将活塞和活塞销孔的制造公差同向放大 4 倍,让 $d = \phi28^{\ 0}_{-0.010}$ mm,$D = \phi28^{-0.005}_{-0.015}$ mm;然后在加工好的一批工件中,用精密量具测量,将销孔孔径 D 与销子直径 d 按尺寸从大到小分成四组,分别涂上不同颜色的标记;装配时让具有相同颜色标记的销子与销孔相配,即让大销子配大销孔,小销子配小销孔,保证达到上述装配精度要求。图 7-7(b)给出了活塞销和活塞销孔的分组公差带位置,具体分组情况可见表 7-3。

表 7-3　活塞销与活塞销孔直径分组

组别	标志颜色	活塞销孔直径 $d = \phi28^{\ 0}_{-0.010}$ mm	活塞销孔直径 $D = \phi28^{-0.005}_{-0.015}$ mm	配合情况	
				最小过盈	最大过盈
Ⅰ	红	$\phi28^{\ 0}_{-0.0025}$	$\phi28^{-0.0050}_{-0.0075}$		
Ⅱ	白	$\phi28^{-0.0025}_{-0.0050}$	$\phi28^{-0.0075}_{-0.0100}$	0.0025	0.0075
Ⅲ	黄	$\phi28^{-0.0050}_{-0.0075}$	$\phi28^{-0.0100}_{-0.0125}$		
Ⅳ	绿	$\phi28^{-0.0075}_{-0.0100}$	$\phi28^{-0.0125}_{-0.0150}$		

采用分组法装配时须注意如下事项:

(1) 要保证分组后各组的配合精度和配合性质符合原设计要求,原来规定的形位公差不能扩大,表面粗糙度值不能因公差增大而增大;配合件的公差应当相等;公差增大的方向要同向;增大的倍数要等于以后分组数,放大倍数应为整数倍。

(2) 零件分组后,各组内相配合零件的数量要相等,相配件的尺寸分布应相同,以形成配套。按照一般正态分布规律,零件分组后可以相互配套,不会产生各对应配合组内相配零件数量不等的情况。但是如果受某些因素的影响,则将造成加工尺寸非正态分布(图 7-8),从而造成各组尺寸分布不对应,使得各对应组相配零件数不等而不能配套。

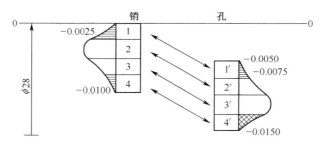

图 7-8　活塞销和活塞销孔的各组数量不等

(3) 分组数不宜太多。尺寸公差只要增大到经济精度即可。否则会增加分组、测量、储存、保管等的工作量、造成组织工作复杂和混乱,增加生产费用。

分组装配法适用于大批量生产中封闭环公差要求很严的场合,且组成环的环数不宜太多,一般相关零件只有 2~3 件。因其生产组织复杂,应用范围受到一定的限制。此种方法常用于汽车、拖拉机制造及轴承制造业等大批量生产中。

4.3　修配装配法

当尺寸链的环数较多,而封闭环的精度要求较高时,若用互换法来装配,则势必使组成环的公差很小,由此增加了机械加工的难度并影响经济性。如生产批量不大,这时可采用修配装配法来装配,即各组成环均按经济精度制造,而对其中某一环(称补偿环或修配环)预留一定的修配量,在装配时用钳工或机械加工的方法将修配量去除,使装配对象达到设计要求的装配精度。

用修配法进行装配,装配工作复杂,劳动量大,产品装配以后,先要测量产品的装配精度,如果不合格,就要拆开产品,对某一零件进行修整,然后重新装配,进行检验,直到满足规定的要求为止。

修配法通常采用极值法计算尺寸链,以决定修配环的尺寸。所选择的修配环应是容易进行装配加工并且对其他尺寸链没有影响的零件。

1. 修配方法

(1) 单件修配法。上述修配法定义中的"补偿环"若为一个零件上的尺寸,则该修配方法称为单件修配法。它在修配法中应用最广,如车床尾架底板的修配、平键连接中的平键或键槽的修配就是常见的单件修配法。

(2) 合并加工修配法。若补偿环由多个零件构成的尺寸,则该装配方法称为合并加工修配法。该方法是将两个或多个零件合并在一起进行加工修配,合并加工所得尺寸作为一个补偿环,并视作"一个零件"参与总装,从而减少组成环的环数。合并加工修配法在装配时不能进行互换,相配零件要打上号码以便对号装配,此方法多用于单件及小批生产。

(3) 自身加工修配法。利用机床本身具有的切削能力,在装配过程中,将预留在待修配零件表面上的修配量(加工余量)去除,使装配对象达到设计要求的装配精度,这就是自身加工修配法。

修配法的主要优点是既可放宽零件的制造公差,又可获得较高的装配精度。缺点是增加了一道修配工序,对工人的技术水平要求较高,且不适宜组织流水线生产。

2. 修配环的选择

采用修配法时应正确选择修配环,选择时应遵循以下原则:

(1) 尽量选择结构简单、质量轻、加工面积小和易于加工的零件。

(2) 尽量选择易于独立安装和拆卸的零件。

(3) 选择的修配环,修配后不能影响其他装配精度。因此,不能选择并联尺寸链中的公共环作为修配环。

3. 修配环尺寸的确定

修配环在修配时对封闭环尺寸变化的影响分两种情况:一种是使封闭环尺寸变小,另一种是使封闭环尺寸变大。因此用修配法解尺寸链时,应根据具体情况分别进行。

(1) 修配环被修配时封闭环尺寸变小的情况(越修越小)。

由于各组成环均按经济精度制造,加工难度降低,从而导致封闭环实际误差值 δ_0 大于封闭环规定的公差值 T_0,即 $\delta_0 > T_0$(图 7-9)。为此,要通过修配法使 $\delta_0 \leqslant T_0$。但是,修配环现处于"越修越小"的状态,所以封闭环实际尺寸最小值 A'_{0min} 不能小于封闭环最小尺寸 A_{0min}。因此,δ_0 与 T_0 之间的相对位置应如图 7-9(a)所示,即 $A'_{0min} = A_{0min}$。

用极值法解算时,可用下式计算封闭环实际尺寸的最小值 A'_{0min} 和公差增大后的各组成环之间的关系:

$$A'_{0min} = A_{0min} = \sum_{i=1}^{m} \overrightarrow{A}_{imin} - \sum_{i=m+1}^{n-1} \overleftarrow{A}_{imax} \qquad (7-2)$$

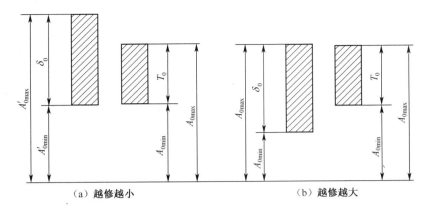

（a）越修越小　　　　　　　　　　　　（b）越修越大

图 7 - 9　修配环调节作用示意图

上式只有修配环为未知数,可以利用它求出修配环的一个极限尺寸(修配环为增环时可求出最小尺寸,为减环时可求出最大尺寸)。修配环的公差也可按经济加工精度给出,求出一个极限尺寸后,修配环的另一个极限尺寸也可以确定。

(2) 修配环被修配时封闭环尺寸变大的情况(越修越大)。

修配前 δ_0 相对于 T_0 的位置如图 7 - 9(b)所示,即 $A'_{0\max} = A_{0\max}$ 。

修配环的一个极限尺寸可按下式计算:

$$A'_{0\max} = A_{0\max} = \sum_{i=1}^{m} \overrightarrow{A}_{i\max} - \sum_{i=m+1}^{n-1} \overleftarrow{A}_{i\min} \qquad (7-3)$$

修配环的另一个极限尺寸,在公差按经济精度给定后也随之确定。

例 7 - 3　已知条件与例 7 - 1 相同,试用修配法求出各组成环的公差及上下偏差。

解: 在建立了装配尺寸链以后,则要确定修配环。按修配环的选取原则,现选 A_5 为修配环。然后按经济加工精度给各组成环定出公差及上下偏差: $A_1 = 43 \,_0^{+0.20}$ mm, $A_2 = 5 \,_{-0.10}^{0}$ mm, $A_3 = 30 \,_{-0.16}^{-0.10}$ mm, $A_3 = 30 \,_{-0.20}^{0}$ mm, $A_4 = 3 \,_{-0.05}^{0}$ mm。修配环 A_5 的公差定为 $TA_5 = 0.10$ mm,但上下偏差则应通过公式求出(因为修配环"越修越大")。

$$ESA_0 = \sum_{i=1}^{m} ES\overrightarrow{A}_i - \sum_{i=m+1}^{n-1} EI\overleftarrow{A}_i$$

$$0.35 = 0.20 - (-0.10 - 0.20 - 0.05 + EIA_5)$$

$$EIA_5 = +0.20\text{mm}$$

$$ESA_5 = EIA_5 + TA_5 = (0.20 + 0.10)\text{mm} = 0.30\text{mm}$$

所以
$$A_5 = 5 \,_{+0.20}^{+0.30}\text{mm}$$

$$\delta_0 = \sum_{i=1}^{n-1} TA_i = (0.20 + 0.10 + 0.20 + 0.05 + 0.10)\text{mm} = 0.65\text{mm}$$

最大修配量　　$\delta_{c\max} = (0.65 - 0.25)\text{mm} = 0.40\text{mm}$

最小修配量　　$\delta_{c\min} = 0$

例 7 - 4　在图 7 - 4 所示的装配尺寸链中,设备组成环的基本尺寸为 $A_1 = 205$ mm, $A_2 = 49$ mm, $A_3 = 156$ mm,封闭环 $A_0 = 0$,其公差按车床精度标准 $TA_0 = 0.06$ mm。其尺寸链图如图 7 - 4(b)所示。

此装配尺寸链若采用完全互换法(按等公差法计算)求解,可得出各组成环的平均公差值为 0.02mm,要达到这样的加工精度比较困难;即使采用大数互换法(也按等公差法计算)求解,可得出各组成环的平均公差值为 0.035mm,零件加工仍然困难,故一般采用修配法来装配。

下面采用合并修配法来解本题。将 A_2 和 A_3 两环合并成 A_{23}(见图 7-4(c))一个组成环,各组成环均按经济公差制造,确定 $TA_1 = TA_{23} = 0.1$mm,考虑到控制方便,令 A_1 的公差作对称分布,即 $A_1 = 205\pm0.05$mm,则修配环 A_{23} 的尺寸计算如下:

(1)基本尺寸 A_{23}

$$A_{23} = A_2 + A_3 = (49+156)\text{mm} = 205\text{mm}$$

(2)修配环公差 TA_{23} 已按设定给出,即 $TA_{23} = 0.1$mm。

(3)修配环最小尺寸 $A_{23\min}$,A_{23} 为增环,且此种情况为"越修越小",已知 $A_{0\min} = 0$,故

$$A_{0\min} = A_{23\min} - A_{1\max}$$

$$0 = A_{23\min} - 205.05\text{mm}$$

$$A_{23\min} = 205.05\text{mm}$$

(4)修配环最大尺寸 $A_{23\max}$

$$A_{23\max} = A_{23\min} + TA_{23} = (205.05+0.1)\text{mm} = 0.14\text{mm}$$

(5)修配量 δ_c 的计算

$$\delta_c = \delta_0 - T_0 = (0.2-0.06)\text{mm} = 0.14\text{mm}$$

考虑到车床总装时,尾座底板与床身配合的导轨接触面需刮研以保证有足够的接触点,故必须留有一定的刮研量。取最小刮研量为 0.15mm,这时修配环的基本尺寸还应增加一个刮研量,故合并加工后的尺寸为 $A_{23} = (205 \, ^{+0.15}_{+0.05} +0.15)\text{mm} = 205 \, ^{+0.30}_{+0.20}\text{mm}$。

4.4 调整装配法

对于精度要求高且组成环数又较多的产品或部件,在不能用互换法进行装配时,除了用分组互换和修配法外,还可用调整法来保证装配精度。

调整法也是按经济加工精度确定零件的公差。由于每一个组成环的公差扩大,结果使一部分装配件超差。为了保证装配精度,可通过改变一个零件的位置或选择一个适当尺寸的调整件或通过调整有关零件的相互位置来补偿这些影响。

调整装配法与修配法的区别是,调整装配法不是靠去除金属,而是靠改变补偿件的位置或更换补偿件的方法来保证装配精度。

根据调整方法的不同,调整装配法可分为可动调整法、固定调整法和误差抵消调整法三种。

1. 可动调整法

在装配尺寸链中,选定某个零件为调整环,根据封闭环的精度要求,采用改变调整环的位置,即移动、旋转或移动旋转同时进行,以达到装配精度,这种方法称为可动调整法。该方法在调整过程中不需拆卸零件,比较方便。

图 7-10 所示为丝杠螺母副调整间隙的机构,当发现丝杠螺母副间隙不合适时,可转动中间的调节螺钉,通过楔块的上下移动来改变轴向间隙的大小。图 7-11 所示的结构是靠转动中间螺钉来调整轴承外圈相对于内圈的位置以取得合适的间隙或过盈的,调整合适后,用螺母

锁紧,保证轴承既有足够的刚性又不至于过分发热。

可动调整,不但调整方便,能获得比较高的精度,而且可以补偿由于磨损和变形等所引起的误差,使设备恢复原有精度。所以在一些传动机构或易磨损机构中,常用可动调整法。

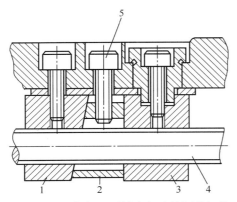

图7-10 丝杠螺母副轴向间隙的调整机构

1、3—螺母;2—楔块;4—丝杠;5—调节螺母。

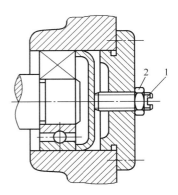

图7-11 轴承间隙的调整

1—螺钉;2—螺母。

但是,可动调整法中因可动调整件的出现,削弱了机构的刚性,因而在刚性要求较高或机构比较紧凑,无法安排可动调整件时,就必须采用其他的调整法。

2. 固定调整法

在装配尺寸链中,选择某一组成环为调节环(补偿环),该环是按一定尺寸间隔分级制造的一套专用零件(如垫片、垫圈或轴套等)。产品装配时,根据各组成环所形成累积误差的大小,通过更换调节件来实现改变调节环实际尺寸的方法,以保证装配精度,这种方法即固定调整法。

例7-5 图7-6(a)所示双联齿轮装配后要求轴向间隙 $A_0 = 0 _{+0.05}^{+0.20}$ mm,已知 $A_1 = 115$mm, $A_2 = 8.5$mm, $A_3 = 95$mm, $A_4 = 2.5$mm, $A_5 = 9$mm,现采用固定调整法装配,试确定各组成环的尺寸偏差,并求调整件的分组数及尺寸系列。

解:(1)建立装配尺寸链,如图7-6(b)所示。

(2)选择调整环。选择加工比较容易,装卸比较方便的组成环 A_5 作调整环。

(3)确定组成环公差。按加工经济精度确定各组成环公差并确定极限偏差:$A_1 = 115 _0^{+0.15}$ mm, $A_2 = 8.5 _{-0.1}^{0}$ mm, $A_3 = 95 _{-0.1}^{0}$ mm, $A_4 = 2.5 _{-0.12}^{0}$ mm,并设 $T_5 = 0.03$mm。

(4)确定调整范围 δ。在未装入调整环 A_5 之前,先实测齿轮端面轴向间隙的大小。然后在选一个合适的调整环 A_5 装入该空隙中,要求达到装配要求。所测空隙 A_0 的变动范围就是所要求的调整范围 δ。

从尺寸链图中可以看出,有 A_1, A_2, A_3, A_4 四个环节造成的装配误差累积值为

$$\delta_s = 0.15 + 0.1 + 0.1 + 0.12 = 0.47(\text{mm})$$

(5)确定调整环的分组数 i。取封闭环公差与调整环公差之差 $T_0 - T_5$,作为调整环尺寸分组间隔 Δ,则

$$i = \frac{\delta_s}{\Delta} = \frac{\delta_s}{T_0 - T_5} = \frac{0.47}{0.15 - 0.03} \approx 3.9$$

分组数不能为小数,取 $z = 4$,调整环分组数不宜过多,否则组织生产繁琐,一般 i 取 3~4 为宜。

（6）确定调整环 A_5 的尺寸系列。假定调整件最大尺寸级别为 A_{51}，则

$$A_{51min} = A_{1max} - (A_{2min} + A_{3min} + A_{4min}) - A_{0max} = 9.32mm$$

因 T_5 为 0.03mm，调整件级差为 $T_0 - T_5 = 0.12mm$，则四组调整件的分级尺寸如下：

$A_{51} = 9.30_{-0.03}^{0}$ mm，$A_{52} = 9.18_{-0.03}^{0}$ mm，$A_{53} = 9.06_{-0.03}^{0}$ mm，$A_{54} = 8.94_{-0.03}^{0}$ mm

在产量大、精度要求高的装配中，固定调整环可用不同厚度的薄金属片冲出，再与一定厚度的垫片组合成所需的各种不同尺寸，然后把它装到空隙中去，使装配结构达到装配要求。这种装配方法比较灵活。在汽车、拖拉机生产中广泛应用。

任务五　减速机的装配工艺的编制

■相关知识

将合理的装配工艺过程和操作方法，按一定的格式编写而成的书面文件就是装配工艺规程。装配工艺规程不仅是指导装配作业的主要技术文件，而且是制订装配生产计划和技术的准备，以及设计或改建装配车间的重要依据。在装配工艺规程中，应规定产品及其部件的装配顺序、装配方法、装配的技术要求及检验方法，装配所需的设备和工具以及装配的时间定额等。

5.1　制订装配工艺规程的基本原则及原始资料

1. 制订装配工艺的基本原则

制订装配工艺规程时，应满足下列基本原则：

（1）保证产品的装配质量，尽力延长产品的使用寿命。

（2）尽力缩短生产周期，力争提高生产率。

（3）合理安排装配顺序和工序，尽量减少钳工装配的工作量。

装配工作中的钳工劳动量是很大的，在机器和仪器制造中，分别占劳动量20%和50%以上。所以减少钳工劳动量，降低工人的劳动强度，改善装配工作条件，使装配实现机械化与自动化是一个急需解决的问题。

（4）尽量减少装配工作所付出的成本在产品成本中所占的比例。

（5）装配工艺规程应做到正确、完整、协调、规范。

作为一种重要的技术文件不仅不允许出现错误，而且应该配套齐全。例如在编制出全套的装配工艺规程卡片，装配工序卡片，还应该有与之配套的装配系统图、装配工艺流程图、装配工艺流程表、工艺文件更改通知等一系列工艺文件。

（6）在了解本企业现有的生产条件下，尽可能采用先进的技术。

（7）工艺规程中使用的术语、符号、代号、计量单位、文件格式等，要符合相应标准的规定，并尽量与国际接轨。

（8）制订装配工艺规程时要充分考虑到安全和防污的问题。

2. 制订装配工艺规程的原始资料

在制订装配工艺规程之前，为使该规程能够顺利进行，必须具备下列原始资料：

（1）产品的装配图样及验收技术文件。产品的装配图样应包括总装配图样和部件装配图

样,并能清楚地表示出零部件的相互连接情况及其联系尺寸,装配精度和其他技术要求,零件的明细表等。为了在装配时对某些零件进行补充机械加工和核算装配尺寸链,有时还需要某些零件图样。

验收技术条件主要规定了产品主要技术性能的检验、试验工作的内容及方法,这是制订装配工艺规程的主要依据之一。

（2）产品的生产纲领。生产纲领决定了生产类型,不同的生产类型使装配的组织形式、装配方法、工艺规程的划分、设备及工艺装备专业化或通用化水平、手工操作量的比例、对工人技术水平的要求和工艺文件的格式等均有不同。各种生产类型下的装配工作的特点见表7-4。

（3）生产条件。生产条件包括现有装配设备、工艺装备、装配车间面积、工人技术水平、机械加工条件及各种工艺资料和标准等。设计者熟悉和掌握了它们,才能切合实际地制订出合理的装配工艺规程。

表7-4 各种生产类型的装配工作特点

生产类型 装配工作特点	大批大量生产	成批生产	单件小批生产
装配工作特点	产品固定,生产内容长期重复,生产周期一般较短	产品在系列化范围内变动,分批交替投产或多品种同时投产,生产内容在一定时期内重复	产品经常变换,不定期重复生产,生产周期一般较长
组织形式	多采用流水装配线:有连续移动,间歇移动及可变节奏移动等方式,还可采用自动装配机或自动装配线	笨重且批量不大的产品多采用固定流水装配;批量较大时采用流水装配;多品种同时投产时用多品种可变节奏流水装配	多采用固定装配或固定式流水装配进行总装
装配工艺方法	按互换法装配,允许有少量简单的调整,精密偶件成对供应或分组供应装配,无任何修配工作	主要采用互换法,但灵活运用其他保证装配精度的方法,如调整法、修配法、合并加工法,以节约加工费用	以修配法及调整法为主,互换件比例较小
工艺过程	工艺过程划分很细,力求达到高度的均衡性	工艺过程的划分须适合于批量的大小,尽量使生产均衡	一般不订详细的工艺文件。工序可适当调整,工艺也可灵活掌握
工艺装备	专业化程度高,宜采用专用高效工艺装备,易于实现机械化自动化	通用设备较多,但也采用一定数量的专用工、夹、量具,以保证装配质量和提高工效	一般为通用设备及通用工夹量具
手工操作要求	手工操作比重小,熟练程度容易提高,便于培养新工人	手工操作比重较大,技术水平要求较高	手工操作比重大,要求工人有高的技术水平和多方面的工艺知识
应用实例	汽车、拖拉机、内燃机、滚动轴承、手表、缝纫机、电气开关等行业	机床、机车车辆、中小型锅炉、矿山采掘机械等行业	重型机床、重型机械、汽轮机、大型内燃机、大型锅炉等行业

5.2 制订装配工艺规程的步骤、方法及内容

1. 熟悉产品的图样及验收技术条件

制订装配工艺规程时,要通过对产品的总装配图、部件装配图、零件图及技术要求的研究,

深入地了解产品及其各部分的具体结构;产品及各部件的装配技术要求;设计人员所需保证产品装配精度的方法,以及产品的检查验收的内容和方法;审查产品的结构工艺性;研究设计人员所确定的装配方法,进行必要的装配尺寸链分析和计算。

产品结构的装配工艺性是指在一定的是生产条件下产品结构符合装配工艺上的要求。产品结构的装配工艺性主要有以下几个方面的要求:

(1)整个产品能被分解为若干独立的装配单元。若产品被分成若干个独立单元,就可以组织装配工作的平行作业、流水作业,使装配工作专业化,有利于装配质量的提高,缩短整个装配工作的周期,提高劳动生产率。装配单元是指机器中能进行独立装配的部分,它可以是零件、部件,也可以是像连杆盖和连杆体组成的套件。

(2)方便于装配。零件和部件的结构应能顺利地装配出机器。

图7-12所示是轴依次装配结构的影响,图中是将一个已装有两个单列深沟球轴承的轴装入箱体内。图7-12(a)为两轴承同时进入箱体孔,这样在装配时不易对准,若将左右两轴承之间的距离在原有基础上扩大3~5mm(见图7-12(b)),则安装时右轴承将先进入箱壁孔中,然后再对准左轴承就会方便许多。为使整个轴组件能从箱体左端进入,设计时还应使右轴承外径及齿轮外径均小于左箱体壁孔径。

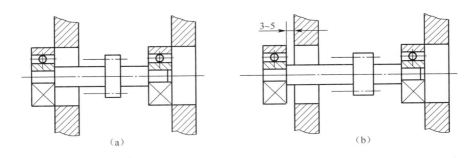

图7-12 零件相互位置对装配的影响

图7-13所示为一配合精度要求较高的定位销。图7-13(a)由于在基体上未开气孔,故压入时空气无法排出,可能造成定位销压不进去。图7-13(b)和图7-13(c)的结构则可将定位销顺利压入。若基体不便钻排气孔时,也可考虑在定位销上钻排气孔。

(3)要考虑装配后返工、修理和拆卸的方便。装配时要考虑到如发生装配不当需进行返工,以及今后修理和更换配件时,应便于拆卸。如图7-14所示:图7-14(a)是在结构设计时使箱体的孔径等于轴承外环的内径,不便直接拆卸;图7-14(b)是使箱体的孔径大于轴承外环的内径,方便了直接拆卸。二者相比,第二种更为合理。

(4)尽量减少装配过程中的机械加工和钳工的修配工作量。

2. 确定装配的组织形式

产品装配工艺方案的制订与装配的组织形式有关。如装配工序划分的集中或分散程度;产品装配的运送方式,以及工作地的组织等均与装配的组织形式有关。装配的组织形式要根据生产纲领及产品结构特点来确定。下面介绍各种装配组织形式的特点及应用。

(1)固定式装配。固定式装配是将产品或部件的全部装配工作安排在一个固定的工作地上进行装配,装配过程中产品位置不变,装配所需要的零部件都汇集在工作地点。

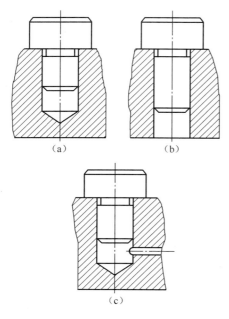

图7-13 定位销的装配

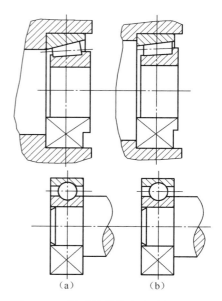

图7-14 轴承的结构应考虑拆卸方便

固定式装配的特点是装配周期长,装配面积利用率低,且需要技术水平高的工人。在单件或中小批生产中,对那些因质量和尺寸较大,装配时不便移动的重型机械,或机体刚性较差,装配时移动会影响装配精度的产品,均宜采用固定式装配的组织形式。

(2)移动式装配。移动式装配是装配工人和工作地点固定不变而将产品或部件置于装配线上,通过连续或间隔地移动使其顺次经过各装配工作地,以完成全部装配工作。

采用移动式装配时,装配过程分得很细,每个工人重复地完成固定的工序,广泛采用专用的设备及工具,生产率高,多用于大批大量生产中。

3. 装配方法的选择

这里所指的装配方法包含两个方面:一是指手工装配还是机械装配;另一是指保证装配精度的工艺方法和装配尺寸链的计算方法,如互换分组法等。对前者的选择,主要取决于生产纲领和产品的装配工艺性,但也要考虑产品尺寸和质量的大小以及结构的复杂程度;对后者的选择则主要取决于生产纲领和装配精度,但也与装配尺寸链中的环数的多少有关。具体情况见表7-5。

表7-5 各种装配方法的适用范围和应用实例

装配方法	适 用 范 围	应 用 实 例
完全互换法	适用于零件数较少、批量很大、零件可用经济精度加工时	汽车、拖拉机、中小型柴油机、缝纫机及小型电动机的部分部件
不完全互换法	适用于零件数稍多、批量大、零件加工精度需适当放宽	机床、仪器仪表中某些部件
分组法	适用于成批或大量生产中,装配精度很高,零件数很少,又不便采用调整装置时	中小型柴油机的活塞与缸套、活塞与活塞销、滚动轴承的内外圈与滚子

装配方法	适 用 范 围	应 用 实 例
修配法	单件小批生产中,装配精度要求高且零件数较多的场合	车床尾座垫板、滚齿机分度蜗轮与工作台装配后精加工齿形、平面磨床砂轮(架)对工作台面自磨
调整法	除必须采用分组法选配的精密配件外,调整法可用于各种装配场合	机床导轨的楔形镶条,内燃机气门间隙的调整螺钉,滚动轴承调整间隙的间隔套、垫圈、锥齿轮调整间隙的垫片

4. 划分装配单元,确定装配顺序

将产品划分为可进行独立装配的单元是制订装配工艺规程中最重要的一个步骤。对于大批大量生产结构复杂的产品尤其重要。只有划分好装配单元,才能合理安排装配顺序和划分装配工序,组织平行流水作业。

产品或机器是由零件、合件、组件和部件等装配单元组成。零件是组成机器的基本单元,它是由整块金属或其他材料组成。零件一般都预先装成合件、组件和部件后,再安装到机器上。合件是由若干个零件永久连接(铆和焊)而成,或连接后再经加工而成,如装配式齿轮,发动机连杆小头孔压入衬套后再精镗。组件是指一个或几个合件与零件的组合,没有显著完整的功用,如主轴箱中轴与其上的齿轮、套、垫片、键和轴承的组合件。部件是若干组件、合件及零件的组合体,并在机器中能完成一定的完整的功用,如车床的主轴箱、进给箱等。机器是有上述各装配单元结合而成的整体,具有独立的、完整的功能。

无论哪一级的装配单元都要选定某一零件或比它低一级的单元作为装配基准件。装配基准件通常应为产品的基体或主干零部件。基准件应有较大的体积和质量,有足够的支承面,以满足陆续装入零件或部件时的作业要求和稳定性要求。如:床身零件是床身组件的装配基准零件;床身组件是床身部件的装配基准组件;床身部件是机床产品的装配基准部件。

划分好装配单元,并确定装配基准件后,就可安排装配顺序。确定装配顺序的要求是保证装配精度,以及使装配连接、调整、校正和检验工作能顺利进行,前面工序不妨碍后面工序进行,后面工序不应损坏前面工序的质量。

一般装配顺序的安排是:

(1)预处理工序先行,如零件的倒角,去毛刺与飞边、清洗、防锈和防腐处理、油漆和干燥等。

(2)先基准件、重大件的装配,以便保证装配过程的稳定性。

(3)先复杂件、精密件和难装配件的装配,以保证装配顺利进行。

(4)先进行易破坏以后装配质量的工作,如冲击性质的装配、压力装配和加热装配。

(5)集中安排使用相同设备及工艺装备的装配和有共同特殊装配环境的装配。

(6)处于基准件同一方位的装配尽可能集中进行。

(7)电线、油气管路的安装应与相应工序同时进行。

(8)易燃、易爆、易碎,有毒物质或零部件的安装,尽可能放在最后,以减少安全防护工作量,保证装配工作顺利完成。

为了清晰表示装配顺序,常用装配单元系统图来表示。图7-15所示是部件的装配系统图;图7-16所示是产品的装配系统图。

装配单元系统图的画法是:首先画一条横线,横线左端画出基准件的长方格,横线右端箭头指向装配单元的长方格。然后按装配顺序由左向右依次装入基准件的零件、合件、组件和部件。表示零件的长方格画在横线上方;表示合件、组件和部件的长方格画在横线下方。每一长方格内,上方注明装配单元名称,左下方填写装配单元的编号,右下方填写装配单元的件数。

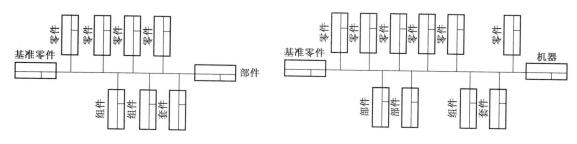

图 7 – 15　部件的装配系统图　　　　　　　　图 7 – 16　机器的装配系统图

在装配单元系统图上加注所需的工艺说明(如焊接、配钻、配刮、冷压、热压、攻螺纹、铰孔及检验等),就形成装配工艺系统图(图 7 – 17)。此图较全面地反映了装配单元的划分、装配顺序和装配工艺方法,它是装配工艺规程制订中的主要文件之一,也是划分装配工序的依据。

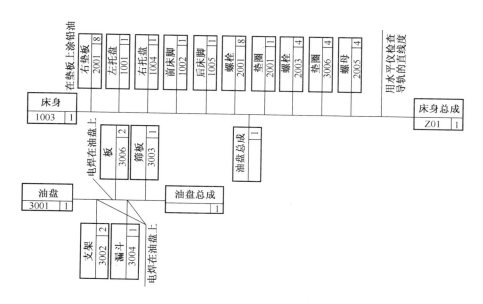

图 7 – 17　床身部件装配工艺系统图

5. 划分装配工序

装配顺序确定后,就可将装配工艺过程划分为若干工序,其主要工作如下:

(1) 确定工序集中与分散的程度;

(2) 划分装配工序,确定工序内容;

(3) 确定各工序所需的设备和工具;

(4) 制订各工序装配操作规范,如过盈配合的人力、变温装配的装配温度等;

(5) 制订各工序装配质量要求与检测方法;

(6) 确定工序时间定额,平衡各工序节拍。

装配工艺过程是由个别的站、工序、工步和操作所组成的。

站是装配工艺过程的一部分,是指在一个装配地点,有一个(或一组)工人所完成的那部分装配工作,每一个站可以包括一个工序,也可以包括多个工序。

工序是站的一部分,它包括在产品任何一部分上所完成组装的一切连续工作。

工步是工序的一部分,在每个工步中,所使用的工具及组合件不变。但根据生产规模的不同,每个工步还可以按技术条件分得更加详细一些。

操作是指在工步进行过程中(或工步的准备工作中)所做的各个简单的动作。

在安排工序时,必须注意下面几个问题:

(1)前一工序不能影响后一工序的进行;

(2)在完成某些重要的工序或易出废品的工序之后,均应安排检查工序;

(3)在采用流水式装配时,每一工序所需要的时间应该等于装配节拍(或为装配节拍的整数倍)。

划分装配工序应按装配单元系统图来进行,首先由套件和组件装配开始,然后是部件以至产品的总装配。装配工艺流程图可以在该过程中一并拟制,与此同时还应考虑到该组间的运输、停放、储存等问题。

6. 制订装配工艺卡片

在单件小批生产时,通常不制订工艺卡片。工人按装配图和装配工艺系统图进行装配。成批生产时,应根据装配工艺系统图分别制订总装和部装的装配工艺卡片。卡片的每一工序内应简单地说明工序的工作内容,所需设备和夹具的名称及编号、工人技术等级、时间定额等,大批量生产时,应为每一工序单独制订工序卡片,详细说明该工序的工艺内容。工序卡片能直接指导工人进行装配。

除了装配工艺过程卡片及装配工序卡片以外,还应有装配检验卡片及试验卡片,有些产品还应附有测试报告、修正(校正)曲线等。

7. 制订产品检测与试验规范

产品装配完毕,应按产品技术性能和验收技术条件制订检测与试验规范。它包括:

(1)检测和试验的项目及检验质量指标;

(2)检测和试验的方法、条件与环境要求;

(3)检测和试验所需工装的选择与设计;

(4)质量问题的分析方法及处理措施。

5.3　减速机的装配工艺过程

减速器的装配设计是按减速器的装配顺序进行的,先实现部件的装配,然后再由部件装配成为减速器。生产实际中将减速器分为大齿轮部件、小齿轮部件、箱座、箱盖。首先进行大、小齿轮部件的装配,然后再将大、小齿轮部件装配到箱座上,最后进行整体的装配。下面介绍主要的装配步骤。

1. 大齿轮部件的装配

先将键装到轴上,然后将大齿轮装到轴上,再依次将定距环和轴承装好。保证键槽与键在宽度方向上对齐、大齿轮轮毂端面与轴肩端面贴合、齿轮与轴的中心线对齐。

2. 小齿轮部件的装配

将轴承装在小齿轮轴的两个轴端即可。

3. 箱座部件的装配

先将大、小齿轮部件装配到箱座上，大齿轮组件(图 7－18)的轴线与箱座轴承孔的轴线对齐，完成箱座与大齿轮部件的装配。然后将螺塞及油尺组件装配到箱座上，完成箱座的附件装配。

箱座部件的装配如图 7－19 所示。

图 7－18　大齿轮和轴装配图

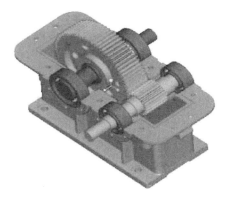

图 7－19　下箱体装配图

4. 箱盖的装配

使箱座与箱盖的凸缘装配面贴合、箱座与箱盖的大轴承孔的中心线对齐、箱座与箱盖的定位销孔中心线对齐，依次将定位销、螺栓装好。

5. 轴承端盖的组装

保证轴承端盖的凸缘内端面与箱体上的轴承座端面贴合、两者的中心线重合；螺钉螺纹中心线与箱体螺纹孔对齐、螺钉端面与轴承端盖端面贴合。

6. 观察孔盖及通气器的组装

依次将观察孔盖、通气器装到减速机箱盖。

减速器的总装配图的分解图如图 7－20 所示。

图 7－20　总装配图的分解图

思 考 题

1. 简述装配的基本要求。

2. 简述装配的基本内容。

3. 装配精度一般包括哪些内容？零件加工精度与装配精度的关系如何？

4. 什么是装配尺寸链？装配尺寸链是如何构成的？装配尺寸链封闭环是如何确定的？如何建立装配尺寸链？

5. 保证装配精度的装配方法有哪几种？各适用于什么装配场合？

6. 简述制订装配工艺规程的基本原则。

7. 简述制订装配工艺规程的步骤、方法及内容。

8 项目八 机械加工质量技术分析

能根据零件的质量情况,分析产生的原因。

■ 知识目标

掌握机械加工精度的内容,机械加工误差的分类及其影响因素,影响机械加工表面质量的因素,保证和提高加工精度常用方法;了解机械加工中的振动现象及对机械加工的影响。

产品的质量与零件的加工质量和产品的装配质量密切相关,而零件的加工质量是保证产品质量的基础。它包括零件的加工精度和表面质量两方面。

任务一 影响机械加工精度原因的分析

■ 相关知识

1.1 概　　述

1. 机械加工精度的含义及内容

加工精度是指零件经过加工后的尺寸、几何形状以及各表面相互位置等参数的实际值与理想值相符合的程度,而它们之间的偏离程度则称为加工误差。加工精度在数值上通过加工误差的大小来表示。

零件的几何参数包括几何形状、尺寸和相互位置三个方面,故加工精度包括:

（1）尺寸精度。尺寸精度用来限制加工表面与其基准间尺寸误差不超过一定的范围。

（2）几何形状精度。几何形状精度用来限制加工表面宏观几何形状误差,如圆度、圆柱度、平面度、直线度等。

（3）相互位置精度。相互位置精度用来限制加工表面与其基准间的相互位置误差,如平行度、垂直度、同轴度、位置度等。

零件各表面本身和相互位置的尺寸精度在设计时是以公差来表示的,工程的数值具体地说明了这些尺寸的加工精度要求和允许的加工误差大小。几何形状精度和相互位置精度用专门的符号规定,或在零件图纸的技术要求中用文字来说明。

在相同的生产条件下所加工出来的一批零件,由于加工中的各种因素的影响,其尺寸、形状和表面相互位置不会绝对准确和完全一致,总是存在一定的加工误差。同时。从满足产品的工作要求的公差范围的前提下,要采取合理的经济加工方法,以提高机械加工的生产率和经济性。

2. 影响加工精度的原始误差

机械加工中,多方面的因素都对工艺系统产生影响,从而造成各种各样的原始误差。这些原始误差,一部分与工艺系统本身的结构状态有关,一部分与切削过程有关。按照这些误差的性质可归纳为以下四个方面:

(1)工艺系统的几何误差。工艺系统的几何误差包括加工方法的原理误差,机床的几何误差、调整误差,刀具和夹具的制造误差,工件的装夹误差以及工艺系统磨损所引起的误差。

(2)工艺系统受力变形所引起的误差。

(3)工艺系统热变形所引起的误差。

(4)工件的残余应力引起的误差。

3. 机械加工误差的分类

(1)系统误差与随机误差。从误差是否被人们掌握来分,误差可分为系统误差和随机误差(又称偶然误差)。凡是误差的大小和方向均已被掌握的,则为系统误差。系统误差又分为常值系统误差和变值系统误差。常值系统误差的数值是不变的,如机床、夹具、刀具和量具的制造误差都是常值误差。变值系统误差是误差的大小和方向按一定规律变化,可按线性变化,也可按非线性变化,如刀具在正常磨损时,其磨损值与时间成线性正比关系,它是线性变值系统误差;而刀具受热伸长,其伸长量和时间就是非线性变值系统误差。凡是没有被掌握误差规律的,则为随机误差。如由于内应力的重新分布所引起的工件变形,零件毛坯由于材质不匀所引起的变形等都是随机误差。系统误差与随机误差之间的分界线不是固定不变的,随着科学技术的不断发展,人们对误差规律的逐渐掌握,随机误差不断向系统误差转移。

(2)静态误差、切削状态误差与动态误差。从误差是否与切削状态有关来分,可分为静态误差与切削状态误差。工艺系统在不切削状态下所出现误差,通常称之为静态误差,如机床的几何精度和传动精度等。工艺系统在切削状态下所出现的误差,通常称之为切削状态误差,如机床在切削时的受力变形和受热变形等。工艺系统在有振动的状态下所出现的误差,称为动态误差。

1.2　工艺系统的几何误差

1. 加工原理误差

加工原理误差是由于采用了近似的成形运动或近似的刀刃轮廓进行加工所产生的误差。通常,为了获得规定的加工表面,刀具和工件之间必须实现准确的成形运动,机械加工中称为加工原理。理论上应采用理想的加工原理和完全准确的成形运动以获得精确的零件表面。但在实践中,完全精确的加工原理常常很难实现,有时加工效率很低;有时会使机床或刀具的结构极为复杂,制造困难;有时由于结构环节多,造成机床传动中的误差增加,或使机床刚度和制造精度很难保证。因此,采用近似的加工原理以获得较高的加工精度是保证加工质量和提高生产率和经济性的有效工艺措施。

例如,齿轮滚齿加工用的滚刀有两种原理误差,一是近似造型原理误差,即由于制造上的困难,采用阿基米德基本蜗杆或法向直廓基本蜗杆代替渐开线基本蜗杆;二是由于滚刀刀刃数有限,所切出的齿形实际上是一条折线而不是光滑的渐开线,但由此造成的齿形误差远比由滚刀制造和刃磨误差引起的齿形误差小得多,故忽略不计。又如模数铣刀成形铣削齿轮,模数相同而齿数不同的齿轮,齿形参数是不同的。理论上,同一模数,不同齿数的齿轮就要用相应的一把齿形刀具加工。实际上,为精简刀具数量,常用一把模数铣刀加工某一齿数范围的齿轮,也采用了近似刀刃轮廓。

2. 机床的几何误差

机床几何误差是通过各种成形运动反映到加工表面上,机床的成形运动最主要的有两大类,即主轴的回转运动和移动件的直线运动,因此,分析机床的几何误差主要就是分析回转运动、直线运动以及传动链的误差。

1）主轴回转运动误差

（1）主轴回转运动误差概念。机床主轴的回转精度,对工件的加工精度有直接影响。所谓主轴的回转精度是指主轴的实际回转轴线相对其平均回转轴线的漂移。

理论上,主轴回转时,其回转轴线的空间位置是固定不变的,即瞬时速度为零。实际上,由于主轴部件在加工、装配过程中的各种误差和回转时的受力、受热等因素,使主轴在每一瞬时回转轴心线的空间位置处于变动状态,造成轴线漂移,也就是存在着回转误差。

主轴的回转误差可分为三种基本情况:

轴向窜动——瞬时回转轴线沿平均回转轴线方向的轴向运动,如图 8 - 1(a)所示。

径向跳动——瞬时回转轴线始终平行于平均回转轴线方向的径向运动,如图 8 - 1(b)所示。

角度摆动——瞬时回转轴线与平均回转轴线成一倾斜角度,其交点位置固定不变的运动,如图 8 - 1(c)所示。角度摆动主要影响工件的形状精度,车外圆时,会产生锥形;镗孔时,将使孔呈椭圆形。

实际上,主轴工作时,其回转运动误差常常是以上三种基本型式的合成运动造成的。

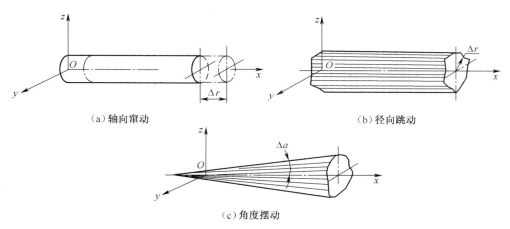

（a）轴向窜动　　　　　　　　　　　　（b）径向跳动

（c）角度摆动

图 8 - 1　主轴回转误差的基本型式

（2）主轴回转运动误差的影响因素。影响主轴回转精度的主要因素是主轴轴颈的误差、轴承的误差、轴承的间隙、与轴承配合零件的误差及主轴系统的径向不等刚度和热变形等。

主轴采用滑动轴承时,主轴轴颈和轴承孔的圆度误差和波度对主轴回转精度有直接影响,但对不同类型的机床其影响的因素也各不相同,如图 8 - 2 所示。

主轴采用滚动轴承时,内外环滚道的圆度误差、内环的壁厚差、内环孔与滚道的同轴度误差、滚动体的尺寸和圆度误差都对主轴回转精度有影响,如图 8 - 3 所示。

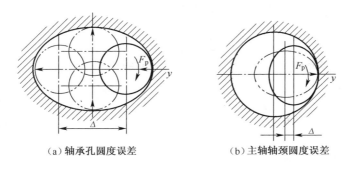

（a）轴承孔圆度误差　　　　　　（b）主轴轴颈圆度误差

图 8-2　采用滑动轴承时影响主轴回转精度的因素

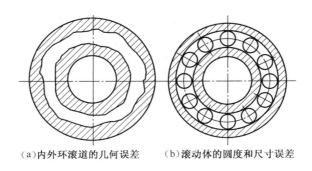

（a）内外环滚道的几何误差　　　（b）滚动体的圆度和尺寸误差

图 8-3　采用滚动轴承时和尺寸误差影响主轴回转精度的因素

此外，主轴轴承间隙以及切削过程中的受力变形、轴承定位端面与轴线垂直度误差、轴承端面之间的平行度误差、锁紧螺母的端面跳动以及主轴轴颈和箱体孔的形状误差等，都会降低主轴的回转精度。

（3）提高主轴回转精度的途径。

① 提高主轴的轴承精度。轴承是影响主轴回转精度的关键部件，对精密机床宜采用精密滚动轴承、多油楔动压和静压轴承。

② 减少机床主轴回转误差对加工精度的影响。如在外圆磨削加工中，采用死顶尖磨削外圆，由于前后顶尖都是不转的，可避免主轴回转误差对加工精度的影响。在采用高精度镗模镗孔时，可使镗杆与机床主轴浮动联结，使加工精度不受机床主轴回转误差的影响。

③ 对滚动轴承进行预紧，以消除间隙。

④ 提高主轴箱支承孔、主轴轴颈和与轴承相配合的零件有关表面的加工精度。

2）机床导轨误差

机床导轨副是实现直线运动的主要部件，导轨的制造和装配精度是影响直线运动精度的主要因素。

现以卧式车床为例来说明导轨误差是怎样影响工件加工精度的。

（1）导轨在水平面内的直线度误差。床身导轨在水平面内如果有直线度误差，则在纵向进给过程中，刀尖的运动轨迹相对于机床主轴轴线不能保持平行，因而使工件在纵向截面和横向截面内分别产生形状误差和尺寸误差。当导轨向后凸出时，工件上产生鞍形加工误差；当导轨向前凸出时，工件上产生鼓性加工误差，如图 8-4 所示。当导轨在水平面内的直线度误差为 Δy 时，引起工件在半径方向的误差为 $\Delta R = \Delta y$。在车削长度较短的工件时该直线度误差影响较小,若车削长轴,这一误差将明显地反映到工件上。

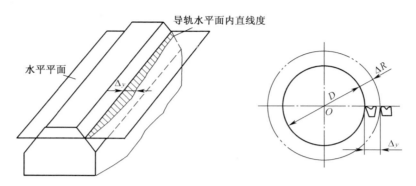

图 8 - 4 导轨在水平面内直线度误差

（2）导轨在垂直面内直线度误差的影响。床身导轨在垂直面内有直线度误差,如图 8 - 5 所示,会引起刀尖切向位移 Δz,造成工件半径方向产生的误差为 $\Delta R \approx \Delta z^2/d$,由于 Δz^2 数值很小,因此该误差对零件的尺寸精度和形状精度影响很小。但对平面磨床、龙门刨床及铣床等, 导轨在垂直面内的直线度误差会引起工件相对于砂轮(刀具)产生法向位移,其误差将直接反映到被加工工件上,造成形状误差。

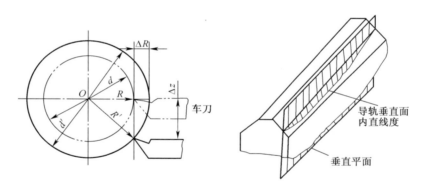

图 8 - 5 导轨在垂直面内的直线度误差

（3）前后导轨的平行度误差的影响。床身前后导轨有平行度误差时,会使车床溜板在沿床身移动时发生偏斜,从而使刀尖相对于工件产生偏移,使工件产生形状误差。从图 8 - 6 可知,车床前后导轨扭曲的最终结果反映在工件上,于是产生了加工误差 Δy。从几何关系可得出：

$$\Delta y \approx H/\Delta B$$

一般车床 $H \approx 2/3B$,外圆磨床 $H \approx B$,因此该项原始误差对加工精度的影响很大。

机床的安装以及在使用过程中导轨的不均匀磨损,对导轨的原有精度影响也很大。尤其对龙门刨床、导轨磨床等,因床身较长,刚性差,在自身的作用下,容易产生变形,若安装不正确或地基不实,都会使床身产生较大变形,从而影响工件的加工精度。

3）机床传动链误差

对于某些表面,如螺纹表面、齿形面、蜗轮、螺旋面等的加工,刀具与工件之间有严格的传动比要求。要满足这一要求,机床传动链的误差必须控制在允许的范围内。传动链误差是指传动链始末两端执行件间相对运动的误差。它的精度由组成内联系传动链的所有传动元件的

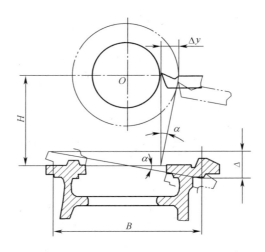

图8-6 车床导轨扭曲对工件形状精度影响

传动精度来保证。要提高机床传动链的精度,一般可采取以下措施:

(1) 尽量缩短传动链,传动件的件数越少则传动精度越高。

(2) 提高传动件的制造和安装精度,特别是末端件的精度。因为它的原始误差对加工精度的影响要比传动链中的其他零件的影响大。如滚齿机的分度蜗轮副的精度要比工件齿轮的精度高1~2级。

(3) 尽可能采用降速运动。因为传动件在同样原始误差的情况下,采用降速运动时,其对加工误差的影响较小,速度降得越多,对加工误差的影响越小。

(4) 采用误差校正机构。采用此方法是根据实测准确的传动误差值,采用修正装置让机床作附加的微量位移,其大小与机床误差相等,但方向相反,以抵消传动链本身的误差,在精密螺纹加工机床上都有此校正装置。

3. 工艺系统其他几何误差

1) 刀具误差

机械加工中常用的刀具有:一般刀具、定尺寸刀具和成型刀具。

一般刀具(如普通车刀、单刃镗刀、平面铣刀等)的制造误差对工件精度没有直接影响。

定尺寸刀具(如钻头、铰刀、拉刀等)的尺寸误差直接影响加工工件的尺寸精度。刀具的尺寸磨损、安装不正确、切削刃刃磨不对称等都会影响加工尺寸。

成型刀具(如成型车刀,成型铣刀以及齿轮滚刀等)的制造和磨损误差主要影响被加工表面的形状精度。

2) 夹具误差

夹具误差一般指定位元件、导向元件及夹具体等零件的加工和装配误差。这些误差对零件的加工精度影响很大。

工件的安装误差包括定位误差和夹紧误差。

3) 调整误差

在工艺系统中、工件、刀具在机床上的相对位置精度往往由调整机床、刀具、夹具、工件等来保证。要对工件进行检验测量,再根据测量结果对刀具、夹具、机床进行调整。所以,量具、量仪等检测仪器的制造误差、测量方法及测量时的主客观因素都直接影响测量精度。

当用"试切法"加工时,影响调整误差的主要因素是测量误差和进给系统精度。在低速微量进给中,进给系统常会出现"爬行"现象,其结果使刀具的实际进给量比刻度盘的数值要偏大或偏小些,造成加工误差。

在调整法加工中,当用定程机构调整时,调整精度取决于行程挡块、靠模及凸轮等机构的制造精度和刚度,以及与其配合使用的离合器、控制阀等的灵敏度。当用样件或样板调整时,调整精度取决于样件或样板的制造、安装和对刀精度。

1.3 工艺系统受力变形引起的误差

工艺系统在切削力、传动力、惯性力、夹紧力以及重力等外力作用下,会产生变形,从而破坏刀具和工件之间已调整好的正确位置关系,使工件产生几何形状误差和尺寸误差。

如车削细长轴时,在切削力的作用下,工件因弹性变形而出现"让刀"现象。随着刀具的进给,在工件全长上切削时,背吃刀量会由大变小,然后由小变大,使工件产生腰鼓形的圆柱度误差,如图8-7(a)所示。又如内圆磨床以横向切入法磨孔时,由于内圆磨头主轴的弯曲变形,工件孔会出现带锥度的圆柱度误差,如图8-7(b)所示。所以说工艺系统的受力变形是一项重要的原始误差,它严重影响加工精度和表面质量。由此看来,为了保证和提高工件的加工精度,就必须深入研究并控制以至消除工艺系统及其有关组成部分的变形。

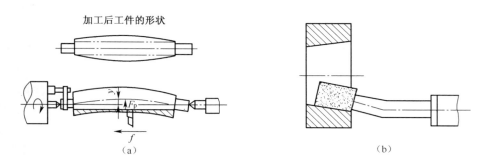

图8-7 工艺系统受力变形引起的加工误差

1.4 工艺系统热变形引起的误差

1. 概述

在机械加工过程中,工艺系统在各种热源的影响下,常产生复杂的变形从而破坏工件与刀具间的相对运动。工艺系统热变形对加工精度的影响比较大,特别是在精密加工和大件加工中,由热变形所引起的加工误差有时可占工件总误差的40%~70%。机床、刀具和工件受到各种热源的作用,温度会逐渐升高,同时它们也通过各种传热方式向周围的物质和空间散发热量。高效、高精度、自动化加工技术的发展,使工艺系统热变形问题变得更为突出,已成为机械加工技术进一步发展的重要研究课题。

引起工艺系统受热变形的"热源"大体分为两类:即内部热源和外部热源。

内部热源主要指切削热和摩擦热。切削热是由于切削过程中,切削层金属的弹性、塑性变形及刀具与工件、切屑之间摩擦而产生的,这些热量将传给工件、刀具、切屑和周围介质。其分配百分比随加工方法不同而异。

车削加工时,大量切削热由切屑带走,传给工件的约为 10%~30%,传给刀具的为 1%~5%。在钻、镗孔加工中,大量切屑留在孔内,使大量的切削热传入工件,约占 50% 以上。在磨削加工时,由于磨屑小,带走的热量少,约占 4%,而大部分传给工件,约占 84%,传给砂轮约 12%。

摩擦热主要是机床和液压系统中的运动部件产生的,如电动机、轴承、蜗轮等传动副、导轨副、液压泵、阀等运动部分产生的摩擦热。另外,动力源的能量消耗也部分转化为热。如电动机、油马达的运转也产生热。

外部热源主要是外部环境温度和辐射热。如靠近窗口的机床受到日光照射的影响,不同的时间机床温升和变形就会不同,而日光的照射是局部的或单面的,其受到照射的部分与未被照射的部分之间产生温差,从而使机床产生变形。

工艺系统受各种热源的影响,其温度会逐渐升高,与此同时,它们也通过各种传热方式向周围散发热量。当单位时间内传入和散发的热量相等时,则认为工艺系统达到热平衡。此时的温度场处于稳定状态,受热变形也相应地稳定,由此引起的加工误差是有规律的,所以,精密加工应在热平衡之后进行。

2. 机床热变形引起的误差

机床在内外热源的影响下,各部分温度将发生变化,由于热源分布不均匀和机床结构的复杂性,这种变化所形成的温度场(物体上各点温度的分布称为温度场)一般不均匀,机床各部件将发生不同程度的热变形,这不仅破坏了机床的几何精度,而且还影响各成形运动的位置关系和速比关系,从而降低加工精度。不同类型的机床,其结构和工作条件相差很大,其主要热源不相同,其变形形式也不相同。

车、铣、钻、镗等机床,主要热源是主轴箱轴承的摩擦热和主轴箱中油池的发热,使主轴箱及与它相连接部分的床身温度升高,引起主轴的抬高和倾斜。磨床类机床通常有液压传动系统并配有高速磨头,它的主要热源为砂轮主轴轴承的发热和液压系统的发热,主要表现在砂轮架位移,工件头架的位移和导轨的变形。对大型机床如导轨磨床、外圆磨床、立式车床、龙门铣床等长床身部件,机床床身的热变形将是影响加工精度的主要因素。由于床身长,床身上表面与底面间的温度差将使床身产生弯曲变形,表面呈中凸状。常见几种机床的热变形趋势如图 8-8 所示。

3. 工件热变形引起的加工误差

切削加工中,工件的热变形主要是由切削热引起,对于大型或精密零件,外部热源如环境温度、日光等辐射热的影响也不可忽视。对于不同的加工方法,不同的工件材料、形状和尺寸,工件的受热变形也不相同。

轴类零件在车削或磨削加工时,一般是均匀受热,开始切削时工件温升为零,随着切削的进行,工件温度逐渐升高,直径逐渐增大,加工终了时直径增至最大,但增大部分均被刀具所切除,当工件冷却后形成锥形,产生圆柱度和尺寸误差。

细长轴在顶尖间车削时,热变形将使工件伸长,导致弯曲变形,不仅使工件产生圆柱度误差,严重时顶弯的工件还有甩出去的危险。因此,在加工精度高的轴类零件时,宜采用弹性尾顶尖,或工人不时放松顶尖,以重新调整顶尖与工件间的压力。

在精密丝杠磨削时,工件的热伸长会引起螺距累积误差。如在磨 400mm 长的丝杠螺纹时,每磨一次温度升高 1℃,则被磨丝杠将伸长

$$\Delta L = 1.17 \times 10^{-5} \times 400 \times 1 \text{mm} = 0.0047 \text{mm}$$

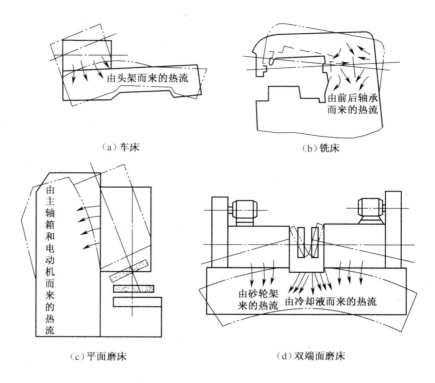

（a）车床　　　　　　　　　　（b）铣床

（c）平面磨床　　　　　　　　（d）双端面磨床

图 8-8　几种机床的热变形趋势

式中：1.17×10^{-5} 为钢材的热膨胀系数。而 5 级丝杠的螺距误差在 400mm 长度上不允许超过 $5 \mu m$ 左右，因此热变形对工件加工影响很大。

磨削较薄的环形零件时，虽然可近似地视为均匀受热。但磨削热量大，工件质量小，温升高，在夹压点处热传递快，散热条件好，该处温度较其他部分低，待加工完毕工件冷却后，会出现棱形圆形的圆度误差。

在加工铜、铝等有色金属零件时，由于膨胀系数大，其热变形尤为显著，除切削热引起工件变形外，室温、辐射热引起的变形量也较大。

在流水线、自动线以及工序高度集中的加工中，粗、精加工间隔时间较短，粗加工的热变形将影响到精加工。例如，在一台三工位组合机床上，按照钻—扩—铰三个工位顺序加工套筒件，工件外径 $\phi40mm$，内径 $\phi20mm$，长为 40mm，材料为钢材。钻孔后，温升竟达到 107℃，接着扩孔和铰孔，当工件冷却后孔的收缩已超过精度规定值。因此，在加工过程中，一定要采取冷却措施，以避免出现废品。

4. 刀具热变形引起的加工误差

刀具热变形主要由切削热引起。切削加工时虽然大部分切削热被切屑带走，传入刀具的热量并不多，但由于刀具体积小，热容量小，导致刀具切削部分的温度急剧升高，刀具热变形对加工精度的影响比较显著。

5. 减少工艺系统热变形的主要途径

1）减少热源发热和隔离热源

（1）减少切削热或磨削热。通过控制切削用量，合理选择和使用刀具来减少切削热。当零件精度要求高时，还应注意将粗加工和精加工分开进行。

（2）减少机床各运动副的摩擦热。从运动部件的结构和润滑等方面采取措施，改善摩擦特性以减少发热，如主轴部件采用静压轴承、低温动压轴承等，或采用低黏度润滑油、锂基润滑脂、油雾润滑等措施，均有利于降低主轴轴承的温升。

（3）分离热源。凡能从工艺系统分离出来的热源，如电动机、变速箱、液压系统、切削液系统等尽可能移出。

（4）隔离热源。对于不能分离的热源，如主轴轴承、丝杠螺母副、高速运动的导轨副等零部件，可从结构和润滑等方面改善其摩擦性能，减少发热。还可采用隔热材料将发热部件和机床大件隔离开来。

2）加强散热能力

对发热量大的热源，既不能从机床内部移出，又不能隔热，则可采用有效的冷却措施，如增加散热面积或使用强制性的风冷、水冷、循环润滑等。

（1）使用大流量切削液或喷雾等方法冷却，可带走大量切削热或磨削热。在精密加工时，为增加冷却效果，控制切削液的温度是很必要的。

（2）采用强制冷却来控制热变形的效果显著。

目前，大型数控机床、加工中心机床普遍采用冷冻机，对润滑油、切削液进行强制冷却，机床主轴轴承和齿轮箱中产生的热量可由恒温的切削液迅速带走。

3）均衡温度场

图8-9所示为M7150A型平面磨床所采用的均衡温度场的示意图。该机床床身较长，加工时工作台纵向运动速度较高，致使床身上下部温差较大。散热措施是将油池搬出主机并做成一个单独的油箱1。此外，在床身下部开出热补偿油沟2，利用带有余热的回油流经床身下部，使床身下部的温升提高，以达到减少床身上、下部温差，采用这种措施后，床身上下部温差降低1~2℃，导轨中凸量由原来的0.265mm降为0.052mm。

图8-10表示平面磨床采用热空气加热温升较低的立柱后壁，以均衡立柱前后壁的温度差，从而减少立柱的弯曲变形。图中热空气从电动机风扇排出，通过特设管道引向防护罩和立柱的后壁空间。采用此措施可使工件端面平行度误差降低为原来的1/4~1/3。

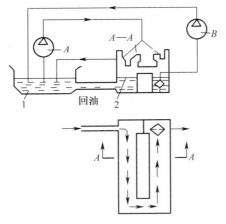

图8-9 M7150A磨床的"热补偿油沟"
1—油箱；2—热补偿油沟。

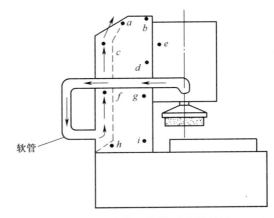

图8-10 均衡立柱前后壁温度场

4）改进机床布局和结构设计

（1）采用热对称结构。卧式加工中心采用的框式双立柱结构如图8-11所示，这种结构相对热源来说是对称的。在产生热变形时，其刀具或工件回转中心对称线的位置基本不变，它的主轴箱嵌入框式立柱内，且以立柱左右导轨两内侧定位。这样，热变形时主轴中心将主要产生垂直方向的变化，而垂直方向的热变形很容易用垂直坐标移动的修正量加以补偿，从而获得高的加工精度。

（2）合理选择机床零部件的安装基准。合理选择机床零部件的安装基准，使热变形尽量不在误差敏感方向。如图 8-12(a) 所示车床主轴箱在床身上的定位点 H 置于主轴轴线的下方，主轴箱产生热变形时，使主轴孔 z 方向产生热位移，对加工精度影响较小。若采用如图 8-12(b) 所示的定位方式，主轴除了在 z 方向以外还在误差敏感方向——y 方向产生热位移，直接影响了刀具与工件之间的正确位置，产生了较大的加工误差。

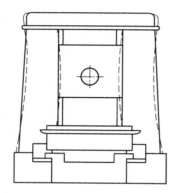

图 8-11　框式双立柱结构

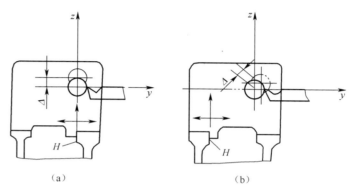

（a）　　　　　　　　　　　（b）

图 8-12　车床主轴箱两种结构的热位移

5）控制环境温度

精密机床一般安装在恒温车间，其恒温精度一般控制在 ±1℃ 内，精密级较高的机床为 ±0.5℃。恒温室平均温度一般为 20℃，在夏季取 23℃，在冬季可取 17℃。对精加工机床应避免阳光直接照射，布置取暖设备也应避免使机床受热不均匀。

6）热位移补偿

在对机床主要部件，如主轴箱、床身、导轨、立柱等受热变形规律进行大量研究的基础上，可通过模拟试验和有限元分析，寻求各部件热变形的规律。在现代数控机床上，根据试验分析可建立热变形位移数字模型并存入计算机中进行实时补偿。热变形附加修正装置已在国外产品上作商品供货。

1.5　工件残余应力引起的加工误差

1. 产生残余应力的原因及所引起的加工误差

内应力是指外部载荷去除后，仍残存在工件内部的应力，也称为残余应力。

在热加工和冷加工过程中，由于金属内部宏观或微观的组织发生了不均匀的体积变化，致使当外部载荷去除后，在工件内部残存的一种应力。存在残余应力的零件，始终处于一种不稳定状态，其内部组织有欲恢复到一种新的稳定的没有应力状态的倾向。在常温下，特别是在外界某种因素的影响下，其内部组织在不断地进行变化，直到内应力消失。在内应力变化的过程中，零件产生相应的变形，原有的加工精度受到破坏。用这些零件装配成机器，在机器使用中也会逐渐产生变形，从而影响整台机器的质量。

1）毛坯制造中产生的残余应力

在铸造、锻造、焊接及热处理过程中，由于工件各部分冷却收缩不均匀以及金相组织转变时的体积变化，在毛坯内部就会产生残余应力。毛坯的结构越复杂，各部分壁厚越不均匀以及散热条件相差越大，毛坯内部产生的残余应力就越大。具有残余应力的毛坯，其内部应力暂时处于相对平衡状态。虽在短期内看不出有什么变化，但当加工时切去某些表面部分后，这种平衡就被打破，内应力重新分布，并建立一种新的平衡状态，工件明显地出现变形。

如图 8-13 所示一个内外壁厚相差较大的铸件。浇铸后，铸件将逐渐冷却至室温。由于壁 1 和壁 2 比较薄，散热较易，所以冷却比较快。壁 3 比较厚，所以冷却比较慢。当壁 1 和壁 2 从塑性状态冷到弹性状态时，壁 3 的温度还比较高，尚处于塑性状态。所以壁 1 和壁 2 收缩时壁 3 不起阻挡变形的作用，铸件内部不产生内应力。但当壁 3 也冷却到弹性状态时，壁 1 和壁 2 的温度已经降低很多，收缩速度变得很慢。但这时壁 3 收缩较快，就受到了壁 1 和壁 2 的阻碍。因此，壁 3 受拉应力的作用，壁 1 和 2 受压应力作用，形成了相互平衡的状态。如果在这个铸件的壁 1 上开一口，则壁 1 的压应力消失，铸件在壁 3 和 2 的内应力作用下，壁 3 收缩，壁 2 伸长，铸件就发生弯曲变形，直至内应力重新分布达到新的平衡为止。

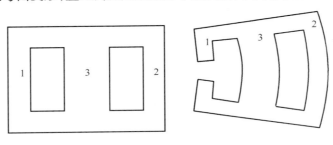

图 8-13　铸件残余应力引起的变形
1、2、3—壁。

推广到一般情况，各种铸件都难免产生冷却不均匀而形成的内应力，铸件的外表面总比中心部分冷却得快。特别是有些铸件（如机床床身），为了提高导轨面的耐磨性，采用局部激冷的工艺使它冷却更快一些，以获得较高的硬度，这样在铸件内部形成的内应力也就更大些。若导轨表面经过粗加工剥去一些金属，这就像在图中的铸件壁 1 上开口一样，必将引起内应力的重新分布并朝着建立新的应力平衡的方向产生弯曲变形。为了克服这种内应力重新分布而引起的变形，特别是对大型和精度要求高的零件，一般在铸件粗加工后安排进行时效处理，然后再做精加工。

2）冷校直引起的残余应力

丝杠一类的细长轴经过车削以后，棒料在轧制中产生的内应力要重新分布，产生弯曲，如图 8-14 所示。冷校直就是在原有变形的相反方向加力 F，使工件向反方向弯曲，产生塑性变形，以达到校直的目的。在 F 力作用下，工件内部的应力分布如图 8-14（b）所示。当外力 F 去除以后，弹性变形部分本来可以完成恢复而消失，但因塑性变形部分恢复不了，内外层金属就起了互相牵制的作用，产生了新的内应力平衡状态，如图 8-14（c）所示，所以说，冷校直后的工件虽然减少了弯曲，但是依然处于不稳定状态，还会产生新的弯曲变形。

2. 减少或消除残余应力的措施

1）合理设计零件结构

在零件的结构设计中，应尽量简化结构，减小零件各部分尺寸差异，以减少铸锻件毛坯在制造中产生的残余应力。

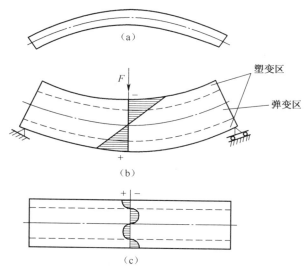

图 8 - 14　冷校直引起的残余应力

2）增加消除残余应力的专门工序

对铸、锻、焊接件进行退火或回火；工件淬火后进行回火；对精度要求高的零件在粗加工或半精加工后进行时效处理都可以达到消除残余应力的目的。时效处理有以下几种：

自然时效处理，一般需要很长时间，往往影响产品的制造周期，所以除特别精密件外，一般较少采用。

人工时效处理，它分为高温和低温两种时效处理。前者一般用于毛坯制造或粗加工以后进行，后者多在半精加工后进行。人工时效对大型零件则需要较大的设备，其投资和能源消耗都比较大。

振动时效处理，是消除残余应力、减少变形及保持尺寸稳定的一种新方法。可用于铸件、锻件、焊接件以及有色金属件等。振动时效是工件受到激振器的敲击，或工件在滚筒内回转互相撞击，使工件在一定的振动强度下，引起工件金属内部组织的转变，一般振动 30～50min 即可消除内应力。这种方法节省能源、简便、效率高，近年来发展较快。此方法适用于中小零件及有色金属，但此方法有噪声污染。

3）合理安排工艺过程

在安排零件加工工艺过程中，尽可能将粗、精加工分在不同工序中进行。对粗、精加工在一个工序中完成的大型工件，其消除残余应力的方法已在前文讲过，此处不再讲述。

任务二　影响机械加工表面质量原因的分析

■相关知识

2.1　基 本 概 念

零件的机械加工质量不仅指加工精度，还有表面质量。机械加工表面质量，是指零件在机械加工后表面层的微观几何形状误差和物理力学性能。产品的工作性能、可靠性、寿命在很大程度上取决于主要零件的表面质量。

机器零件的破坏,在多数情况下都是从表面开始的,这是由于表面是零件材料的边界,常常承受工作负荷所引起的最大应力和外界介质的侵蚀,表面上有着引起应力集中而导致破坏的根源,所以这些表面直接与机器零件的使用性能有关。在现代机器中,许多零件是在高速、高压、高温、高负荷下工作的,对零件的表面质量,提出了更高的要求。

研究加工表面质量的目的就是要掌握机械加工过程中各种因素对表面质量的影响规律,并通过这些规律控制加工过程,提高零件的加工表面质量,最终提高产品的使用性能。

1. 机械加工表面质量的含义

任何机械加工方法所获得的加工表面都不可能是绝对理想的表面,总存在着表面粗糙度,表面波度等微观几何形状误差。表面层的材料在加工时还会产生物理力学性能变化,以及在某些情况下产生化学性质的变化。综上所述,表面质量的含义有两方面的内容。

1)表面的几何特征

(1)表面粗糙度。它是指加工表面的微观几何形状误差。它主要是由刀具的形状以及切削过程中塑性变形和振动等因素引起的。

(2)表面波度。它是介于宏观几何形状误差($L_1/H_1 > 1000$)与微观表面粗糙度($L_3/H_3 < 50$)之间的周期性几何形状误差。它主要是由机械加工过程中工艺系统低频振动所引起的,波长 L_2 与波高 H_2 的比值一般为 $50 \sim 1000$。一般是常以波高为波度的特征参数,用测量长度上五个最大的波幅的算术平均值 w 表示:

$$w = (w_1 + w_2 + w_3 + w_4 + w_5)/5 \qquad (8-1)$$

(3)表面纹理方向。它是指表面刀纹的方向,取决于表面形成所采用的机械加工方法及其主运动和进给运动的关系。一般对运动副或密封件要求纹理方向。

(4)伤痕。在加工表面的一些个别位置上出现的缺陷。它们大多是随机分布的,例如砂眼、气孔、裂痕和划痕等。

2)表面层物理力学性能

由于机械加工中切削力和热因素的综合作用,加工表面层金属的物理力学性能和化学性能发生一定的变化。主要表现在以下几个方面:

(1)表面层加工硬化(冷作硬化)。

(2)表面层金相组织变化。

(3)表面层产生残余应力。

2. 加工表面质量对零件使用性能的影响

1)表面质量对零件耐磨性的影响

零件的耐磨性与摩擦副的材料、润滑条件和零件的表面质量等因素有关。特别是在前两个条件已确定的前提下,零件的表面质量就起着决定性的作用。

零件的磨损可分为三个阶段。

第Ⅰ阶段称初期磨损阶段。由于摩擦副开始工作时,两个零件表面互相接触,一开始只是在两表面波峰接触,实际的接触面积只是名义接触面积的一小部分。当零件受力时,波峰接触部分将产生很大的压强,因此磨损非常显著。经过初期磨损后,实际接触面积增大,磨损变缓,进入磨损的第Ⅱ阶段,即正常磨损阶段。这一阶段零件的耐磨性最好,持续的时间也较长。最后,由于波峰被磨平,表面粗糙度值变得非常小,不利于润滑油的储存,且使接触表面之间的分子亲和力增大,甚至发生分子粘合,使摩擦阻力增大,从而进入磨损的第Ⅲ阶段,即急剧磨损阶段。

表面粗糙度对摩擦副的初期磨损影响很大,但也不是表面粗糙度值越小越耐磨。在一定工作条件下,摩擦副表面总是存在一个最佳表面粗糙度值,最佳表面粗糙度 Ra 值约为 $0.32 \sim 1.25 \mu m$。

表面纹理方向对耐磨性也有影响,这是因为它能影响金属表面的实际接触面积和润滑液的存留情况。轻载时,两表面的纹理方向与相对运动方向一致时,磨损最小;当两表面纹理方向与相对运动方向垂直时,磨损最大。但是在重载情况下,由于压强、分子亲和力和润滑液的储存等因素的变化,其规律与上述有所不同。

表面层的加工硬化,一般能提高耐磨性 $0.5 \sim 1$ 倍。这是因为加工硬化提高了表面层的强度,减少了表面进一步塑性变形和咬焊的可能。但过度的加工硬化会使金属组织疏松,甚至出现疲劳裂纹和产生剥落现象,从而使耐磨性下降。所以零件的表面硬化层必须控制在一定的范围之内。

2)表面质量对零件疲劳强度的影响

零件在交变载荷的作用下,其表面微观不平的凹谷处和表面层的缺陷处容易引起应力集中而产生疲劳裂纹,造成零件的疲劳破坏。试验表明,减小零件表面粗糙度值可以使零件的疲劳强度有所提高。因此,对于一些承受交变载荷的重要零件,如曲轴其曲拐与轴颈交接处精加工后常进行光整加工,以减小零件的表面粗糙度值,提高其疲劳强度。

加工硬化对零件的疲劳强度影响也很大。表面层的适度硬化可以在零件表面形成一个硬化层,它能阻碍表面层疲劳裂纹的出现,从而使零件疲劳强度提高。但零件表面层硬化程度过大,反而易于产生裂纹,故零件的硬化程度与硬化深度也应控制在一定的范围之内。

表面层的残余应力对零件疲劳强度也有很大影响,当表面层为残余压应力时,能延缓疲劳裂纹的扩展,提高零件的疲劳强度;当表面层为残余拉应力时,容易使零件表面产生裂纹而降低其疲劳强度。

3)表面质量对零件耐腐蚀性的影响

零件的耐腐蚀性在很大程度上取决于零件的表面粗糙度。零件表面越粗糙,越容易积聚腐蚀性物质,凹谷越深,渗透与腐蚀作用越强烈。因此,减小零件表面粗糙度值,可以提高零件的耐腐蚀性能。

零件表面残余压应力使零件表面紧密,腐蚀性物质不易进入,可增强零件的耐腐蚀性,而表面残余拉应力则降低零件的耐腐蚀性。

4)表面质量对配合性质及零件其他性能的影响

相配零件间的配合关系是用过盈量或间隙值来表示的。在间隙配合中,如果零件的配合表面粗糙,则会使配合件很快磨损而增大配合间隙,改变配合性质,降低配合精度;在过盈配合中,如果零件的配合表面粗糙,则装配后配合表面的凸峰被挤平,配合件间的有效过盈量减小,降低配合件间连接强度,影响配合的可靠性。因此对有配合要求的表面,必须规定较小的表面粗糙度值。

零件的表面质量对零件的使用性能还有其他方面的影响。例如:对于液压缸和滑阀,较大的表面粗糙度值会影响密封性;对于工作时滑动的零件,恰当的表面粗糙度值能提高运动的灵活性,减少发热和功率损失;零件表面层的残余应力会使加工好的零件因应力重新分布而在使用过程中逐渐变形,从而影响其尺寸和形状精度等。

总之,提高加工表面质量,对保证零件的使用性能、提高零件的使用寿命是很重要的。

2.2 加工表面几何特性的形成及其影响因素

加工表面几何特性包括表面粗糙度、表面波度、表面加工纹理几个方面。表面粗糙度是构成加工表面几何特征的基本单元。因此,这一节主要分析表面粗糙度的形成及其影响因素。

用金属切削刀具加工工件表面时,表面粗糙度主要受几何因素、物理因素和机械加工振动三个方面因素的作用和影响。

1. 几何因素

从几何的角度考虑,刀具的形状和几何角度,特别是刀尖圆弧半径 r_ε、主偏角 k_r、副偏角 κ'_r 和切削用量中的进给量 f 等对表面粗糙度有较大的影响。

2. 物理因素

从切削过程的物理实质考虑,刀具的刃口圆角及后面的挤压与摩擦使金属材料发生塑性变形,严重恶化了表面粗糙度。在加工塑性材料而形成带状切屑时,在前刀面上容易形成硬度很高的积屑瘤。它可以代替前刀面和切削刃进行切削,使刀具的几何角度、背吃刀量发生变化。其轮廓很不规则,因而使工件表面上出现深浅和宽窄都不断变化的刀痕,有些积屑瘤嵌入工件表面,增加了表面粗糙度。

切削加工时的振动,使工件表面粗糙度值增大。关于机械加工时的振动将在本章第四节中详细介绍。

3. 工艺因素

从上述表面粗糙度的成因可知,从工艺的角度考虑,可以分为:与切削刀具有关的因素、与工件材质有关的因素和与加工条件有关因素。现就切削加工和磨削加工分别叙述。

1)切削加工后的表面

(1)刀具的几何形状、材料及刃磨质量对表面粗糙度的影响。从几何因素看,减少刀具的主、副偏角,增大刀尖圆弧半径,均能有效地降低表面粗糙度。

刀具的前角值适当增大,刀具易于切入工件,可以减小切削变形和切削力,降低切削温度,能抑制积屑瘤的产生,有利于减小表面粗糙度值。但前角太大,刀刃有嵌入工件的倾向,反而使表面变粗糙。当前角一定时,后角越大,切削刃钝圆半径越小,刀刃越锋利;同时,还能减小后刀面与加工表面间的摩擦和挤压,有利于减小表面粗糙度值。但后角太大削弱了刀具的强度,容易产生切削振动,使表面粗糙度值增大。

刀具的材料及刃磨质量影响积屑瘤、鳞刺的产生,如用金刚石车刀精车铝合金时,由于摩擦因数小,刀面上就不会产生切屑的粘附、冷焊现象,因此,能降低粗糙度值。

(2)工件材料性能对表面粗糙度的影响。与工件材料相关的因素包括材料的塑性、韧性及金相组织等,一般地讲,韧性较大的塑性材料,易于产生塑性变形,与刀具的粘结作用也较大,加工后表面粗糙度值大。相反,脆性材料则易于得到较小的表面粗糙度值。

(3)切削用量对表面粗糙度的影响。

① 切削速度 v_c。一般情况下,低速或高速切削时,因不会产生积屑瘤,故表面粗糙度值较小。但在中等速度下,塑性材料由于容易产生积屑瘤和鳞刺,因此,表面粗糙度值大。

② 背吃刀量 a_p。它对表面粗糙度的影响不明显,一般可忽略,但当 $a_p < 0.02 \sim 0.03\text{mm}$ 时,刀尖与工件表面发生挤压与摩擦,从而使表面质量恶化。

③ 进给量 f。减小进给量 f 可以减少切削残留面积高度,减小表面粗糙度值。但进给量太小,刀刃不能切削而形成挤压,增大了工件的塑性变形,反而使表面粗糙度值增大。

另外,合理选择润滑液,提高冷却润滑效果,减小切削过程中的摩擦,能抑制积屑瘤和鳞刺的生成,有利于减小表面粗糙度值,如选用含有硫、氯等表面活性物质的冷却润滑液,润滑性能增强,作用更加显著。

2) 磨削加工后的表面

磨削加工是通过表面具有随机分布磨粒的砂轮和工作的相对运动来实现的。在磨削过程中,磨粒在工件表面上滑擦、耕犁和切下切屑,把加工表面刻划出无数微细的沟槽,沟槽两边伴随着塑性隆起,形成表面粗糙度。

(1)磨削用量对表面粗糙度的影响。提高砂轮速度,可以增加在工件单位面积上的刻痕,同时,塑性变形造成的隆起量随着砂轮速度的增大而下降,所以粗糙度值减小。

在其他条件不变的情况下,提高工件速度,磨粒在单位时间内在工件表面上的刻痕数减少,因而将增大磨削表面粗糙度值。

磨削深度增加,磨削过程中磨削力及磨削温度都增加,磨削表面塑性变形增大,从而增大表面粗糙度值。

(2)砂轮对表面粗糙度的影响。

① 砂轮的粒度。砂轮的粒度越细,单位面积上的磨粒数越多,工件表面上的刻痕密而细,则表面粗糙度值越小。但磨粒过细时,砂轮易堵塞,磨削性能下降,反而使粗糙度值增大。

② 砂轮的硬度。硬度的大小应合适。砂轮太硬,磨粒钝化后仍不能脱落,使工件表面受到强烈摩擦和挤压作用,塑性变形程度增加,表面粗糙度值增大或使磨削表面烧伤。砂轮太软,磨粒易脱落,常会产生磨损不均匀现象,而使表面粗糙度值变差。

③ 砂轮的修整。砂轮修整的目的是为了去除外层已钝化的或被磨屑堵塞的磨粒,保证砂轮具有足够的等高微刃。微刃等高性越好,磨出工件的表面粗糙度值越小。

(3)工件材料对表面粗糙度的影响。工件材料硬度太大,砂轮易磨钝,故表面粗糙度值变大。工件材料太软,砂轮易堵塞,磨削热增大,也得不到较小的表面粗糙度值。塑性、韧性大的工件材料,其塑性变形程度大,导热性差,不易得到较小的表面粗糙度值。

2.3 加工表面物理力学性能的变化及其影响因素

机械加工过程中,工件由于受到切削力、切削热的作用,其表面与基体材料性能有很大不同,发生了物理力学性能的变化。

1. 表面层的加工硬化

机械加工时,工件表面层金属受到切削力的作用产生强烈的塑性变形,使晶格扭曲,晶粒间产生滑移剪切,晶粒被拉长、纤维化甚至碎化,从而使得表面层的硬度增加,塑性降低,这种现象称为加工硬化。

另一方面,机械加工时产生的切削热提高了工件表层金属的温度,当温度高到一定程度时,已强化的金属会回复到正常状态。回复作用的速度大小取决于温度的高低、温度持续的时间。加工硬化实际上是硬化作用与回复作用综合作用的结果。

1)表面层加工硬化指标

衡量表面层加工硬化程度的指标有下列三项:

（1）加工后表面层的显微硬度 H；

（2）硬化层深度 h；

（3）硬化程度 N。

$$N = [(H-H_0)/H_0] \times 100\% \qquad\qquad (8-2)$$

式中：H_0 为金属原来的显微硬度。

2）影响表面层加工硬化的因素

（1）切削力。切削力越大，塑性变形越大，则硬化程度和硬化层深度就越大。例如，当进给量 f、背吃刀量 a_p 增大或刀具前角 γ_o 减小时，都会增大切削力，使加工硬化严重。

（2）切削温度。切削温度增高时，回复作用增加，使得加工硬化程度减小。如切削速度很高或刀具钝化后切削，都会使切削温度不断上升，部分地消除加工硬化，使得硬化程度减小。

（3）工件材料。被加工工件的硬度越低，塑性越大，切削后的冷硬现象越严重。

2. 表面层金相组织的变化与磨削烧伤

1）表面层金相组织的变化与磨削烧伤的原因

机械加工过程中，在工件的加工区及其邻近的区域，温度会急剧升高，当温度超过工件材料金相组织变化的临界点时，就会发生金相组织变化。对于一般切削加工而言，温度还不会上升到如此程度。但对于磨削加工来说，由于单位面积上产生的切削热比一般切削方法要大几十倍，加之磨削时约70%以上的热量传给工件，易使工件表面层的金相组织发生变化，从而使表面层的硬度和强度下降，产生残余应力甚至引起显微裂纹。这种现象称为磨削烧伤，它严重地影响了零件的使用性能。

磨削烧伤时，表面因磨削热产生的氧化层厚度不同，往往会出现黄、褐、紫、青等颜色变化。有时在最后的光磨时，磨去了表面烧伤变化层，实际上烧伤层并未完全去除，这会给工件带来隐患。

磨淬火钢时，在工件表面层上形成的瞬时高温将使表面金属产生以下三种金相组织变化：

（1）如果工件表面层温度未超过相变温度 Ac3（一般中碳钢为720℃），但超过马氏体的转变温度（一般中碳钢为300℃），这时马氏体将转变为硬度较低的回火屈氏体或索氏体，这叫回火烧伤。

（2）当工件表面层温度超过相变温度 Ac3，如果这时有充分的切削液，则表面层将急冷形成二次淬火马氏体，硬度比回火马氏体高，但很薄，只有几微米厚，其下为硬度较低的回火索氏体和屈氏体，导致表面层总的硬度降低，这称为淬火烧伤。

（3）当工件表面层温度超过相变温度 Ac3，则马氏体转变为奥氏体，如果这时无切削液，则表面硬度急剧下降，工件表面层被退火，这种现象称为退火烧伤。干磨时很容易产生这种现象。

2）影响磨削烧伤的因素

磨削烧伤与磨削温度有十分密切的关系，因此一切影响磨削温度的因素都在一定程度上对烧伤有影响，所以研究磨削烧伤问题可以从研究磨削时的温度入手。

（1）磨削用量。当径向进给量 f_r 增大时，塑性变形增大，工件表面层及里层温度都将提高，极易造成烧伤。故 f_r 不能选得太大。

工件轴向进给量 f_a 增大时，砂轮与工件接触面积减少，散热条件得到改善，工件表面及里层的温度都将降低，故可减轻烧伤。但 f_a 增大会导致工件表面粗糙度值变大，可采用较宽的砂轮来弥补。

工件速度 v_w 增大时,磨削区表面温度虽然增高,但此时热源作用时间减少,因而可减轻烧伤。但提高 v_w 会导致其表面粗糙度值变大,为弥补此不足,可提高砂轮速度。实践证明,同时提高 v_w 和砂轮速度既可减轻工件表面烧伤,又不致降低生产效率。

(2)砂轮。硬度太高的砂轮,钝化砂粒不易脱落,自锐性不好,使总切削力增大,温度升高,容易产生烧伤,因此用软砂轮较好。

为了防止烧伤,可采用有弹性的粘接剂,如用橡胶、树脂等材料制成的粘接剂,磨削时磨粒受到大切削力时可以弹让,使磨削厚度减小,从而总切削力减小。

立方氮化硼砂轮热稳定性好,与铁族元素的化学反应很小,磨削温度低,而立方氮化硼磨粒本身硬度、强度仅次于金刚石,磨削力小,能磨出较好的表面质量。

此外,采用粗粒度砂轮、松组织砂轮都可提高砂轮的自锐性,改善散热条件,使砂轮不易被切屑堵塞,因此都可大大减小磨削烧伤的产生。

(3)工件材料。工件材料对磨削区温度的影响主要取决于它的硬度、强度、韧性和热导率。

工件材料硬度高、强度高或韧性大都会使磨削区温度升高,因而容易产生磨削烧伤。导热性能比较差的材料,如耐热钢、轴承钢、不锈钢等,在磨削时也容易产生烧伤。

(4)冷却方法。采用切削液带走磨削区热量可以避免烧伤。然而,目前通用的冷却方法效果较差,实际上没有多少切削液能进入磨削区。因此采取有效的冷却方法有其重要意义。生产中常采用以下措施来提高冷却效果:

① 采用内冷却砂轮,将切削液引入砂轮的中心腔内,由于离心力的作用,切削液再经过砂轮内部的孔隙从砂轮四周的边缘甩出,这样,切削液即可直接进入磨削区,发挥有效的冷却作用。

② 采用浸油砂轮,把砂轮放在熔化的硬脂酸溶液中浸透,取出冷却后即成为含油砂轮。磨削时,磨削区的热源使砂轮边缘部分硬脂酸熔化而洒入磨削区起冷却润滑作用。

③ 采用高压大流量切削液,并在砂轮上安装带有空气挡板的切削液喷嘴。以减轻高速旋转砂轮表面的高压附着气流作用,使切削液顺利地喷注到磨削区,这对于高速磨削更为重要。

3. 表面层残余应力

1)表面层残余应力的产生

由于机械加工中力和热的作用,在机械加工以后,工件表面层及其与基体材料的交界处仍旧保留互相平衡的弹性应力。这种应力即称为表面层的残余应力。表面残余应力的产生,有以下三种原因:

(1)冷态塑性变形引起的残余应力。在切削或磨削过程中,工件表面受到刀具后刀面或砂轮磨粒的挤压和摩擦,表面层产生伸长塑性变形,此时基体金属仍处于弹性变形状态。切削过后,基体金属趋于弹性恢复,但受到已产生塑性变形的表面层金属的牵制,从而在表面层产生残余压应力,里层产生残余拉应力。

(2)热态塑性变形引起的残余拉应力。切削或磨削过程中,工件加工表面在切削热作用下产生热膨胀,此时基体金属温度较低,因此表面层产生热压应力。当切削过程结束时,工件表面温度下降,由于表层已产生热塑性变形并受到基体的限制,故而产生残余拉应力,里层产生残余压应力。

(3)金相组织变化引起的残余应力。切削或磨削过程中,若工件加工表面温度高于材料的相变温度,则会引起表面层的金相组织变化。不同的金相组织有不同的密度,如马氏体密度

为 $\rho_{马} = 7.75\text{g}/\text{cm}^3$，奥氏体密度为 $\rho_{奥} = 7.96\text{g}/\text{cm}^3$，珠光体密度为 $\rho_{珠} = 7.78\text{g}/\text{cm}^3$，铁素体密度为 $\rho_{铁} = 7.88\text{g}/\text{cm}^3$。以淬火钢磨削为例，淬火钢原来的组织是马氏体，磨削加工后，表层可能产生回火，马氏体变为接近珠光体的托氏体或索氏体，密度增大而体积减小，工件表面层将产生残余拉应力。

机械加工后表面层的残余应力，是由上述三方面的因素综合作用的结果。在一定的条件下，其中某一种或两种因素可能会起主导作用，决定了工件表层残余应力的状态。

2）磨削裂纹的产生

磨削裂纹和残余应力有着十分密切的关系。在磨削过程中，当工件表层产生的残余拉应力超过工件材料的强度极限时，工件表面就会产生裂纹。磨削裂纹的产生会使零件承受交变载荷的能力大大降低。

3）影响表面残余应力的主要因素

如上所述，机械加工后工件表面层的残余应力是冷态塑性变形、热态塑性变形和金相组织变化三者综合作用的结果。在不同的加工条件下，残余应力的大小、符号及分布规律可能有明显的差别。切削加工时起主要作用的往往是冷态塑性变形，表面层常产生残余压应力。磨削加工时，通常热态塑性变形或金相组织变化引起的体积变化是产生残余应力的主要因素，所以表面层常存有残余拉应力。

2.4　机械加工中的振动

1. 机械加工中的振动现象

1）振动对机械加工的影响

机械加工过程中，在工件和刀具之间常常产生振动。产生振动时，工艺系统的正常切削过程便受到干扰和破坏，从而使零件加工表面出现振纹，降低了零件的加工精度和表面质量。强烈的振动会使切削过程无法进行，甚至会引起刀具崩刃打刀现象。振动的产生加速了刀具或砂轮的磨损，使机床连接部分松动，影响运动副的工作性能，并导致机床丧失精度。此外，强烈的振动及伴随而来的噪声，还会污染环境，危害操作者的身心健康。尤其对于高速回转的零件和大切削用量的加工方法，振动更是一种限制生产率提高的重要障碍。

随着现代工业的发展，许多难加工材料不断问世，这些材料在进行切削加工中，极易产生振动。另一方面，现代工业所需要的精密零件对于加工精度和表面质量的要求却越来越高。例如，精密加工和超精密加工的尺寸精度要求高达 $0.1\mu\text{m}$，表面粗糙度常为 $Ra0.02\mu\text{m}$ 以下，甚至更小。因此，在切削过程中，哪怕出现极其微小的振动，也会导致工件无法达到设计的质量要求。

2）机械加工中振动的种类及其主要特点

机械加工过程中产生的振动，按其性质可分为自由振动、受迫振动和自激振动三种类型。

（1）自由振动。当振动系统受到初始干扰力激励破坏了其平衡状态后，去掉激励或约束之后所出现的振动，称为自由振动。机械加工过程中的自由振动往往是由于切削力的突然变化或其他外界力的冲击等原因所引起的。这种振动一般可以迅速衰减，因此对机械加工过程的影响较小。

（2）受迫振动。外界的周期性激励所激起的稳态振动称为受迫振动。

（3）自激振动。系统在一定条件下，没有外界交变干扰力而由振动系统吸收了非振荡的能量转化产生的交变力维持的一种稳定的周期性振动称为自激振动。切削过程中产生的自激振动也称为颤振。

2. 机械加工过程中的受迫振动

1）受迫振动产生的原因

（1）系统外部的周期性干扰力。如机床附近的振动源经过地基传入正进行加工的机床，从而引起工艺系统的振动。

（2）机床运动零件的惯性力。如电动机皮带轮、齿轮、传动轴、砂轮等的质量偏心在高速回转时产生离心力，往复运动部件换向时的冲击等都将成为引起振动的激振力。

（3）机床传动件的缺陷。如齿轮啮合时的冲击、平带接头、滚动轴承滚动体的误差、液压系统中的冲击现象等均可能引起振动。

（4）切削过程的不连续。如铣、拉、滚齿等加工，将导致切削力的周期性改变，从而产生振动。

2）受迫振动的特性

受迫振动的稳态过程是简谐振动，只要有激振力存在，振动系统就不会被阻尼衰减掉。它的频率总是与外界激振力的频率相同，而与系统的固有频率无关。它的振幅 A 取决于激振力 F、阻尼比 ζ 和频率比 λ。

3. 自激振动

切削加工时，在没有周期性外力作用的情况下，有时刀具与工件之间也可能产生强烈的相对振动，并在工件的加工表面上残留下明显的、有规律的振纹。这种由振动系统本身产生的交变力激发和维持的振动称为自激振动，通常也称为颤振。

1）自激振动的产生条件

实际切削过程中，工艺系统受到干扰力作用产生自由振动后，必然要引起刀具和工件相对位置的变化，这一变化若又引起切削力的波动，则使工艺系统产生振动，因此通常将自激振动看成是由振动系统（工艺系统）和调节系统（切削过程）两个环节组成的一个闭环系统。自激振动系统是一个闭环反馈自控系统，调节系统把持续工作用的能源能量转变为交变力对振动系统进行激振，振动系统的振动又控制切削过程产生激振力，以反馈制约进入振动系统的能量。

2）自激振动的特性

（1）自激振动的频率等于或接近系统的固有频率，即由系统本身的参数所决定。

（2）自激振动是由外部激振力的偶然触发而产生的一种不衰减运动，但维持振动所需的交变力是由振动过程本身产生的，在切削过程中，停止切削运动，交变力也随之消失，自激振动也就停止。

（3）自激振动能否产生和维持取决于每个振动周期内输入和消耗的能量，自激振动系统维持稳定振动的条件是，在一个振动周期内，从能源输入到系统的能量（$E+$）等于系统阻尼所消耗的能量（$E-$）。如果吸收能量大于消耗能量，则振动会不断加强；如果吸收能量小于消耗能量，则振动将不断衰减而被抑制。

4. 机械加工中振动的控制

机械加工中控制振动的途径有三个方面：消除或减弱产生振动的条件；改善工艺系统的动态特性，增强工艺系统的稳定性；采取各种消振减振装置。

1）消除或减弱产生受迫振动的条件

（1）受迫振动的诊断方法。在着手消除机械加工中的振动之前，首先应判别振动是属于受迫振动还是自激振动。受迫振动的频率与激振力的频率相等或是它的整数倍，根据这个规律去查找振源。查找振源的基本途径就是测出振动的频率。

测定振动频率最简单的方法是数出工件表面的波纹数，然后根据切削速度计算出振动频率。测量振动频率较完善的方法是对机床的振动信号进行功率谱分析，功率谱中的尖峰点对应的频率就是机床振动的主要频率。

一般诊断步骤如下：

① 拾取振动信号，作机床工作时的频谱图。

② 做环境试验，查找机外振源。在机床处于完全停止的状态下拾取振动信号，进行频谱分析。此时所得到的振动频率成分均为机外干扰力源的频率成分。然后将这些频率成分与现场加工的振动频率成分进行对比，如两者完全相同，则可判定机械加工中产生的振动属于受迫振动，且干扰力源在机外环境中。如现场加工的主振频率成分与机外干扰力频率不一致，则需继续进行空运转试验。

③ 做空运转试验，查找机内振源。机床按现场所用运动参数进行空运转，拾取振动信号，进行频谱分析，然后将这些频率成分与现场加工的频谱图对比。如果两者的谱线成分完全相同，除机外干扰力源的频率成分外，则可判断切削加工中产生的振动是受迫振动，且干扰力源在机床内部。如果切削加工的谱线图上有与机床空运转试验的谱线成分不同的频率成分，则可判断切削加工中除有受迫振动外，还有自激振动。

（2）消除或减弱产生受迫振动的条件。

① 减小激振力。对于机床上转速在600r/min以上的零件，如砂轮、卡盘、电动机转子及刀盘等，必须进行平衡以减小和消除激振力；提高带传动、链传动、齿轮传动及其他传动装置的稳定性，如采用完善的带接头、以斜齿轮或人字齿轮代替直齿轮等；使动力源与机床本体放在两个分离的基础上。

② 调整振源频率。在选择转速时，尽可能使旋转件的频率远离机床有关元件的固有频率，以免发生共振。

③ 采取隔振措施。隔振有两种方式，一种是阻止机床振源通过地基外传的主动隔振；另一种是阻止外干扰力通过地基传给机床的被动隔振。不论哪种方式，都是用弹性隔振装置将需防振的机床或部件与振源之间分开，使大部分振动被吸收，从而达到减小振源危害的目的，常用的隔振材料有橡皮、金属弹簧、空气弹簧、泡沫、乳胶、软木、矿渣棉、木屑等。

2）消除或减弱产生自激振动的条件

（1）合理选择切削用量。在低速或高速切削时，振动较小，选较大的进给量和较小的切削深度有利于减小振动。

（2）合理选择刀具几何参数。刀具几何参数中对振动影响最大的是主偏角 κ_r 和前角 γ_o。主偏角 κ_r 增大，则垂直于加工表面方向的切削分力 Fy 减小，实际切削宽度减小，故不易产生自振。$\kappa_r = 90°$ 时，振幅最小，$\kappa_r > 90°$，振幅增大。前角 γ_o 越大，切削力越小，振幅也越小。

（3）增加切削阻尼。适当减小刀具后角（$\alpha_o = 2° \sim 3°$），可以增大工件和刀具后刀面之间的摩擦阻尼；还可在后刀面上磨出带有负后角的消振棱。

3）增强工艺系统抗振性和稳定性的措施

（1）提高工艺系统的刚度。首先要提高工艺系统薄弱环节的刚度，合理配置刚度主轴的位置,使小刚度主轴位于切削力和加工表面法线方向的夹角范围之外。如调整主轴系统、进给系统的间隙,合理改变机床的结构,减小工件和刀具安装中的悬伸长度,车刀反装切削以及削扁镗杆等。其次是减轻工艺系统中各构件的质量,因为质量小的构件在受动载荷作用时惯性力小。

(2)增大系统的阻尼。工艺系统的阻尼主要来自零部件材料的内阻尼、结合面上的摩擦阻尼以及其他附加阻尼。要增大系统的阻尼,可选用阻尼比大的材料制造零件;还可把高阻尼的材料加到零件上去,可提高抗振性。其次是增加摩擦阻尼,机床阻尼大多来自零部件结合面的摩擦阻尼,有时可占到总阻尼的90%。对于机床的活动结合面,要注意间隙调整,必要时施加预紧力增大摩擦;对于固定结合面,选用合理的加工方法、表面粗糙度等级、结合面上的比压以及固定方式等来增加摩擦阻尼。

思 考 题

1. 试举例说明加工精度、加工误差、公差的概念以及它们之间的区别。
2. 工艺系统的静态、动态误差各包括哪些内容?
3. 何谓误差敏感方向? 车床与镗床的误差敏感方向有何不同?
4. 在何种加工条件下容易出现误差复映现象? 可以采取哪些措施抑制这种现象的产生?
5. 何谓接触刚度? 有哪些影响因素?
6. 影响机床刚度的因素有哪些? 提高机床部件刚度有哪些措施?
7. 举例说明保证和提高加工精度常用方法的原理及应用场合。
8. 在卧式镗床上对箱体件镗孔,试分析采用:(1) 刚性主轴;(2) 浮动镗杆(指与主轴连接的方式)和镗模夹具时,影响镗杆回转精度的主要因素有哪些?
9. 磨外圆时,工件安装在死顶尖上有什么好处? 实际使用时应注意哪些问题?
10. 机械加工表面质量包括哪些具体内容? 它们对机器使用性能有哪些影响?
11. 试述影响零件表面粗糙度的几何因素。
12. 什么是加工硬化? 影响加工硬化的因素有哪些?
13. 什么是回火烧伤、淬火烧伤和退火烧伤?
14. 为什么表面层金相组织的变化会引起残余应力?
15. 什么是自激振动? 它有哪些主要特征?
16. 受迫振动产生的原因有哪些? 消除或减小受迫振动的措施有哪些?

9 项目九 现代制造技术的运用

项目描述

图 9-1 为冲压模具上使用的凹模零件,厚度为 20mm,材料 Cr12MoV,热处理硬度 60~65HRC。试编制其加工工艺规程。

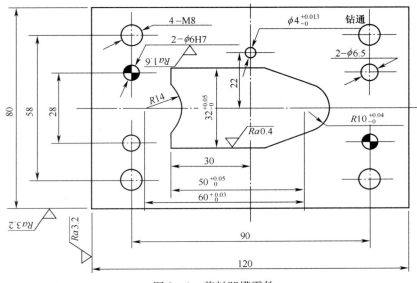

图 9-1 落料凹模零件

技能目标

能根据落料凹模零件的加工要求,编制机械加工工艺。

知识目标

掌握电火花加工的基本原理,了解先进的制造方法。

任务一 电火花的加工方法的选择

任务描述

根据图 9-1 落料凹模零件图的要求,加工中间的型孔,请选择加工参数。

加工模具的型孔,要采用电火花线切割加工技术。

在一定的绝缘液体介质中,通过工具电极和工件电极之间脉冲放电时的电腐蚀作用,从而对工件进行加工,称之为电火花加工,又称电蚀加工或放电加工(Electrical Discharge Machining,EDM)。

1.1　电火花加工的基本原理

研究结果表明,要想利用火花放电产生的电蚀现象对工件进行加工,必须具备以下基本条件:

(1)使火花放电为瞬时的脉冲性放电,并且脉冲电压的波形基本是单向的,如图 9-2 所示。

电压脉冲的持续时间 t_i 称为脉冲宽度(单位 μs),在精加工时要选用较小的脉冲宽度,以提高加工精度和表面质量;在粗加工时应选用较大的脉冲宽度,以保证加工速度,但是不能过大,一般应小于 $10\sim30\mu s$。这样可以使每一个放电点局限在很小的范围内,使放电产生的热量来不及传导和扩散到加工表面以外的部位,防止将工件表面烧伤而无法加工。两个电压脉冲之间的间隔时间 t_o 称为脉冲间隙(单位为 μs),脉冲间隙的大小也应合理选用,如果间隔时间过短,会使绝缘介质来不及恢复绝缘状态,容易产生电弧放电,烧伤工件和工具;脉冲间隔时间过长,又会降低加工生产率。一个电压脉冲开始到下一个电压脉冲开始之间的时间 T 称为脉冲周期(单位为 μs),显然 $T=t_i+t_o$。

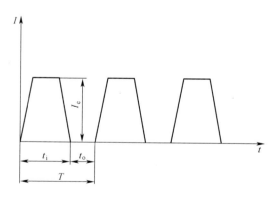

图 9-2　脉冲电压波形

t_i—脉冲宽度;t_o—脉冲间隔;T—脉冲周期;I_e—脉冲高度。

(2)脉冲放电要有足够的能量,也就是说放电通道要有很大的电流密度(一般为 $105\sim106A/cm^2$)。这样可以保证在火花放电时产生较高的温度将工件表面的金属熔化或汽化,以达到加工的目的。

（3）保证有合理的放电间隙。放电间隙指利用火花放电进行加工时工具表面和工件表面之间的距离，用 S 表示。放电间隙的大小与加工电压、加工介质等因素有关，一般在几微米到几百微米之间合理选用。间隙过大，会使工作电压不能击穿绝缘介质；而间隙过小，易形成短路，都将导致电极间电流为零，不能产生火花放电，从而不能对工件进行加工。

（4）火花放电必须在具有一定绝缘性能的液体介质中进行。绝缘介质的作用有四点：一是在达到要求的击穿电压之前，应保持电学上的非导电性，即起到绝缘的作用；二是在达到击穿电压后，绝缘介质要尽可能地压缩放电通道的横截面积，从而提高单位面积上的电流强度；三是在放电完成后，迅速熄灭火花，使火花间隙消除电离从而恢复绝缘；四是要求介质具有较好的冷却作用，并将电蚀产物从放电间隙中带走。

目前大多数电火花机床均采用煤油作为工作液。但是对大型复杂零件的加工时，功率较大，可能引起煤油着火，这时可以采用燃点较高的机油或者是煤油与机油混合物等作为工作液。另外，新开发的水基工作液也逐渐应用在电火花加工中，这种工作液可使粗加工效率大幅度提高，并且降低了因加工功率大而引起着火的隐患。

综合以上基本条件，电火花加工原理如图9-3所示。

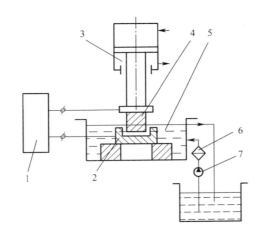

图9-3　电火花加工原理图
1—脉冲电源；2—工件；3—自动进给调节装置；4—工具；5—工作液；6—过滤器；7—工作液泵。

脉冲电源1的两个输出端分别与工件2和工具4连接。自动进给调节装置3（此处为液压缸及活塞）使工件与工具之间经常保持一很小的放电间隙，当加在两极间的脉冲电压足够大时，便使两极间隙最小处或绝缘强度最低处的介质被击穿，在该处形成火花放电，瞬时达到高温使工具和工件表面都蚀除掉一小部分金属，各自形成一个小凹坑，如图9-4(a)所示，表示单个脉冲放电后的电极表面。脉冲放电结束后，经过一段时间间隔（即脉冲间隔 t_o），使工作液恢复绝缘并清除电蚀产物后，第二个脉冲电压又加到两极上，又会使两极间隙最小处或绝缘强度最低处的介质被击穿，从而又形成小凹坑。这样随着相当高的频率，连续不断地重复放电，工具电极不断地向工件进给，从而保持一定的放电间隙，就可将工具端面和横截面的形状复制在工件上，加工出所需形状的零件，整个加工表面将由无数个小凹坑所组成。图9-4(b)表示多次脉冲放电后的电极表面。

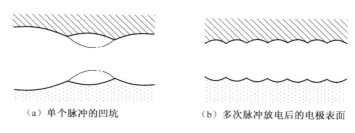

|（a）单个脉冲的凹坑|（b）多次脉冲放电后的电极表面|

图 9-4　电火花加工表面局部放大图

1.2　电火花加工的机理

在火花放电的过程中,电极表面是怎样被蚀除的呢? 这一微观的物理过程就是电火花加工的机理。了解这一微观过程,有助于掌握电火花加工工艺的基本规律,对脉冲电源、进给装置、机床设备等提出合理的要求。经过大量实验研究表明,一次脉冲放电的过程可以分为极间介质的电离、放电通道的形成、热膨胀、电极材料的抛出和极间介质的消电离等几个连续的阶段。

（1）极间介质的电离。当两极间的电压足够大时,由于工件和电极表面存在着微观的凸凹不平,在两极相距最近的点上电场强度最大,会使附近的液体介质首先被电离为带负电的电子和带正电的正离子。

（2）放电通道的形成。在电场力的作用下,电子高速向阳极运动,正离子向阴极运动,从而产生火花放电,形成了放电通道。但由于放电通道受到放电时磁场力和周围液体介质的压缩,放电通道的横截面积极小,又由于两极间液体介质在被击穿的瞬间电阻从绝缘状态的几兆欧姆骤降到几分之一欧姆,最终造成单位面积上的电流强度极大,可以达到 $105 \sim 106A/cm^2$。放电过程状态微观图如图 9-5 所示。

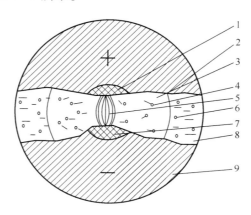

图 9-5　放电过程状态微观图

1—阳极汽化、熔化区;2—阳极;3—气泡;4—熔化的金属微粒;5—放电通道;
6—凝固的金属微粒;7—阴极汽化、熔化区;8—工作介质;9—阴极。

（3）热膨胀。脉冲电源使通道间的电子高速靠近向阳极,正离子靠近阴极,将电能变成动能;又由于放电通道中的电子和离子高速运动时相互碰撞,以及高速电子和离子流撞击阳极和阴极表面,从而将动能转化为热能。这就使两极之间沿放电通道在瞬间形成了一个温度高达

10,000～12,000℃ 的高温热源。热源将周围的液体介质一部分高温分解为游离的碳黑和 C_2H_2、C_2H_4 等气体，另一部分直接汽化，将热源作用区的工具和工件表面层很快熔化，甚至汽化。上述过程是在极短的时间内完成的，即在极短的时间产生大量的气体，这样就具有爆炸的特性。由此我们就很容易理解，为什么在观察电火花加工过程时，可以看到放电间隙间冒出气泡、工作液变黑和听到轻微而清脆的爆炸声等现象了。

（4）电蚀产物的抛出。由于上述的热膨胀过程中，产生很高的瞬时压力。通道中心的压力最高，使汽化了的气体不断向外膨胀，压力高处的熔融金属液体和蒸气就被排挤、抛出而进入工作液中。由于表面张力和内聚力的作用，使抛出的材料具有最小的表面积，冷凝时凝聚成细小的圆球颗粒，其直径视脉冲能量而异（一般约为 $0.1～500\mu m$），如图 9-6 所示。电极材料的一部分（汽化区和熔化区）被抛到液体介质中，而另一部分（凝固区）又重新冷却凝固在电极表面，并且在四周形成稍凸起的翻边。处于热影响区的电极材料，虽然受到的热量不足以熔化，但经历了温度升高又被冷却的过程，这样就会使分子的组织结构发生变化，类似于热处理过程。

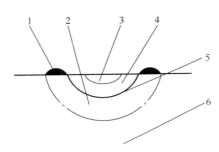

图 9-6　放电表面剖面示意图
1—凸起；2—热影响区；3—汽化区；4—熔化区；5—凝固区；6—无变化区。

（5）极间介质的消电离。使放电区的带电粒子重新结合成为中性粒子的过程，称为消电离。在一次脉冲放电结束后应有一段时间间隔，使间隙介质消电离，从而恢复介质的绝缘状态。在加工过程中产生的电蚀产物（如金属微粒、碳粒子、气泡等）如果没有被及时排除、扩散，就会改变两极间介质的成分，并降低绝缘强度。脉冲火花放电时产生的热量不及时传出，也会使消电离过程不充分，这样就会使脉冲火花放电变为有害的电弧放电，从而烧伤工件。脉冲间隔时间 t_o 的大小取决于脉冲能量、脉冲爆炸力、放电间隙和加工面积。

1.3　电火花加工特点

1. 电火花加工的优点

（1）能加工用切削的方法难于加工或无法加工的高硬度导电材料。在电火花加工过程中，主要是靠电、热能进行加工，几乎与力学性能（硬度、强度等）无关。从而使工件的加工不受工具硬度、强度的限制，实现了用软质的材料（如石墨、铜等）加工硬质的材料（如淬火钢、硬质合金和超硬材料等）。

（2）便于加工细长、薄、脆性零件和形状复杂的零件。由于加工过程中，工具与工件没有直接接触，这样就使工件与工具之间没有机械加工的切削力，机械变形小，因此可以加工复杂形状和进行微细加工。

（3）工件变形小，加工精度高。目前，电火花加工的精度可达 $0.01 \sim 0.05mm$，在精密光整加工时可小于 $0.005mm$。

（4）易于实现加工过程的自动化。电火花加工主要利用电能进行加工，而电能、电参数较机械量易于实现自动化控制。目前我国电火花加工机床大多都是数字控制。

2. 电火花加工的不足

（1）只能对导电材料进行加工。通过电火花加工原理的分析，我们可以看出，电火花加工所用的工具和工件必需是导体，所以塑料、陶瓷等绝缘的非导体材料不能用电火花进行加工。

（2）加工精度受到电极损耗的限制。由于加工过程中，工具电极同样会受到电、热的作用而被蚀除，特别是在尖角和底面部分，蚀除量较大，又造成了电极损耗不均匀的现象，所以电火花加工的精度受到限制。

（3）加工速度慢。由于火花放电时产生的热量只局限在电极表面，而且又很快被介质冷却，所以加工速度要比机械加工慢。

（4）最小圆角半径受到放电间隙的限制。虽然电火花加工具有一定的局限性，但与传统的切削加工相比仍有巨大的优势，因此其应用领域日益扩大，目前已广泛应用于机械（特别是模具制造）、航空航天、电子、电器、仪器仪表等行业，用来解决难加工材料及复杂形状零件的加工问题。

1.4　电火花加工机床简介

电火花加工机床狭义上指能完成穿孔和成型加工的机床，而在广义上讲，电火花加工机床应该包括电火花穿孔机、成型加工机床、电火花线切割加工机床和电火花磨削机床，以及各种专门用途的电火花加工机床，如加工小孔、螺纹环规和异型孔纺丝板等的电火花加工机床。这几种机床的工作原理都是用电火花放电加工来蚀除金属，但在工艺形式、机床结构和操作方法上存在着很大差别。

1. 机床名称、型号与分类

1）机床的名称和型号

我国早期生产的电火花机床按其用途分为两类，一类是采用 RC、RLC 和电子管、闸流管脉冲电源，主要用于穿孔加工的电火花穿孔加工机床，被命名为 D61 系列（如 D6125、D6140 型等）；另一类是采用长脉冲发电动机电源，主要用于成型加工的电火花成型加工机床，被命名为 D55 系列（如 D5540、D5570 等）。20 世纪 80 年代开始电火花加工机床大多采用晶体管脉冲电源，这样就使同一台电火花加工机床既能用做穿孔加工，也可用做成型加工。因此我国把电火花穿孔、成型加工机床定名为 D71 系列，统称为电火花成型加工机床，或简称电火花加工机床。

2）电火花加工机床的分类

电火花加工机床像其他加工机床一样，有很多分类方法，具体介绍如下：

（1）按照机床的数控程度可分为：非数控（手动型）、单轴数控型及多轴数控型等。

（2）按照机床的规格大小可分为：小型（工作台宽度小于 25cm 以下）、中型（工作台宽度在 $25 \sim 63cm$ 之间）和大型（工作台宽度在 63cm 以上）。

（3）按精度等级分为标准、精密和高精度电火花成型机床。

（4）按工具电极的伺服进给系统的类型分为：液压进给、步进电动机进给、直流或交流伺服电动机进给驱动等类型。

（5）按应用范围可以分为通用机床、专用机床（如航空叶片零件加工机床、螺纹加工机床、轮胎橡胶模加工机床等）。

（6）根据机床结构分为龙门式、滑枕式、悬臂式、框形立柱式和台式电火花成型机床。其中立柱式应用最为广泛。如图9-7(a)所示为龙门式大型电火花加工机床，工作台固定在床身上，主轴头可做横向坐标移动，根据加工的需要，可在机床的横梁上装设几个主轴头，以满足同时加工出几个型孔的需要。这种机床刚性好，可做成大、中型电火花加工机床。图9-7(b)所示为滑枕式结构电火花加工机床。它的主要特点是工件安装在床身工作台上不动，两主轴头安装在 X、Y 两个滑枕上运动，这样可以避免重大的工件和油槽中煤油工作液在 X、Y 方向快速运动时产生很大的惯性力。其缺点是行程大时机床刚度变差，电极装夹找正也因油箱体积大而不太方便。

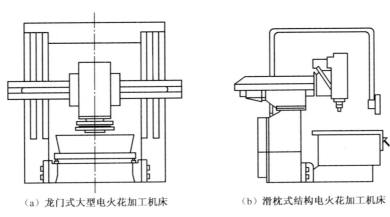

（a）龙门式大型电火花加工机床　　　（b）滑枕式结构电火花加工机床

图9-7　典型机床结构示意图

随着机床工业的发展，模具行业对电火花加工机床的需求不断增加，电火花加工机床将朝着高精度、高稳定性和高自动化程度等方向发展。国外已经研制出带工具电极库能按程序自动更换电极的电火花加工中心。

2. 电火花加工机床结构

电火花加工机床主要由机床主体、脉冲电源、自动进给调节系统和工作液净化及循环系统几部分组成。

随着时代的进步、电加工事业的发展，尤其数控技术在电火花成型加工机床上的广泛使用，更显示出电火花加工在模具制造中的重要性。为了适应模具工业的需要，已经批量生产计算机三坐标数字控制的电火花成型加工机床，以及带工具电极库能按程序自动更换的电火花加工中心。

为了便于对机床结构的了解，如图9-8(a)所示为立柱式电火花加工机床的结构图，图9-8(b)为外观图。

1）机床主体

机床主体部分主要包括：主轴头、床身、立柱、工作台及工作液槽几部分。其作用主要是支承、固定工件和工具电极，并通过传动机构实现工具电极相对于工件的进给运动。

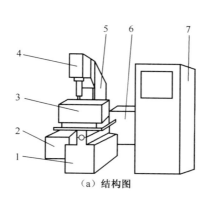
（a）结构图

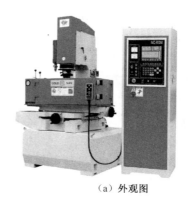
（a）外观图

图9-8　立柱式电火花加工机床

1—床身;2—液压油箱;3—工作液槽;4—主轴头;5—立柱;6—工作液箱;7—电源箱。

主轴头是电火花加工机床中最关键的部件,是自动调节系统中的执行机构,对加工工艺指标的影响极大。一般对主轴头的要求是:结构简单、传动链短、传动间隙小、热变形小、具有足够的精度和刚度,以适应自动调节系统的惯性小、灵敏度好、能承受一定负载的要求。主轴头主要由进给系统、导向防扭机构、电极装夹及其调节环节组成。我国目前生产的电火花加工机床大多采用液压主轴头。液压主轴头结构有两种:一种是油缸固定、活塞连同主轴上下移动;另一种是活塞固定,液压缸体连同主轴上下移动。前者结构简单,但刚性差,主轴导向部分为滑动摩擦,灵敏度低。后者结构复杂,刚性好,灵敏度高。

2）脉冲电源

脉冲电源的作用是把交流电转换成单向脉冲电流,以提供能量来蚀除金属。脉冲电源的输出端分别接电极和制件,在加工过程中向间隙不断输出脉冲电流。当电极与制件之间间隙达到一定值时,工作液被击穿而形成脉冲火花放电,同时使制件材料被汽化而蚀除。电极向制件的不断进给,使制件被加工成所需形状。

脉冲电源对电火花加工的生产率,工件的表面质量、加工精度,加工过程中的稳定性和工具电极损耗等技术经济指标有很大的影响。常用的有张弛式、闸流管式、电子管式、可控硅式和晶体管式脉冲电源,目前以晶体管式脉冲电源使用最广。

（1）张弛式脉冲电源。这种电源最早在电火花穿孔加工机床中应用,是采用张弛式或RC电路,后又逐步改进为RLC、RLCL、RLC-LC电路。如图9-9所示为RC线路脉冲电源。它的工作原理是:首先直流电源E通过电阻R向电容器C充电,使电容器两端的电压不断升高,当电压上升到绝缘介质的击穿电压时,两极间的绝缘介质被击穿,形成放电通道,电容器上储存的能量瞬间释放,产生较大的脉冲电流。当电容C上积蓄的能量释放完时,间隙中的工作液

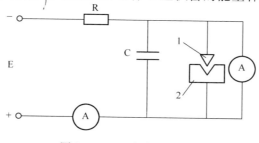

图9-9　RC线路脉冲电源

又迅速恢复绝缘状态。此后电容再次充电，又重复上述过程，达到加工的目的。

这种脉冲电源的优点是：结构简单、工作可靠、成本低、操作和维护方便，在小功率时可以获得很窄的脉冲宽度和很小的单个脉冲能量，加工精度高，可用做光整加工和微细加工。缺点是：生产效率和电源利用效率低，工艺参数不稳定和工具损耗大等。因此，随着可控硅、晶体管脉冲电源的出现，这种电源的应用逐渐减少，目前多用于特殊材料加工和精密微细加工。

（2）闸流管式和电子管式脉冲电源。闸流管式和电子管式脉冲电源属于独立式脉冲电源，它们以末级功率级起开关作用的电子元件而命名。闸流管和电子管均为高阻抗开关元件，因此主回路中常为高压小电流，必须采用脉冲变压器变换为大电流的低压脉冲才能用于电火花加工。

闸流管式和电子管式脉冲电源由于受到末级功率管以及脉冲变压器的限制，脉冲宽度比较窄，脉冲电流也不能大，且能耗也大，故主要用于冲模类穿孔加工等精加工场合，不适于型腔加工。因此，已为晶闸管式、晶体管式脉冲电源所替代。

（3）晶闸管式、晶体管式脉冲电源。晶闸管式脉冲电源是利用晶闸管作为开关元件而获得单向脉冲的。由于晶闸管的功率较大，脉冲电源所采用的功率管数目可大大减少，因此，200A 以上的大功率粗加工脉冲电源，一般采用晶闸管。

晶体管式脉冲电源的输出功率及其最高生产率不易做到晶闸管式脉冲电源那样大，但它具有脉冲频率高、脉冲参数容易调节、脉冲波形较好、易于实现多回路加工和自适应控制等自动化要求的优点，所以应用非常广泛，特别在中、小型脉冲电源中，都采用晶体管式电源。

近年来随着电火花加工技术的发展，为进一步提高有效脉冲利用率，达到高速、低耗、稳定加工以及一些特殊需要，在晶闸管式或晶体管式脉冲电源的基础上，派生出不少新型电源和线路，如高、低压复合脉冲电源，多回路脉冲电源以及多功能电源等。

3）自动进给调节系统

自动进给调节系统由自动调节器和自适应控制装置组成。主要的作用是在电火花加工过程中维持一定的火花放电间隙，保证加工过程正常、稳定地进行。主要体现在两个方面：一方面是在放电过程中，工具电极和工件电极不断被蚀除，造成两极间的间隙不断增大，当间隙过大时，则不会产生放电，此时自动进给调节装置将自动调节工具进行补偿进给，以维持所需的放电间隙；另一方面是当工具电极和工件电极距离太近或发生短路时，自动进给调节装置自动调节工具反向离开工件，再重新进给调节放电间隙。

对自动进给调节装置的要求是：有较广的速度调节跟踪范围、足够的灵敏度和快速性，必要的稳定性等。目前电火花加工常用的自动进给调节系统是电液自动进给调节系统和电-机械式自动调节系统。其中采用步进电动机和力矩电动机的电-机械式自动调节系统，由于低速性能好，可直接带动丝杠进退，因而传动链短、灵敏度高、体积小、结构简单，而且惯性小，有利于实现加工过程的自动控制和数字程序控制，因而在中、小型电火花机床中得到越来越广泛的应用。

近年来随着数控技术的发展，国内外的高档电火花加工机床均采用了高性能直流或交流伺服电动机，并采用直接拖动丝杆的传动方式。再配以光电码盘、光栅、磁尺等作为位置检测环节。因而大大提高了机床的进给精度、功能和自动化程度。

4）工作液净化及循环系统

电火花加工用的工作液净化及循环过滤系统由储液箱、过滤器、泵和控制阀等部件组成。工作液循环的方式很多，主要有以下几种：

（1）非强迫循环。工作液仅作简单循环，用清洁的工作液换脏的工作液。电蚀产物不能被强迫排除，仅可应用在粗、中电规准加工时。

（2）强迫冲油。将清洁的工作液强迫冲入放电间隙，工作液连同电蚀产物一起从电极侧面间隙中被排出，称为强迫冲油。这种方法排屑力强，但电蚀产物通过已加工区，排出时形成二次放电，容易形成大的间隙和斜度。此外，强力冲油对主轴头的自动调节系统会产生干扰，过强的冲油会造成加工不稳定。如果工作液中带有气泡，进入加工区域将会发生爆裂而引起"放炮"现象，并伴随有强烈振动，严重影响加工质量。

（3）强迫抽油。将工作液连同电蚀产物经过放电间隙和工件待加工面强迫吸出，称为强迫抽油。这种排屑方式可以避免电蚀产物的二次放电，故加工精度高，但排屑力较小，不能用于粗规准加工。

工作液循环过滤系统如图9－10所示，工作过程主要为冲油、抽油和放油三个过程。

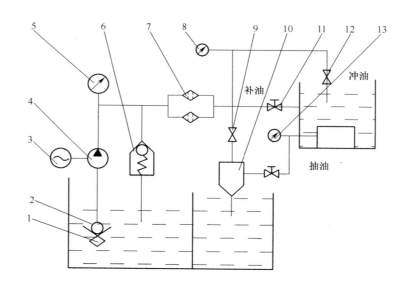

图9－10　工作液循环过滤系统

1—粗过滤器；2—单向阀；3—电动机；4—涡旋泵；5、8、13—压力表；6—安全阀；7—精过滤器；
8—压力表；9—冲油选择阀；10—射流抽吸管；11—快速进油控制阀（补油）；12—压力调节器。

当前我国常用的电火花加工的工作液是煤油，它的作用是在电火花加工之前保证工具与工件之间的间隙绝缘；在加工过程中，形成火花放电通道，并在放电结束后迅速恢复间隙的绝缘状态；对放电通道产生压缩作用；帮助电蚀产物的抛出和排除；冷却工具和工件等。在大功率工作条件下，为了避免煤油着火，可以采用燃点较高的机油或煤油与机油的混合物等作为工作液。近年来，新开发的水基工作液可使粗加工效率大幅度提高。

介质过滤装置的作用是过滤掉煤油中的电蚀产物和杂质，以前常采用木屑、黄砂或棉纱等作为介质，其优点是材料来源广泛，可以就地取材，但是其过滤能力有限，不适于大流量、粗加工,且每次更换介质,要消耗大量煤油。目前常用的是纸过滤器,它的过滤精度较高,阻力小,更换方便,本身的耗油量比木屑少得多,特别适合大、中型电火花加工机床,一般可连续应用150~500h,用后经反冲或清洗,仍可继续使用,而且有专业纸过滤器芯生产厂可供订购,故现已被大量应用。

随着数字控制技术的发展,电火花加工机床已数控化,并采用微型电子计算机进行控制。机床功能更加完善,自动化程度大为提高,实现了电极和工件的自动定位、加工条件的自动转换、电极的自动交换、工作台的自动进给、平动头的多方向伺服控制等。低损耗电源、微精加工电源、适应控制技术和完善的夹具系统的采用,显著提高了加工速度、加工精度和加工稳定性,扩大了应用范围。电火花加工机床不仅向小型、精密和专用方向发展,而且向能加工汽车车身、大型冲压模的超大型方向发展。

1.5　电火花穿孔加工

随着电火花加工工艺和机床的发展,电火花成型穿孔加工应用也日趋广泛。主要应用于冲压模具零件(包括凸凹模、卸料板和固定板等)、粉末冶金模具零件、挤压模具零件和各种型腔模具(包括锻模、压铸模、塑料模等)零件的制造上。

电火花穿孔加工中的小孔加工,由于孔径小所以采用的加工工艺与其他穿孔加工有很多不同之处,所以一般单列出来。

用电火花方法加工通孔称为电火花穿孔加工。主要应用于加工那些用机械方法难以加工或无法加工的零件。比如硬质合金、淬火钢等硬度较大的金属材料和具有复杂形状的零件的通孔加工等。

冲裁模具在生产中应用较为广泛,但是由于冲裁模具具有形状复杂、硬度高和尺寸精度要求高等特点,所以用一般的机械加工方法加工是非常困难的,有时甚至无法用通用机床进行加工,而只能靠钳工进行加工,这样将增大劳动量、加工精度难以保证。采用电火花加工就能很好地解决上述困难。

对于冲裁模具来说,冲裁凸模与凹模配合间隙的大小和均匀性,直接影响到冲裁产品的质量和模具的寿命。在电火花加工过程中,为了满足这一要求,常用的加工工艺方法有:直接电极法、混合电极法、修配凸模法和二次电极法。

1. 直接电极法

直接电极法就是直接用加长的钢凸模作为工具电极,去加工凹模型孔的一种工艺方法。加工时靠调节脉冲参数使火花放电间隙等于冲裁间隙,这样凹模的形状就会与凸模完全吻合,并且能获得均匀的凸、凹模配合间隙。之所以采用加长的凸模是因为凸模电极加工后也会被火花放电腐蚀,从而降低精度,所以在电火花加工后,应将凸模被腐蚀的部分切掉。

这种方法的优点是:可以加工出均匀的凸、凹模配合间隙,模具的质量高,不需另外制造电极,工艺简单。缺点主要体现在两方面:一是由于工具电极材料不能任意选择,只能与凸模材料相同而采用钢质。用钢作电极加工速度慢,在直流分量的作用下易产生磁性,使电蚀产物被吸附在电极放电间隙的磁场中,不容易排除,并形成不稳定的二次放电;二是不适合加工冲裁凸、凹模的配合间隙过小或过大的场合。当冲裁凸、凹模的配合间隙较小时,也应保证火花放电的间隙很小,这样就必须降低脉冲能量,使加工速度降低,甚至难以加工。当冲裁凸、凹模的配合间隙较大时,火花放电间隙也应调节得很大,这样又会使单个脉冲能量过大,造成加工表面的粗糙度值较大。

解决这一缺点的方法是：当加工小间隙模具时，在加工之前先将电极的工作部分用化学侵蚀法蚀除一层金属，使端面尺寸均匀缩小；当加工间隙较大时，可以用电镀的方法在电极的工作部分镀上一层金属，以满足加工时的间隙要求。直接电极法应用较为广泛，如电动机定子、转子、硅钢片冲模的制造等。

2. 混合电极法

混合电极法指的是用与凸模不同的材料作为凸模的加长部分。在制造凸模时，将电极材料(如铸铁等)粘接或钎焊在凸模上，并与凸模一起进行加工，获得所需形状后，用电极材料部分做电极。加工后，再将电极材料去除。这种方法与直接电极法的特点基本相同，电极材料虽然可以选择，但由于要与凸模一起加工，所以只能选用铸铁或钢，而不能采用性能较好的非铁金属(如铜)或石墨。

3. 修配凸模法

修配凸模法是指分别制造出凸模和工具电极，但凸模不要直接加工到尺寸，要留一定的修配余量。用工具电极加工好凹模型孔后，再根据凹模的实际尺寸，修配凸模以达到需要的配合间隙。这种方法的优点是电极材料的选择不受电极制造方法的限制，可以选用电加工性能较好的材料(如紫铜、黄铜等)作为工具电极，而且放电间隙也不再受到模具配合间隙的限制，可以合理的选择电参数。其缺点是：很难得到均匀的配合间隙，模具质量较差；研配劳动量大，生产率低；另外冲头和电极分开制造，工时多，周期长，经济性差。

4. 二次电极法

二次电极法是首先按照要求制造出一次电极，然后利用一次电极制造出二次电极，用两个电极再分别制造出凹模和凸模，并保证模具的配合间隙。

图 9-12 是二次电极法的加工原理图，首先根据模具尺寸要求设计并制造一次凸模电极，然后用一次电极加工出凹模(图 9-11(a))；再用一次电极加工出凹型的二次电极(图 9-11(b))；最后用二次电极加工出凸模(图 9-11(c))。通过合理调节放电间隙 S_1、S_2、S_3 来保证凸、凹模的配合间隙。

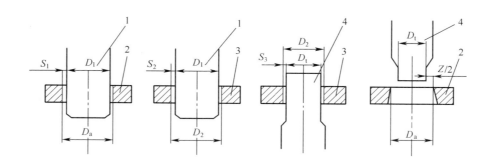

图 9-11 二次电极法加工原理图

1—次电极；2—凹模；3—二次电极；4—凸模。

由图 9-11 我们不难得出：

$$D_a = D_1 + 2S_1 \tag{9-1}$$

$$D_2 = D_1 + 2S_2 \tag{9-2}$$

$$D_t = D_2 - 2S_3 \tag{9-3}$$
$$Z = D_a - D_t \tag{9-4}$$

式中　D_a——凹模孔口尺寸,单位 mm;

D_1——次电极直径,单位 mm;

D_2——二次电极孔口尺寸,单位 mm;

D_t——凸模直径,单位 mm;

S_1, S_2, S_3——分别为三次电火花放电加工的间隙,单位 mm;

Z——凸、凹模的配合间隙,单位 mm。

将式(9-1)~式(9-3)代入式(9-4)可以得出:

$$Z = 2S_1 - 2S_2 + 2S_3 \tag{9-5}$$

由此我们可以看出,模具的配合间隙由三次火花放电的放电间隙决定,即使配合间隙较小甚至为零,而每次火花放电的放电间隙可以很大。这种方法的优点就是放电间隙不受配合间隙的限制,加工精度高,配合间隙均匀,适合加工小间隙或无间隙的精密模具。缺点是操作过程较为复杂,需要制造二次电极,生产周期长,经济性差。

由于电火花线切割加工技术的发展,冲模加工已主要采用线切割加工,但电火花穿孔加工冲模可以达到比电火花线切割更好的配合间隙、表面粗糙度和刃口斜度,因此,一些要求较高的冲模仍采用电火花穿孔加工工艺。

■ 任务实施

由学生完成。

■ 评　价

老师点评。

任务二　落料凹模的机械加工工艺的编制

■ 相关知识

冲模的凹模型孔一般都是不规则的形状,用来成型制作的内、外表面轮廓。其加工质量的好坏直接影响模具的使用寿命和成形制作的质量。

型孔类模具零件在各种模具中都有大量的应用,如冲裁模具中凹模的型孔、落料型孔、塑料成型模具中的型腔拼块或型腔等。由于成型制件的形状繁多,所以型孔的轮廓也多种多样,按其形状可分为圆形型孔和异型型孔两类。

具有圆形型孔的模具零件又有单圆型孔和多圆型孔两种。单圆型孔加工比较容易,一般采用钻、镗等加工方法进行粗加工和半精加工,热处理后在内圆磨床上精加工;多圆型孔属于孔系加工,加工时除保证各型孔间的相对位置,一般采用高精度的坐标镗床进行加工。坐标镗床加工的孔距尺寸精度能保证到 $0.005 \sim 0.01\,\text{mm}$ 范围内,表面粗糙度可达 $Ra1.25\,\mu\text{m}$。采用普通立式铣床,在工作台纵横移动方向上安装块规和百分表测量装置,按坐标法进行各型孔的加工时,其空间距离的尺寸精度能保证到0.02mm左右,表面粗糙度为$Ra1.6\mu m$。

模具型孔的工作表面要求较高的硬度,其常用的材料为T8A、T10A、CrWMn、Cr12、W18CrV和硬质合金等,一般要进行淬硬处理,硬度为58~62HRC。热处理后可在高精度坐标磨床上进行加工,也可在镗孔时留0.01~0.02mm的研磨余量,由钳工研磨。

异型型孔也可分为单型孔和多异型孔两种。单异型孔主要要求尺寸和形状精度;多异型孔除要求尺寸、形状精度外,还要有位置精度的要求。加工异型孔比加工圆型孔在制造技术上要复杂得多。

型孔的电火花加工主要是对各种模具成型孔的穿孔加工,如冲裁凹模型孔及卸料板、固定板孔等,塑料模具的成型孔。型芯固定孔、镶块固定孔,粉末合金模、硬质合金模、挤压模的型孔和模具上的小型圆孔、异型孔等。

这里就电火花加工型孔的具体应用和采用的脉冲电源、参数及效果等举例说明。

图9-12为35mm电影胶片硬质合金冲孔模具型孔板。工件材料为硬质合金,共有12个$2.8\times2mm^2$的长方形孔,4个$\phi3.2mm$的圆孔,板厚为3.5mm,刃口高度为0.6mm,刃口表面粗糙度为$Ra0.3~0.6\mu m$。

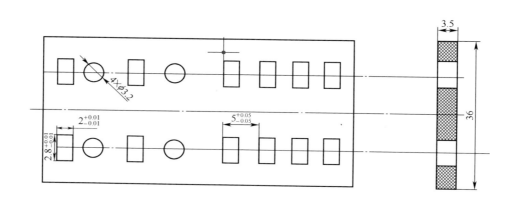

图9-12 硬质合金冲孔模具型孔板

加工预孔采用$\phi1.5mm$的紫铜棒电极。型孔加工用淬硬钢凸模,采用弛张式脉冲电源,电参数如表9-1所列。

表9-1 硬质合金冲模型孔加工的电参数

参数工序	电源电压/V	限流电阻/Ω	电容量/μF	充电电感/H	放点电感/μH	工作电压/V
预孔加工	250	500	0.05	0.08	10	110
方孔加工	250	1200	0.004	0.08	10	85
圆孔加工	250	500	0.05	0.08	10	110

落料凹模的机械加工工艺见表9-2。

表 9 – 2　落料凹模的机械加工工艺

徐州工业职业技术学院	机械加工工艺过程卡片		产品型号		零件图号		共 2 页　第 1 页
			产品名称		零件名称	落料凹模	
材料牌号 Cr12MoV	毛坯种类 锻件	毛坯外形尺寸 125×85×25		每毛坯件数		每台件数	备注
工序号	工序名称	工序内容	车间	工段	设备	工艺装备	工时（准终／单件）
10	下料	下料 φ58×111	锻	下料	锯床		
20	锻造	反复锻造毛坯,尺寸为 125×85×25,使碳化物偏析不大于 3 级	锻	锻造	空气锤		
30	热处理	球化退火	热处理		箱式电阻炉		
40	刨	六面为 123×83×23	加工	刨	牛头刨床		
50	热处理	调质处理 217~255HBS	热处理		箱式电阻炉		
60	铣	六面为 120.6×80.6×20.6,棱边倒角 1.5×1.5×45°	加工	铣	立式铣床		
70	磨	平磨六面,留精磨量单边 0.05~0.1mm 保证相邻面不垂直度小于 0.01mm	加工	磨	平面磨床		
			设计（日期）	校对（日期）	审核（日期）	标准化（日期）	会签（日期）
标记	处数	更改文件号	签字	日期			
标记	处数	更改文件号	签字	日期			

徐州工业 职业技术学院		机械加工工艺过程卡片			产品型号			零件图号				共 2 页	第 2 页
					产品名称			零件名称					
材料牌号	毛坯种类	毛坯外形尺寸						每毛坯件数	每台件数		备注		
Cr12MoV	锻件	125×85×25											
工序号	工序名称	工 序 内 容			车 间	工 段	设 备		工 艺 装 备			准终	单件	
												工 时	
80	钳	划线加工各孔、螺孔，保证图纸要求；划中心线，加工穿丝孔			装配		钻床							
90	热处理	防止脱碳和氧化，60~65HRC，变形量不大于 0.01mm			热处理		盐浴炉							
100	磨	以原平面为基准，精磨六面，保证尺寸 120×80×20			加工	磨	平面磨床							
110	线切割	找正基准面和中心，穿丝加工凹模内形，保证图纸下偏差和粗糙度 $Ra1.6\mu m$ 的要求			电火花		电火花线 切割机床							
120	钳	修研、抛光凹模内形，保证图纸尺寸和粗糙度 $Ra0.4\mu m$ 的要求			装配									
						设计（日期）	校对（日期）	审核（日期）	标准化（日期）	会签（日期）			
标记	处数	更改文件号	签字	日期	标记	处数	更改文件号	签字	日期				

思 考 题

1. 简述电火花加工原理。
2. 一次脉冲放电的过程分哪几个阶段?
3. 电火花加工的特点有哪些?
4. 电火花加工机床主要由哪几部分组成?
5. 电火花加工机床工作液循环系统方式有哪几种?
6. 电火花加工机床是如何分类的?
7. 常用的电火花加工工艺方法有有哪几种?
8. 根据图9-13凹模零件图,编制机械加工工艺。

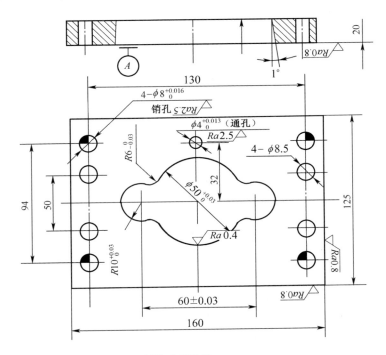

材料:Cr12MoV

热处理硬度:60~65HRC

图 9-13 凹模零件图

参 考 文 献

[1] 金捷,刘晓菡. 机械制造技术与项目训练. 上海:复旦大学出版社,2010.

[2] 郭彩芬,王伟麟. 机械制造技术. 北京:机械工业出版社,2010.

[3] 郑修本. 机械制造工艺. 北京:机械工业出版社,2006.

[4] 恽达明. 金属切削机床. 北京:机械工业出版社,2006.

[5] 陆剑中,孙家宁. 金属切削原理与刀具. 北京:机械工业出版社,2007.

[6] 李华. 机械制造技术. 北京:高等教育出版社,2007.

[7] 孙学强. 机械制造基础. 北京:机械工业出版社,2009.

[8] 陈旭东. 机床夹具设计. 北京:清华大学出版社,2010.

[9] 倪森寿. 机械制造工艺与装备. 北京:化学工业出版社,2002.

[10] 苏珉. 机械制造技术. 北京:人民邮电出版社,2006.

[11] 苏建修. 机械制造基础. 北京:机械工业出版社,2002.

[12] 周宏甫. 机械制造技术基础. 北京:高等教育出版社,2004.

[13] 魏康民. 机械制造技术基础. 重庆:重庆大学出版社,2004.

[14] 周伟平. 机械制造技术. 武汉:华中科技大学出版社,2005.

[15] 汪恺. 机械工业基础标准应用手册. 北京:机械工业出版社,2004.

[16] 孙丽媛. 机械制造工艺及专用夹具设计指导. 北京:冶金工业出版社,2003.

[17] 王先逵. 机械加工工艺手册. 北京:机械工业出版社,2007.

[18] 傅建军. 模具制造工艺. 北京:机械工业出版社,2007.

[19] 戴署. 金属切削机床. 北京:机械工业出版社,2005.

[20] 潘庆修. 模具制造工艺教程. 北京:电子工业出版社,2007.

[21] 王茂元. 机械制造技术. 北京:机械工业出版社,2005.

[22] 万文龙,邵永录. 机械制造基础. 上海:同济大学出版社,2009.

[23] 谭雪松,漆向军. 机械制造基础. 北京:人民邮电出版社,2008.

[24] 袁广. 机械制造工艺与夹具. 北京:人民邮电出版社,2009.

[25] 胡黄卿. 金属原理与机床. 北京:化学工业出版社,2009.

[26] 张绪祥,李望云. 机械制造基础. 北京:高等教育出版社,2007.

[27] 张绪祥,王军. 机械制造工艺. 北京:高等教育出版社,2007.